はしがき――億千万年の館

「過去は死んでいるなんて誰にも言わせるな。
過去は我々に関わるものであって、我々の内にある」
――ウジュルー・ヌナクル『過去』

「どんな大嵐が私を大昔の深い海に吹き飛ばしたのか、それは分からない」
――オーレ・ヴォーム

窓の外に目をやって、畑や家々、公園の向こうを見渡し、何百年も前から「世界の果て」と呼ばれてきた場所を眺めている。そう呼ばれているのはかつてロンドンから遠く離れていたからだが、いまでは拡大した都市に飲み込まれてしまっている。しかしそう遠くない昔には確かに世界の果てだった。

その場所の土壌は最終氷期に形成されたもので、かつてテムズ川に流れ込んでいた何本もの川が堆積させた砂礫《されき》混じりの土である。氷河の前進によってそれらの川の流路は変わってしまったし、テムズ川もいまでは当時と比べて一五〇キロメートル以上南の地点で海に注ぎ込んでいる。氷の重みでねじ曲げられた粘土層の丘陵から、生け垣や庭、街灯を頭の中で剝ぎ取れば、何百キロメートルも先まで広がる氷床の縁に張りついたもう一つの大地、冷たい世界を思い浮かべることがかろうじてできる。

その凍りついた砂礫の下に横たわるロンドン粘土層の中には、さらに昔にこの土地に暮らしていたワニやウミガメ、ウマの祖先が保存されている。彼らの暮らしていたこの一帯には、ニッパヤシやポポーの森、海草や巨大なスイレンの葉に埋め尽くされた水面が広がり、そこは暖かい熱帯の楽園だった。

過去の世界なんて、想像もできないほど遠い昔のことに思えてしまう。地球の地質学的歴史は約四五億年前にまでさかのぼる。生命はこの惑星上に四〇億年ほど前から存在していて、単細胞生物よりも大きい生物となるとおそらく二〇億年ほど前だ。古生物学的記録から明らかになるとおり、地質学的時間にわたって存在してきた風景は多様で、ときに現代の世界とは似ても似つかない。

スコットランドの地質学者で作家のヒュー・ミラーは、地質学的時間の長さに思いを巡らせて、「人類の全歴史ですら地球にとっての昨日にまでも達せず、その先に広がる無数の時代になんてとうてい手が届かない」と言っている。その「昨日」は確かに長い。地球の歴史四五億年を一日に圧縮してそのフィルムを再生すると、三〇〇万年以上におよぶ一場面が一分間で過ぎ去る。

生態系がめまぐるしく盛衰を重ね、その生態系を形作るさまざまな生物種が出現したり絶滅したりする。大陸が移動して、まばたきする間に気候条件が変化し、長く生きてきた生物群集が突然の劇的な出来事によって壊滅的な影響を受けて絶滅する。翼竜や首長竜、そして鳥類以外の恐竜を消し去った大量絶滅が起こったのは、フィルムの終わる二一分前。文字に残る人類の歴史は最後の一〇分の一秒にすぎない[1]。

この圧縮した過去の最後一〇分の一秒の中ほどで、エジプトに葬祭殿が建てられた。現代のルクソールの近くに立つラムセス二世の墓である。そのラメッセウムの建設にまでさかのぼれば、長い地質学的時間の目もくらむような断崖絶壁を垣間見たことにはなるが、それでもその建造物は儚さの象徴として知られている。ラメッセウムから着想を得たパーシー・ビッシュ・シェリーの詩『オジマンディアス』では、絶大な権力を握るファラオの大言壮語と、この詩が詠まれた頃には砂ばかりになっていた風景とが対比されている[2]。

私は初めてその詩を読んだとき、そのあたりの知識がなくて、オジマンディアスというのは恐竜か何かの名前なのだと勘違いしてしまった。長くて変わった名前だし、正しい発音もよく分からない。この詩に使われている叙景的な表現は、暴虐さと力強さ、石、そして代々の王に関するものだった。

要するに、子供の頃に読んだ先史時代の生物の絵本と同じパターンだ。「由緒ある土地からやって来た旅行者が言った。石でできた、胴体のない二本の巨大な脚が砂漠の中に立っていると」。私は、先史時代の凶暴な獣の死骸にギプスをはめた光景を思い浮かべた。真の暴君だった爬虫類の王も、いまでは骨の破片になって北アメリカの荒地に転がっていることだろう。破片になったものがすべて失われるわけではない。「その台座にはこんな銘が刻まれている。

『我が名はオジマンディアス。王の中の王だ。権勢を誇るお前たちよ。我が成したものを見よ。そして絶望せよ！』そのほかには何一つ残されていない」。

この一節は、尊大な統治者も結局は時の流れに屈するのだという意味に取れるかもしれないが、とはいえそのファラオの世界は確かに記憶に残されている。その立像はファラオが実在した証拠だし、銘文の内容やその文体からは当時の様子をうかがい知ることができる。そのように『オジマンディアス』を読むと、化石化した生物や彼らが暮らしていた環境について考える一つの道筋が見えてくる。傲慢さにさえ目をつぶれば、現在まで残されている遺物から過去の現実を見つけ出すという意味の詩として読めるのだ。

たった一個の破片もれっきとした物語を語っていて、人っ子一人いない平坦な砂漠以外の何か、かつてそこに存在していた何かの証拠になりうる。もはや存在していないがそれでも垣間見られる世界を、石の中に横たわるものから読み取れるのだ。

ラメッセウムはもともと「億千万年の館」と呼ばれていて、この呼び名は地球にもぴたりと当てはまる。この惑星の過去も土の中に隠されている。地殻の形成と変化によってすり減ってはいるが、そこに暮らしていた生物を石の中に記録した死体安置所でもあって、その墓標の役割を果たすのは頭部や胴体の化石だ[3]。

そうした世界、そうした別世界に、少なくとも物理的な意味で訪れることはできない。巨大な恐竜が闊歩《かっぽ》していた土地を訪れて、その土の上を歩いたり水の中を泳いだりすることはけっしてできない。その世界を経験する方法は一つだけ。石に目を向けて、固まった砂の中に残された跡を読み取り、姿を消した地球を想像することだ。

＊

本書で掘り下げていくのは、かつて存在していた地球の姿、その歴史の中で起こってきた変化、そして生命が適応した、あるいは適応しなかった経緯である。それぞれの章で、化石記録を道しるべに地質学的過去のある地点を訪れて、動植物を観察し、風景に身を委ね、その絶滅した生態系から我々の世界に当てはまる教訓を学ぶ。サファリツアーに参加する旅行者の気持ちで、いまは亡き地点を訪れることによって、遠く離れた過去と現在を橋渡しできればと思う。風景が見えてきて、現在のように感じられれば、生物たちが暮らし、競争し、つがい、食べ、死んでいく様子をもっと身近に感じられるだろう。

我々の生きる顕生代《けんせいだい》はいくつもの世《せい》からなる。「ビッグファイブ」と呼ばれる大量絶滅、その最後のものが起こったのは六六〇〇万年前で、それ以降の歴史については一つの世ごとに一つの地点を選んでいる。その大量絶滅より昔については、五億年以上前のエディアカラ紀に起こった多細胞生物の誕生にさかのぼるまで、一つの紀（いくつかの世からなる）ごとに一つの地点を選んだ。生物学的に大きな意味を持つ地点もあれば、珍しい環境の地点もある。また、非常に詳細に残されていて、かつて生命がどのように暮らして関わり合っていたかを手に取るように垣間見られるという理由で選んだ地点もある。

旅というのはいまいるところから出発するしかないので、今回の旅でも現代から時間をさかのぼっていく。最初に訪れるのは比較的見慣れた更新世の氷期、地球上の水の大部分が氷河に閉じ込められて、世界中で海水位が低かった時代だ。そこから旅は時間をさかのぼりながら進めていく。生命や地勢はどんどん馴染みの薄いものへと移り変わっていく。新生代では、人類初期の時代を通り過ぎて、地球史上最大の滝や、森林の広がる温暖な南極を巡り、最後に白亜紀末の大量絶滅を目撃する。

そこから先では中生代や古生代に暮らしていた生物と出合い、恐竜の支配する森、全長数千キロメートルにもわたるガラス質の礁《リーフ》、モンスーンで濡れそぼった砂漠を訪れる。生物がまったく新たな生態環境に適応して陸上や空中に進出したさま、新たな生態系を作り出してますます多様化する道を開いたさまを探っていく。

我々の暮らす顕生代より以前、約五億五〇〇〇万年前の原生代をしばし見物したら、我々の地球、現代の地球に戻ってくる。現代の世界の風景は、人類の引き起こす混乱のせいでめまぐるしく変化している。地質学的な過去に起こった劇的な環境変化と比べて、近未来、あるいはもっと遠い未来にはどんなことが起こりそうだろうか？

二酸化炭素の豊富な大気中でどのような大陸規模の変化が起こるかを実験するのは容易ではないし、地球生態系の崩壊がどのような長期的影響をおよぼすかを我々自身の目で確かめていたら、その変化を抑える前に手遅れになってしまう。そのため、世界の成り立ちに関する正確なモデルに基づいて予測をするほかない。その際には、地質学的歴史を通した地球のダイナミズムが自然の実験室となってくれる。

長期的な疑問に答えるには、過去の地球が未来の地球の姿を映し出しているような時代に目を向けるしかない。五回の大量絶滅が起こり、大陸塊が分裂・合体し、海洋や大気の化学組成や循環が変化してきた。それらをデータとして加えることで、地質学的なタイムスケールで地球上の生命がどのように作用するかを理解できるのだ。

＊

この惑星に関する疑問はいくらでも浮かんでくる。過去の生物は、戸惑いの目で見つめる単なる珍奇な代物でもなければ、現実離れした異質なものでもない。現代の熱帯雨林や、地衣類に覆われたツンドラに当てはまる生態学的原理は、過去の生態系にも同じく通用する。役者は違っても劇の演目は同じだ。

化石はそれ単独でも、形態の多様性、形や機能を見事に教えてくれるし、基本的な発生プロセスに少し手を加えることで生物に何ができるのかを見せつけてくれる。しかし古代の彫像が文化的背景の中に位置しているのと同じように、動物か植物か、真菌類か微生物かを問わずどんな化石も、それ単独で存在することはけっしてない。

どんな生物も無数の生物種や環境が作用し合う一つの生態系の中で暮らしていて、地球の自転、大陸の位置、土や水の中のミネラル、以前その地域に暮らしていた生物による制約条件が、生命と気象と化学作用の複雑な絡み合いを左右していた。化石が形成された世界、その化石を作った生物が暮らしていた世界を再現するという難題に、古生物学者たちは一八世紀から取り組みつづけている。そしてここ数十年でその取り組みはスピードも詳しさも増している。

古生物学の近年の進展によって、過去の生物のことが、少し前までなら不可能だと考えられていたはずの細かさで明らかになっている。化石の構造を徹底的に調べることで、いまでは鳥の羽毛や甲虫の翅鞘《ししょう》、トカゲのうろこの色を再現したり、動植物がかかっていた病気を特定したりできるようになっている。また現生生物との比較によって、食物網における相互作用、噛む力や頭蓋骨の強さ、社会構造や交尾習性、さらに場合によっては鳴き声まで明らかにできる。

もはや化石記録は、石に残された単なる痕跡のコレクションや、分類学的な名称のリストではない。最新の研究によって、求愛されたり病気にかかったり、明るい羽毛や花を見せびらかしたり、鳴いたり羽音を立てたりと、現代の生物と同じ生物学的原理に従う世界に暮らす実際の生物からなる、繁栄して活気に満ちた群集の姿が明らかになっている[4]。

多くの人が古生物学と聞いて抱くイメージはそれとは違うだろう。ヴィクトリア朝時代の紳士然としたコレクターが文化の異なるほかの土地に旅して、ハンマーを手に地面を叩き割ろうとしているというイメージが定着している。物理学者のアーネスト・ラザフォードは「すべての科学は物理学か切手収集のいずれかである」と見下し気味に言ったとされているが、そのとき彼が思い描いていたのは、剝製にされた獣の並んだ棚や、しみ一つない翅を大きく広げたチョウの標本の入った引き出し、針金でつなぎ合わされた不気味な骸骨といったものだったはずだ。

しかし現代の古生物学者は、暑い砂漠に出ているのと同じくらい、コンピュータの前で一日過ごしたり、実験施設の円形粒子加速器で化石の奥深くにX線を当てたりしている。私は研究活動のほとんどを博物館の地下収蔵庫の中やコンピュータアルゴリズムを使って進めていて、最後の大量絶滅の直後に生きていた哺乳類どうしの関係性を、共通する形態的特徴に基づいて解き明かそうとしている[5]。

現代に生きている生物だけから生命の歴史に関する知見を得るのもけっして不可能ではないが、それでは小説の最後数ページを読んだだけで筋書きを理解しようとするようなものだ。前のほうで何があったかをある程度推測したり、最後まで登場する人物の現在の境遇を知ったりすることはできるだろうが、筋書きの奥深さや無数の登場人物、物語の大きな山場は見過ごしてしまうかもしれない。

化石を考え合わせてもなお、専門家以外の人にとって生命の歴史の大部分はぼんやりとしか見えない。ヨーロッパや北アメリカに暮らしていた恐竜や氷期の動物は広く知られているし、この分野にもう少し馴染みのある人なら、三葉虫やアンモナイト、あるいはカンブリア爆発についても聞いたことがあるだろう。しかしそれらはストーリー全体の断片にすぎない。本書ではその空白のいくつかを埋めていきたい。

本書ではどうしても過去を主観的に解釈するしかなかった。遠い過去、真の「太古」というのは、人それぞれ別々のものを意味する。ある人にとっては気分を高めてくれるものであって、何兆ものプランクトンが堆積して圧縮され、隆起して、ケント州やノルマンディーの白亜の大地、生物の死骸でできた田園地帯になるのにかかった歳月を考えるとめまいを覚えてしまう。また別の人にとっては現実逃避であって、現代の我々が経験しているのとは違う生き方、人間が引き起こす絶滅に対する懸念が生まれる以前、ドードーが未来の生物にすぎなかった時代について考える機会を与えてくれる。

とはいえ、いまから見ていくのはいずれも事実に基づいていて、化石記録から直接観察可能、あるいは強く推測される結論、または情報が不完全な場合には、確実に言える事柄から見てもっともらしいような結論である。諸説ある事柄については、競合し合う仮説の中から一つを選んでそれに従った。それでも、藪の中で羽ばたく翼、半分しか見えない獣の毛皮、暗闇で何かが動いたという感覚は、経験される自然の要素としてすべて一体だ。ちょっとしたあいまいさも、確実な真理と同じく驚きを生み出すものだ。

本書で再現する過去の姿は、二〇〇年以上にわたって何千人もの科学者が進めてきた研究の成果である。彼らによる化石の解釈が、最終的に本書の中の事実に関する記述へとつながった。古生物学者にとって、骨や外骨格や木材に見られる膨らみやこぶや穴は、現代に生きているかどうかにかかわらず、生物の一個体の姿形を組み立てる上で欠かせない手掛かりとなる。

現生の淡水ワニの頭蓋骨を見れば、その特徴の記述を読んだのも同然だ。ゴシック建築を思わせる控え壁状の隆起やアーチが見られるが、ここでは大聖堂の天井の重みを支えているのではなく、顎の筋肉の強い力に耐えるためだ。目と鼻孔が高い位置にあるのは、ほぼ完全に身を沈めて泳ぎ、水面すれすれであたりを見回したり呼吸したりするため。すぼまっていて先端の丸まった歯が長い曲線状の鼻面に沿ってずらりと並んでいるのは、つるつるした魚を食べるのに適した、獲物を叩いてからしっかりくわえるという食餌スタイルをうかがわせる。生きていたときの傷跡があちこちにあり、骨折してつながった跡も見られる。生命は詳細で再現可能な形の跡を残すのだ。

いまや古生物学では、一点一点の標本を超えて、過去の生態系の特徴や生物どうしの相互作用、ニッチ（生態的地位）や食物網、ミネラルや栄養分の流れを解き明かすことが当たり前のようにおこなわれている。化石化した巣穴や足跡から、形態ではうかがい知れない運動様式やライフスタイルの詳細を明らかにできる。生物種どうしの関係性からは、各生物種の生態や分布にとってどのような要素が重要だったのか、何がそれらの進化を促したのかが読み取れる。

堆積岩中の砂粒のパターンや化学組成はその土地の環境を記録している。この断崖面の地層はかつて三角州であって、その干潟をヘビのように曲がりくねった川が流れ、絶えず流路を変えていたのか？　それとも浅い海だったのか？　その海は外洋から隔てられたラグーンで、静かな海底に細かいシルトが徐々に堆積していったのか？　それとも波が打ち寄せる場所だったのか？　当時の気温はどうだったのか？　世界の海水位は？　卓越風の風向は？　いずれも、必要な情報があれば容易に答えられる疑問だ[6]。

どこか一か所でこれらの情報がすべて得られることはないが、場合によっては何本もの糸をたぐり寄せて、気候や地勢からそこに暮らしていた生物まで、その土地の様子を生き生きと描き出せることもある。現代と同じく活気に満ちた過去の環境の姿は、我々が現代の世界に対峙する上で多くの重要な教訓を与えてくれるものだ。

＊

現代の我々が当たり前だと思っている自然界の多くの部分は、比較的最近になって現れたものである。今日の地球で最大の生態系の主役であるイネ科植物〔葉の細長い、いわゆる「草」〕は、白亜紀の最終盤、いまから七〇〇〇万年足らず前に、インドや南アメリカの森林のごく一部で生まれたにすぎない。イネ科植物に支配された生態系が出現したのは約四〇〇〇万年前だ。恐竜が草原を闊歩したことはけっしてなく、当時の北半球にはイネ科植物は存在していなかった。

　現代の生物種をそのまま過去に当てはめたにせよ、絶滅してはいるが互いに何百万年も時代の異なる生物をひとまとめにしたにせよ、過去の風景に対して抱いているそのような先入観は捨てなければならない。最後のディプロドクスから最初のティラノサウルスまでの歳月は、最後のティラノサウルスからあなたが生まれるまでの歳月よりも長い。ディプロドクスなどジュラ紀の生物は、イネ科植物だけでなく花もけっして見たことがなかった。花を付ける植物が多様化したのは白亜紀中期になってからだ[7]。

　生息地の破壊や分断化と、気候変動の継続的な影響とが相まって、生物多様性が危機に陥っている今日、次々と生物が絶滅していくというのは我々にとって非常に身近な問題だ。我々は六番目の大量絶滅の渦中にあるという主張がたびたび聞かれる。サンゴ礁の広範囲の白化、北極の氷床の融解、インドネシアやアマゾン盆地の森林破壊といった話はしょっちゅう耳にする。そこまで頻繁には取り上げられないが、湿地の乾燥化やツンドラの温暖化の影響も同じく非常に重要である。

　我々の暮らすこの世界は、見渡す限りのレベルで変化しつつある。その規模と影響を把握するのは往々にして難しい。多様性に富んだグレートバリアリーフのような巨大な生態系がいつか消滅するかもしれないなんて、そもそもありえないように思える。しかし化石記録を見ると分かるとおり、そのような大規模な変化は単に起こりうるだけでなく、地球史を通して繰り返し起こってきたのだ[8]。

現代のリーフはサンゴでできているが、かつては貝などの軟体動物や殻を持った腕足動物、さらには海綿動物がリーフを作っていた。サンゴがリーフの主要な作り手になったのは、軟体動物のリーフが最後の大量絶滅によって姿を消したときである。リーフを作る貝類はジュラ紀後期に出現して、海綿動物からなる大規模なリーフの跡を継いだ。その海綿動物は、腕足動物からなるリーフがペルム紀末の大量絶滅で姿を消したのちに、リーフを作るというニッチを埋めた。

大陸規模のサンゴ礁は、長期的視点から見ると二度と復活しない生態系の一つであって、人類の引き起こす大量絶滅によって幕を閉じる新生代に限られた存在なのかもしれない。サンゴ礁など危機に直面する生態系もいまのところはバランスが取れているが、化石記録を見ると分かるとおり、優勢種もあっという間に衰退して姿を消す。化石記録は記憶と警告の役割を果たすのだ[9]。

＊

未来の生命を推測する上で化石がふさわしい存在だなんて思えないかもしれない。化石の跡はまるでヒエログリフのように奇妙で、過去を遠くへ追いやってしまう。何か超えられない壁があって、魅惑的な存在にはけっして手が届かないのだと思わせる。

詩人で学者のアリス・ターバックは、『自然という分類法に小さな骨はことごとく抗う』という詩の中でその隔たりを表現し、「我にレビヤタン〔旧約聖書に登場する海中の聖獣〕の痕跡を与えよ、怒り狂う海獣を与えよ」と詠んでいる。また、「何世紀もつながっていて未知の地下室に通じる足跡を希《こいねが》うとともに、博物館の分類命名法をはねつけて、「誰にも分類法を歌わせるな」と言っている。

かくいう私も門《もん》＝綱《こう》＝目《もく》という入れ子状の箱の中に生物を収めることに研究人生の一部を費やしている人間の一人だが、それでも分類よりも実際の生き物のほうに親近感を覚える。名前は意味があるし心に訴えかけるが、たいていの場合、その生物のイメージを呼び覚ますことはない。

学名は単なる記号、いわば生物学における図書十進分類法にすぎない。数字で事足りるし、本質的なしくみはそのとおりだ。それぞれの種や亜種ごとに、それが何を意味するかを示したタイプ標本が世界のどこかに存在する。たとえばイタリアアカギツネの学名はヴルペス・ヴルペス・トスキイといい、そのタイプ標本はボンのアレクサンダー・ケーニッヒ博物館に所蔵されている ZFMK 66-487 である。

ある個体をこの亜種と同定するには、その形態と遺伝子構成が、一九六一年にイタリアのガルガーノ山で捕獲されたこの理想的な成体と十分に近くなければならない。だが実際にそうだったとしても、街なかに暮らすキツネが庭のぐらついた柵の上を危なっかしく渡ったり、意味ありげに急いで歩いたり、童話のように人をだましたり、子ギツネがのんきに外で寝ていたりすることについては何一つ分からない。しかもいまでも身近に見られる生き物だ。

ましてや、絶滅した生物について名前だけから何が分かるというのか？　そうした生物を紹介する上で私に課せられたのは、名前と現実、いわば異国の切手と金塊との隔たりを埋めるという難題。古代の生物を、我々の世界にたびたび姿を現す存在、震えて怒りをたぎらせる肉体と本能を備えた獣、幹をきしませて葉を落とす植物であるかのようにとらえるという難題である[10]。

今日、絶滅生物を生きているものとして表現する場合には、果てしない食欲を持った邪悪なモンスターとして描かれることがかなり多い。この風潮は一九世紀初頭、地質学をセンセーショナルに取り上げた人たちにさかのぼる。彼らは自分たちの思い描いたドラマチックで冷酷な過去のイメージを売り込もうとするあまり、当時ですら植物食であることが知られていたマンモスや地上生ナマケモノを大食いの肉食動物として表現した。

たとえばマンモスは、湖に身を潜めて獲物のカメを待ち伏せする強力な捕食動物として世間に紹介された。おとなしい植食動物である地上生ナマケモノは、「険しい断崖のように巨大で、血に飢えたヒョウのように残酷で、舞い降りるワシのように素早く、夜の天使のように恐ろしい」とされた。今日でも数えきれないほどの映画や本、テレビ番組に、容赦なく残酷に攻撃してくる先史時代の動物が登場する。しかしどのくらい血に飢えていたかで言えば、白亜紀の捕食動物も現代のライオンと同じくらいだ。もちろん危険だが、モンスターではなく動物である[11]。

化石を骨董品として淡々と集める営みと、絶滅生物をモンスターとして表現する姿勢、どちらにも欠けているのは実際の生態学的状況だ。植物や真菌類はたいてい取り上げられないし、無脊椎動物にもおざなりな視線しか向けられない。しかし岩石記録にはそのような生態学的状況も収められており、そこからは、絶滅生物が暮らしていた環境、彼らをいまでは非常に奇妙に思える姿へと変えた環境が明らかになる。それはいわば可能性の百科事典、いまでは失われている風景の百科事典である。

本書ではそれらの風景をいま一度甦らせることで、針金でつなぎ合わされてほこりをかぶった絶滅生物のイメージ、あるいはテーマパークにいるようなセンセーショナルでうなり声を上げるティラノサウルスのイメージから脱却し、リアルな自然を今日と同じように体験してもらうことを目指す。

かつて存在していた風景に思いを巡らせると、時の旅人になった気分に浸れる。各訪問地は空間的というよりも時間的に隔てられているのだが、本書を博物学者の旅行記のつもりで読んでもらって、過去五億年の歳月を計り知れない時間の流れとしてではなく、途方もないと同時に身近でもある世界の数々として見つめてもらえれば幸いだ。

もくじ

3章 洪水 中新世——五三三万年前

4章 故郷 漸新生——三二〇〇万年前

5章 循環

南極、シーモア島

始新世——四一〇〇万年前

6章 復活

アメリカ合衆国モンタナ州、ヘルクリーク

暁新世——六六〇〇万年前

9章 偶然

三畳紀——二億二五〇〇万年前

キルギス、マディゲン

10章 季節

ペルム紀——二億五三〇〇万年前

ニジェール、モラディ

15章
消費
中国雲南省、澄江　カンブリア紀——五億二〇〇〇万年前

16章
出現
オーストラリア、エディアカラ丘陵　エディアカラ紀——五億五〇〇〇万年前

※ 本書の参考文献は文中に[1][2][3]……の番号で示している。対応する全参考文献リストについては、https://www.yamakei.co.jp/products/2822063180.html を参照されたい。

1章 融解

Thaw

更新世の北半球

Northern Plain, Alaska, USA - Pleistocene

アメリカ合衆国
アラスカ州、北部平原
更新世——二万年前

更新世
2万年前

now

Pleistocene

「昼も夜も、夏も冬も、荒天でも晴天でも、
それは自由を語りかける。誰かが自由を失っても、
この大草原《ステップ》が思い出させてくれる」
――ヴァシリー・グロスマン『人生と運命』

＊

「テリピヌも荒野に分け入って、荒野と一体になった。
そしてその上にハレンズの木が生えた」
――ヒッタイトの神話（H・A・ホフナー訳）

アラスカの夜が

もうすぐ明ける。おとな四頭とこども三頭からなるウマの小さな群れが、北東から吹きつける凍えるような風の中で身を寄せ合っている。太陽は優に一〇時間以上沈んだままで、空気は身を刺すように冷たい。二頭の雌ウマが交替で見張りに着いて暗闇に目を光らせ、家族は休んだり餌を食べたりしている。脇腹どうしを沿わせたり、鼻先と尾をくっつけたりして立つことで、ストレスを抑えつつ、寄り添って身体を温め合い、四方八方に注意を怠らない。

いまは春だが、冬のあいだも地面は雪に覆われず、代わりに枯れ草や飛んできた砂が大量に積もっている。アラスカ北部のブルックス山脈と、年中凍りついた北極海とに挟まれた平原は、非常に乾燥している。雨も雪もこの一帯はほとんど素通りしてしまう。一本の気まぐれな小川が小石のあいだを縫って、高地から南へとかろうじて流れているが、強風の中でそのせせらぎはほとんど聞こえない。その小川も海にたどり着く前に力尽き、迫り来る砂丘にしみ込んで完全に姿を消す。川の流れは毎日のように変わるが、とくにこれから数か月は、丘陵地帯から流れてくる氷の融けた水に翻弄される。

冬には食べるものがほとんどなく、地面の五分の四は剝き出しの土、五分の一は乾いた茶色の枯れ草で、わずかな食糧も厄介な塵をかぶっている。それでも夏の豊富な食糧の乾燥した残り物だけで、肢《あし》の短いウマの小さな群れをいくつか養うことはできる。最終氷期まっただ中のノーススロープのような、感覚が麻痺するほどのこの気温の中では、長すぎる肢は低体温症のリスクをもたらす。

アラスカのウマは大きさはポニーくらいで、現代のモウコノウマに似ているが、肢はもっと細い。体毛はもじゃもじゃで焦げ茶色、たてがみは黒く短くて硬い。眠っているときも身体を動かしていて、頭上のオーロラが放つ淡い光の中で鞭のような尾が無意識に揺れている。乾ききった北方にぴったりの動物で、このような条件にも耐えている。

夏にノーススロープを訪れるバイソンやカリブーの大群、たまに現れるジャコウウシやムース、サイガ〔鼻孔の大きいウシ科の動物〕は、このようなわずかな食糧で生き延びる力がウマよりも劣っているため、すでにこの地を去っている。ウマですら北方の冬を生き延びるのは大変だし、雌の一頭が妊娠していたらなおさらだ。一つの小さな群れごとに一頭の雄と何頭かの雌がいて、子ウマが生まれるのはちょうど晩春。死亡率は高く、平均寿命は現代のノウマの半分。アラスカのウマの一般的な寿命は一五年で、吹きすさぶ風に耐えながら限界近くまで生き延びる[1]。

その風が吹いてくるのは、のちにアラスカと呼ばれるようになる大地の東半分に広がる面積七〇〇〇平方キロメートルの砂漠からだ。砂漠の西の端にはイクピクパク川が流れ、その川は現代でも存在する。この極寒の砂漠一帯には、高さ三〇メートル、長さ二〇キロメートルの砂丘が何本も走っている。西側に広がるステップ一帯に砂を撒き散らし、砂とシルトが混じった、まるで粉砂糖のような軽い塵、レス（黄土）で、ブルックス山脈の麓《ふもと》を覆っている。

更新世の世界の寒冷な地域では、冬の数か月間はあまりにも食糧が乏しいため、カリブーからマンモスまであらゆる植食動物が成長を止める。骨や歯には、季節の変化を物理的に残す成長線が年輪のように刻まれ、冬を何度耐えてきたかを数えることができる。見つけられる限りの食糧で生き延び、できるだけエネルギーを使わずに、身体に蓄えた栄養分に頼って、良い季節が戻ってくるまで耐え凌ぐ。

植食動物の棲む場所には、捕食動物が潜んでいるものだ。いつ何時、鉤爪《かぎづめ》の生えた二本の足が藪の中から飛び出して、その顎が首に嚙みつき、彼らの命を奪いかねない。灌木の生えるこの一帯では、ホラアナライオンの少数の群れが大きな縄張りを支配している。一歩ごとに肩を上げ下げしながらステップを静かにうろつき、ウマにとっては近づいてきたことがほとんど分からない。ライオンは忍び足でそっと近づいて狩りをするので、暗闇のほうがより接近できる。雌ウマは警戒を怠らず、何かしらの物音が耳に届くたびに、色の薄いドーム型の額《ひたい》全体がピクピクと震える[2]。

更新世には地球上で三種類のライオンが闊歩《かっぽ》していて、その中でももっとも優美なのが、現代まで唯一生き残っているアフリカライオンだ。三種類の中でもっとも身体が大きく、ここからローレンタイド氷床を隔てた北アメリカ一帯、南はメキシコや南アメリカにまで分布しているのは、アメリカライオン。身体はくすんだ赤色でわずかに斑点があり、体長は最大二・五メートル、最近移住してきた種で、現代から約三四万年前にユーラシアから移動してきた祖先の末裔《まつえい》である。

しかしヨーロッパやアジア、そしてここアラスカのステップで、ウマやカリブーにとっての最大の脅威は、現代から約五〇万年前に現生のライオンから分かれたユーラシアホラアナライオン（パンテラ・レオ・スペラエア）である。その見た目に関する知見の大部分は、芸術作品から得られている。ユーラシア北部に暮らしていた人類の描いた、マンモス・ステップの多くの動物種の細密な絵画や彫刻が、何百点も残されているのだ。

　ユーラシアホラアナライオンはアフリカライオンよりも一〇%ほど身体が大きく、もっと体色が薄くて毛深い。寒さから身を守るために、硬いもじゃもじゃの毛皮の下に、ほぼ純白のうねった下毛が密集して生えていて、断熱層が二層できている。雄雌ともにたてがみはないが、短いあごひげを生やしていて、雄のほうが身体がかなり大きい。動物の死骸は洞窟の中に溜まっていって無傷で保存されることが多いため、この動物の名前には「ホラアナ」と付けられているが、暮らしているのは開けた場所で、小さな社会集団でステップをうろついてはカリブーやウマを狩っている[3]。

　ネコ科動物はみな奇襲で狩りをするものであって、その形態は獲物に忍び寄って不意打ちをかけるのに適応しており、全速力で走ったとしてもせいぜい短距離だ。不意打ちをかけるには身を隠さなければならないが、開けたステップではそれは難しいため、ホラアナライオンはほかのネコ科動物と比べて獲物を追いかけるのが比較的うまい。ホラアナライオンの絵にはたいてい模様が付けられている。太陽で目がくらむのを防ぐために、目のまわりにはチーターのように放射状に黒い線が伸びているし、色の濃い背中と色の薄い下腹がくっきりと分かれている[4]。

　現代の北アメリカ北部は、ライオンやゾウ、ノウマとは結びつかない。雪のない大地でもなければ、雨の降らない空や砂漠も広がっていない。自然界のどこか一地域を思い浮かべると、その地域をひとまとまりでイメージして、その生態系をなすすべての要素がその場所の雰囲気を醸し出していると思いたくなる。北アメリカ南西部に広がるソノラ砂漠に、もしも巨大サボテンのベンケイチュウ、タランチュラやガラガラヘビがいなかったとしたらどうだろうか？この場所に馴染みのある人なら、これらの生き物がそこにふさわしいことを直感的に感じ取っているはずだ。

そのような感覚はかなり強いが、生態系というのは少しずつ作られていくものだ。その場所の雰囲気を生み出している生物種の集まりは、時間の感覚も生み出していることになる。微生物から木や巨大な植食動物まで、さまざまな生物をひとまとめにとらえた集団、いわゆる生物群集というのは、あくまでも一時的な集合体であって、進化の歴史や気候、地勢や偶然に左右されるものである。

生存の条件

私はスコットランド高地のラノック地方にある黒い森のそばで育った。珪岩《けいがん》の点在する急斜面はまるで大聖堂のようで、ジャコウのような香りのするシダが回廊を作り、床にはビルベリーが敷きつめられ、森ではカバノキの葉がステンドグラスの天井を、ひび割れたマツの幹が柱を作っていた。周囲は荒地や開けた丘で、その中に温帯降雨林がぽつんと残されている。その場所に暮らすテンやアビ、マヒワやシカには強い郷愁を覚える。私にとって彼らはいわば自分の子供時代の化身で、この場所を野生生物から切り離して考えるのは不可能に近い。

しかしその森という場所と現代という時代に共通する生物は彼らだけで、長い目で見ると自然はそのような郷愁を断固として否定する。更新世に入って数千年さかのぼると、アラスカに広がる荒野をノウマの群れが歩き回る一方、ラノック地方は厚さ四〇〇メートルの氷河に覆われた死んだ場所だ。氷河が後退する以前で、まだ氷に覆われているこの時代、そこは私の知るような場所ではない。私のイメージする黒い森は、その森を支える基岩だけでなく、現在の地質時代である完新世とも切っても切り離せないのだ[5]。

化石生物の群集は現代の先入観にはうまく当てはまらない。現代のある生物種の分布域は、その祖先が暮らしていた場所を反映しているかもしれないし、そうでないかもしれない。たとえばラクダとラマは非常に近縁で、現代から約八五〇万年前に分かれた。ラマは南北アメリカに留まったラクダ科動物の一族の子孫だが、ラクダはベーリング海峡を渡ってアジアやさらにその先へ移動した。現代から一万一〇〇〇年前まで、周期的に氷河が形成される氷期の中でも比較的温暖な時期には、のちにカナダとなる地域をラクダの群れがさまよっていた。

一方、氷床がもっとも大きく広がっている更新世のいまは、ラクダは南はカリフォルニアにまで暮らしている。ロサンゼルス市内にある、何千年ものあいだ地中から天然アスファルトが湧き上がっている池、ラ・ブレア・タールピットで、不運にも足を取られたラクダが見つかっているのだ[6]。

南北アメリカにはすでに最初の人類がたどり着いている。現代から二万二五〇〇年前、草むらを横切って湖岸の白亜質の泥の中を大はしゃぎで走り回る子供たちの足跡が、ニューメキシコ州のホワイトサンズで今日でも見ることができる。彼ら初のアメリカ人集団は、のちに人口が増えるにつれて、土着のラクダやウマを狩るようになる。その結果、更新世の多くの大型動物と同じく、人類の到着からわずか数千年でラクダやウマは絶滅する。

しかしいまのところ人間集団はまだ小規模で、そこに暮らす動物に直接の影響はほとんどおよぼしていない。現代から約二万五〇〇〇年前に絶頂を迎えた最終氷期に、ベーリンジア〔ベーリング海峡周辺一帯、後述〕の低地で繁栄していた人々が、比較的氷の少ないアラスカ南海岸をたどって、資源の豊富なこの新大陸に移動してきた。氷床の北側、イクピクパクから数百キロメートル東に位置する、ベーリンジア東端の乾燥した地域の湖には、人間の排泄物や木炭に特徴的な化学成分が残っていて、そこには東ベーリング人の小集団の野営地があるようだが、数も少ないし互いに遠く離れている。

のちに気候が変化して人類が大陸のさらに奥深くに足場を築くにつれて、土着生物種の多くは温暖化する世界と新しい多才な捕食動物に打ちのめされ、長くは生き延びられなくなる[7]。

かつての関係性の痕跡は、実際に接触があった時期よりもずっと後まで残ることがある。インドから南シナ海にまで伸びる深い亜熱帯林には毒ヘビが多く棲んでおり、その危険な存在に擬態すれば必ずメリットがある。

夜行性の風変わりな霊長類スローロリスはいくつも変わった特徴を持っていて、それらをひとまとめにとらえるとインドコブラに擬態しているように見える。枝から枝へゆっくりと滑らかに、まさにヘビのごとくしなやかに移動する。危険が迫ると頭の後ろに両腕を上げ、身体を震わせて「シー」という声を出すし、大きくて丸い目はインドコブラの頸《けい》部の内側にある模様にそっくりだ。さらに驚くことに、その姿勢を取ったまま、脇の下にある分泌腺に口を付けてその分泌液を唾液と混ぜ、人間にアナフィラキシーショックを引き起こすほどの毒を生成する。

このようにスローロリスは、行動と体色、さらには噛みつくことを通じてヘビに擬態するようになった。いわばオオカミの皮を被ったヒツジだ。現代ではスローロリスの分布域とコブラの分布域は重なっていないが、数万年前にまでさかのぼって気候を再現すると、かつては似たような分布域を取っていたらしい。どうやらスローロリスは進化の轍《わだち》にはまった流行遅れの形態模写芸人であって、自分も聴衆も見たことのない存在を演じるよう本能的に掻き立てられているようだ[8]。

スローロリスとコブラ、そして北極のラクダの場合、その進化の歴史やほかの動物との関わり合いを決めているのは、気候と地勢である。生態系は均質ではなく、何百何千という要素が集まってできていて、熱さや塩分、乾燥や酸性度への耐性がそれぞれ異なる各生物種が、おのおのの役割を果たしている。

幅広い意味で言うと生態系とは、群集を構成するすべての個体と、環境を形作る陸地や水域との相互作用のネットワークにほかならない。一つの生物種だけではそれ自体の特徴しか示さないが、生態系の中の相互作用によって複雑さが生じる。ある生物種が本来生存できる条件のことを、「基本ニッチ」という。ほかの生物との相互作用によってそのニッチがさらに制約を受けている場合には、その生物種の実際の分布域のことを「実現ニッチ」という。基本ニッチがどんなに広くても、環境が変化してそのニッチの制約よりも過酷になったり、実現ニッチが縮小して大きさがゼロになったりすると、その生物種は絶滅する[9]。

更新世の冬のノーススロープは、多くの生物の基本ニッチよりも過酷な環境の広がる時代と場所の一つである。この地のウマは、最低限の乏しい食糧で耐え凌ぐ能力のおかげで生き延びている。眠ったり起きたりを繰り返しながら一日最大約一六時間を採餌に費やすことで、十分な栄養分を摂取する。

マンモスも栄養価の低い食糧で生きているが、消化の効率が低いため、冬のあいだに食《は》むわずかな草から得られるよりも多くの蓄えを体内に必要とする。食糧が不足したときには、自分の糞を食べて、残った栄養分を摂取することが知られている。別の地域で数千頭の群れで暮らすバイソンは、食べたものを四つの胃で発酵させなければならず、あまり速く食べることができない。そのため栄養価の高い食糧が必要だが、冬に北方の不毛な平原ではそのような食糧は調達できない[10]。

ベーリンジアの景色

この地域が強風の吹く乾燥した気候になったのは、物理的な地勢のせいである。イクピクパクの砂丘に絶えず吹きつける、足首を刺すような風は、ここからはるか南西の地点を中心として反時計回りに流れる巨大な渦巻の一部である。太平洋の海水を吸い上げてアラスカ中央部やユーコン地方に雲を運んでくると、含まれていた湿気はすっかり失われてしまう。ほとんどの雨は、この地域と北アメリカの残りの部分とを隔てる巨大な氷の壁の近くに広がる、バイソンの暮らすもっと湿潤な平原に降ってしまう。

　その氷床は現代のカナダの大部分を覆って南へ広がっており、太平洋と大西洋を隔てる氷の障壁となっている。場所によっては厚さ三キロメートルにも達し、大地を穿《うが》つその力は、のちに五大湖となる窪地を掘り進めている最中だ。のちに氷が融けると、そのローレンタイド氷床の南端に溜まっていた水が解放されて新たな河床を刻み込み、氷河によって堆積した氷堆石《ひょうたいせき》（モレーン）を侵食して、ナイアガラ滝のような絶景を生み出すこととなる。[11]

　この大陸氷床と、それに隣り合った北ヨーロッパの氷床に閉じ込められた水は、海洋から吸い上げられたものだ。世界の海水位は現代よりも約一二〇メートル低く、氷床の拡大とともに浅い海底が露出して、大陸のあいだにいわゆる「陸橋」が架かっている。アラスカは北アメリカからは孤立しているかもしれないが、まさにそのような陸橋によってアラスカの野生生物と西方のアジアの生物群集とがつながって、地球半周にもおよぶ連続体が形成されている。

　現代、アラスカとロシア極東のチュクチ半島とを隔てるベーリング海峡は、更新世のいまは生物の生存に適した陸地で、生物学ではこの地域のことをベーリンジアと呼んでいる。冬は寒いかもしれないが、夏の数か月間は日光が降り注いで暖かくなる。春から夏にかけては草原の野草が花を咲かせる。ほとんどの樹木は灌木で、背の低いヤナギが絵筆のような花穂で文字ともつかない筆跡を風に残し、矮性《わいせい》のカバノキの茂みにはライチョウが身を隠している。上空ではハクガンの群れが海を目指して飛びながら鳴いている。

　秋になると、ベーリンジアの中でももっと穏やかな地域は、ハコヤナギやヤマナラシが黄葉して、まるで融けた金を流したかのように輝き、背の高いトウヒの青緑色がそれをさらに際立たせる。それらの低地は比較的温暖で過ごしやすい気候で、長く続く氷期に耐えきれない生物が生き延びることができ、多くの動植物にとっての避難地（レフュジア）となっている。場所によっては湿地にミズゴケが生えており、別の場所では銀色の毛に覆われたハハコグサがバイソンの蹄に踏まれて穏やかな香りを放っている。[12]

のちに海に沈むこととなるベーリンジア陸橋は広大で、現代のロシア北部の陸地を含めると、その総面積はカリフォルニア州・オレゴン州・ネヴァダ州・ユタ州を合わせたくらいになる。それでもこの地域は、ベーリンジア東部からアイルランド大西洋岸にまでおよぶ広大な生物群系《バイオーム》（同様の動植物群集からなる、比較的似た気候の広がる地域）の一部にすぎない。

海上に顔を出したベーリンジアの低地からアラスカの高地に至る一帯では、空気は冷たく乾燥していて、植物はなかなか生長せずに丈が短いが、それでも草原が続いている。その東の端、イクピクパクの砂丘との境界線は、地球史上最大の連続した生態系であるマンモス・ステップの果てとなっている。[13]

マンモス・ステップが存在しつづけているのは、まさにそのように連続してつながっているからだ。氷期の気候パターンは変わりやすく、毎年のように条件がめまぐるしく変化する。緩んだ地面にテントのペグを打ち込んで同じ場所に何年も野営していたら、ある年の気候や植生はウマに適し、次の年はバイソンに、その次の年はマンモスに適するというように、各生物集団が激しく盛衰を繰り返すように見えるだろう。

マンモス・ステップは途切れなく続いているため、それぞれの生物種は理想的な気候を追いかけて移動することで、自らのニッチの限界内に留まることができる。激しく変動する環境で長期にわたり生き延びるには、移動できることが欠かせない。大陸のどこかには必ず避難場所があるはずだ。ある生物種が局所的に絶滅しては、まさにそのようなレフュジアから復活するというパターンが、北極圏の高緯度地方一帯でつねに繰り返されている。現代でも、北極最大の植食動物であるトナカイやサイガは世界最大規模の陸上移住をおこなっている。

場所は違うが、ベーリンジアに似た環境で人間がヤギなどの家畜を世話しているモンゴル・ステップでは、現代でも気候の変動が大きく、冬の気温は毎年予想がつかない。気候変動によってモンゴル・ステップが温暖化して乾燥するにつれ、草原の生産力が下がり、家畜が草を食める地域が狭くなって、移動できる距離がどんどん短くなりつつある。

そのため、雪が多くて家畜が草を食めなかったり、逆に雪が少なくて飲み水が確保できなかったり、地面が凍ったり、寒風が吹きすさんだりと、家畜や遊牧生活に打撃を与えるさまざまなタイプの「厳しい冬《ゾド》」に対して、人々はどんどん無防備になっている。変わりやすい環境では、野生動物も人間も、荷物をまとめて別の場所に移動する能力が欠かせない。現代の気候変動とともにそのような生き方は脅威にさらされて、消滅したマンモス・ステップの二の舞になりかねないのだ[14]。

ベーリンジアの連続性はのちに崩れることになる。やがて海面が上昇し、現代から約一万一〇〇〇年前にベーリンジアは海中に没する。トウヒやカラマツの広大なタイガが南から広がってくるとともに、北からはツンドラが移動してきて、地球を半周していたステップは孤立した小さな塊へと分断され、また気候が温暖化することで、寒さに適応した生物種はふさわしい土地のあいだで長距離移住することがもはや不可能になる。移住しようにも、行くところがなければ群集は助からない。

ある集団が死に絶えると、それに取って代わる集団が生き残っていないため、地域一帯での絶滅に、やがては世界的な絶滅につながる。耐え凌げた生物種も、生息地はどうしても小さくなる。アラスカで、かつてマンモス・ステップを闊歩していた全動物種のうち現代でも生き残っているのは、カリブーとヒグマ、そして人工的に再導入されたジャコウウシだけだ[15]。

狩り場の支配者

夜が明けると、広大なマンモス・ステップが目を覚ます。弱々しい太陽が昇り、連なった砂丘から一つ一つ顔を出す。やがて風下側の砂粒という砂粒が影を落とし、砂丘全体が輝く。休んでいたウマが鼻を鳴らして立ち上がり、身体を震わせて素早く目を覚ます。眠りは深くもなければ長くもなかった。幅の広い黒っぽい蹄がもぞもぞと動いて、その縁がパッと輝く。冬のあいだはさほど歩かないので、すり減っておらず、ずいぶん伸びている[16]。

晴れ渡った爽やかな空の下、夏が始まった。子ウマや湖が現れ、轟音を立てるカリブーやバイソンの大群が新たな草を求めて北方へ戻ってくる。巨大なマンモスの群れも戻ってくる。マンモスの集団はノーススロープの植食動物の半数近くを占める。日の光で気温が急激に上がり、ウマは丘の向こうに渦巻く低い雲を目指す。

垂れ込める霧は、氷の融けた水が暖かい窪地に集まってできた数少ない水たまりの存在を示している。地下水は日が当たらずに少し前まで凍りついていたが、氾濫原に溜まった水は喉の渇いた動物をおびき寄せ、そこは多様な昆虫群集の住処となる。イクピクパク川の周辺には、ゲンゴロウやマルトゲムシ〔丸っこい小型の甲虫〕、乾燥に適応したオサムシがあふれかえっている[17]。

日光が降り注いで天気は良く、現代のアラスカと比べて湿度が低く肥沃《ひよく》なだけでなく、気温も高い。いまは氷期かもしれないが、ベーリンジアは比較的温暖な地域で、現代のモンゴルに近い大陸性気候である。

沿岸と内陸では大きな違いがある。海水温は年間を通して大きくは変化しないため、海は近くの陸地から熱を吸い取ったり、逆に熱を供給したりして風や雲を生み出し、気候の変動を抑える。一方、内陸では夏の熱が大地にもっと容易に蓄えられるため、大陸性気候では夏に気温の高い状態が続く。同じ理由で陸地は急速に冷え、冬は極寒になる。このため現代、たとえば海に面したサンクトペテルブルクの七月の平均気温が一九℃、一月の平均気温がマイナス五℃なのに対して、それよりわずかに緯度が高いだけの内陸のヤクーツクでは、七月の平均気温こそ二〇℃だが、一月の平均気温はマイナス三九℃にもなる。

更新世のアラスカのノーススロープはサンクトペテルブルクよりもヤクーツクに似ており、夏は暖かくて冬は寒く、年中乾燥している。凍らない海が近くにないため、現代のアラスカのような曇りがちで霧雨の降る状況は生まれようがない。雪や雨が降らなければ氷河も形成されず、世界のほかの地域へつながる氷のない回廊になっているのはそのためだ[18]。

枯れ草に代わって新芽が芽吹き、ウマの群れが西へと移動する。捕食者を警戒して、けっして散り散りにはならない。誰かが食事をしているときにはほかの者が見張りをするが、代わり映えのしない冬が明けると、彼らの視界は再び数百平方キロメートルに広がる。丘の頂上にたどり着いたところで、群れはいっせいに驚いて飛び上がり、一番幼い者を本能的に取り囲んで、蹄や歯を四方八方に突き出した陣形を取る。影になった斜面と空とのあいだに伸びる水平な緑の帯の中を、一頭のアルクトドゥスが移動しているのだ。

そのアルクトドゥス・シムス（ショートフェイスベア）は、年老いたヒグマと比べてもなお図体が大きい。最大で体重が一トンを超え、現代の陸生捕食動物で最大であるシベリアトラの三倍、おとなの雄のハイイログマの四倍に達する。名前のとおり顔（鼻面）が短く、また長い肢で大股歩きするため、そのスケール感を錯覚してしまう。多くのクマは背中が短くて傾斜しており、顎が長いため、ヒグマの体つきを基準にしてアルクトドゥスを見ると、これらの特徴がさらに際立ってくる。現代のクマで最大のホッキョクグマも確かに鼻面が長いが、それは肉食に適応した結果だろう。

アルクトドゥスはノーススロープではあまり多く見かけず、その行動はよく分かっていない。最近まで、その長い肢は走ることに適応したものであって、アルクトドゥスは巨大な追跡捕食者、いわばオオカミの群れを一頭の凶暴な個体にまとめたようなものではないかと考えられていた。

その説に対して一部の人は、樹上で生活してほぼ完全に植食であるメガネグマと近縁であることから、アルクトドゥスは地面を掘って餌を探す温厚な植食動物であると唱えていた。さらに別の人は、アルクトドゥスは清掃動物であって、別の肉食動物から獲物を奪い取るごろつきのような盗み寄生者としての生活を送っていたとみなしていた。だが実際にはおそらく大型のヒグマに近く、大小の獲物とともに植物も食べていたのだろう[19]。

とはいえ、アラスカからフロリダにまで分布するアメリカ大陸のアルクトドゥスの全集団の中で、肉を食べている姿をもっとも多く見かけるのは、ベーリンジアの群集だろう。冬に地上の植物の大部分が姿を消す地域では、融通の利く食性が捕食や死肉あさりへと偏る。おとなのアルクトドゥスはその大きさゆえに狩り場を支配して、ほかの捕食動物の接近を防ぐことができる。

例のアルクトドゥスは肩を動かしながら水たまりへとゆっくり歩いていく。寒さで死んだ高齢のマンモスの巨大な死骸が、むっとするような腐敗臭を放っている。ごちそうだ。アルクトドゥスは死んだマンモスの毛皮に幅の広い強力な前肢の鉤爪を突き刺して引っ張り上げ、毛皮を剝いで筋っぽい肉を露出させる。手間暇のかかる作業だ。マンモスの皮は分厚く、密集した二層の毛皮に覆われている。

いくら更新世の大型動物相の象徴でも、死んでしまえばそれを食らう者と比べてちっぽけに見える。マンモスは肩までの高さが三メートルほどあるが、最大のアルクトドゥスは後肢で立ち上がるとさらに一メートルは高くなる[20]。

アルクトドゥス・シムスとマンムトゥス・プリミゲニウス

クマは恐ろしいほど力の強い獣だ。ヒグマのそばで人間が暮らしてきた場所では、決まってクマにまつわる神話が生まれている。朝鮮の創世神話では、辛抱強いクマが一〇〇日間、ニンニクとヨモギしか食べない。どちらの植物もユーラシアのマンモス・ステップで見られる。

さらに人間とクマが共存している地域では、クマを指す名前が婉曲的にぼかされている。姿を現さないよう、その「本当の」名前を言わないことを、言語学ではタブー・ディフォーメーションという。クマを崇拝して力と知恵の象徴とみなすロシア人は、クマのことをメドヴェディ（「蜂蜜を食べる者」）と呼んでいる。英語を含むゲルマン語派では、ブルーイン（「茶色のあれ」）という呼び方が使われる。また世界中で、「おじいさん」という婉曲表現が使われている。これらの呼び名が指しているクマは、北アメリカのハイイログマの祖先であるヒグマである。ヒグマも人間とともにユーラシアから移住してきてこの地域に進出し、アルクトドゥスと出合ったばかりだ。[21]

大草原の運命

マンモス・ステップ一帯で、植食動物の大きな集団がいくつも集まって活気に満ちた群集を作っている。そこには、どんな生態系でも必ず守られる基本的なルールがいくつかある。おもに太陽光、あるいは稀にミネラルの分解によって得られたエネルギーは、生態系に流れ込み、活動や分解によって失われた分を補う。そのエネルギーを直接手に入れられる生物を生産者といい、それができずに、ほかの生物を食べることで生き延びる生物を消費者という。生産者の生産するエネルギーが多いほど、より多くの消費者を支えることができる。ベーリンジアのステップはきわめて生産性が高い。

シベリア極北の過酷な地域でも、一平方キロメートルあたり動物およそ一〇トン、カリブー約一〇〇頭相当の動物が養われていて、現代の同様の寒冷地で生き延びられる動物の量をはるかに上回る。一つの生態系の中では捕食動物の数は必ず被食動物よりも少ないが、ノーススロープの夏にはその差が極端に広がって、動物のうち肉食動物はわずか二%にすぎない[22]。

このところマンモスが減ってきているので、例のアルクトドゥスにとってこのマンモスの死骸はまたとないごちそうだ。ノーススロープにやって来るバイソンの数も減りはじめているし、ウマの集団も小さくなってきている。足下は軟らかくなりはじめ、イネ科植物の支配も終わりに近づいている。氷が融けてできた水たまりの周囲には、泥炭〔枯れた植物が湿地などである程度分解されたもの〕が形成されはじめた。吹きさらしのほこりっぽい世界に暮らすどんな生物にとっても、気がかりな徴候だ。

マンモス・ステップの大部分は閉じた中庭のようなもので、四方を乾燥した頑丈な壁に囲われている。北の端の向こうは凍りついた北極海だし、北アメリカやスカンディナヴィア半島、ブリテン島は氷河に覆われている。西の端に接する大西洋も凍っているし、南にはピレネーからアルプス、トロス山脈やザグロス山脈、ヒマラヤやチベット高原と、数多くの山並みがほぼ連続した壁を作っている。山々からなるこの障壁が、南から吹くモンスーンと冬の厳しい乾燥および夏の豪雨から大陸全体を守っており、シベリア上空の高気圧によって乾燥状態が一年中保たれている。

その中にあってベーリンジアはウイークポイントで、海面から露出した低地に太平洋から湿気が流れ込んでくる。かつては問題にはならなかった。氷床が周期的に前進と後退を繰り返し、それとともにステップも拡大・縮小して、平衡状態が安定して保たれていた。しかし誕生から一〇万年経ったいまでは様子が違う。変化の始まり、マンモス・ステップの終わりの始まりだ。[*1]

氷床が融けて海水位が上昇するとともに、蒸発する水の量が増え、この地域に以前よりも多量の水がもたらされるようになった。気候変動が大きくなったいまでは、例年より暖かくて湿度の高い夏がときどき訪れ、ベーリンジアに湿気がもたらされて、それとともに夏には雲が発生し、秋には腐敗が進む。

これまでマンモス・ステップの存在は、乾燥状態、果てしなく澄みきった青空にかかっていた。夏が暖かく湿っていると、降った雨が流れ去らずにところどころに沼地を作り、植物質が分解されて泥炭が作られる機会が増える。泥炭が増えると、ステップの崩壊が雪崩状に始まる。砂粒がくっつき合って砂丘が湿り気を帯び、斜面が崩れにくくなる。土が湿って酸性化し、肥沃度が下がる。湿った地面は温まりにくいため、地下から霜柱が上がってきて、地下水が地表近くに押し上げられる。それが蒸発して雲を作り、雪となって降り積もり、日光の熱を遮断して地表をますます冷たくする。冷たさが冷たさを呼び、真菌類による植物の分解が遅くなるにつれて、より多量の植物が泥炭に変わり、このサイクルが繰り返される。[23]

出現した沼地は動物の移住の障壁にもなり、何も知らない大型植食動物がそのぬかるみにたやすくはまって溺れてしまう。ウマやカリブーの群れにとって泥炭の拡大は、移動の妨げになるとともに食糧不足も招き、イネ科植物に覆われた硬い地面が過酷な軟らかい湿地へと急激に移り変わっていく。泥炭地で繁栄する植物は、吸収したわずかな養分を必死で守り、防御のためのイガや棘、毛を生やす。場所によっては、湿気に強いカバノキやハンノキ、ヤナギなどの木が茂る。ベーリンジアが水没すればマンモス・ステップの運命も尽きる。

現代のノーススロープの条件では、剝き出しの砂から長期的に安定した泥炭土へ変わるのに数百年しかかからない。アイルランドからロシアやカナダにかけて、古代のマンモス・ステップはほぼ完全に姿を消しており、代わりに永久凍土や泥炭地が広がっている。シベリアのところどころにはステップ・ツンドラ生態系が残っていて、小型哺乳類やカタツムリなど小動物の残存種が、湿り気に応じたつぎはぎ状の生息地で暮らしている。

現代のアラスカのノーススロープは、スゲや蘚類《せんるい》〔茎と葉を持つスギゴケなどのコケ類〕、矮性灌木の混在する、雨は少ないが土壌に水を含んだ平原となっている。年間降水量はわずか二五〇ミリメートルほどで、カリフォルニア州サンディエゴと同程度だが、地中に水分が留まって、地下水位が硬い永久凍土層の上にまで達している。夏には土壌が深さ五〇センチメートルまで融けて、一時的な湖や軟らかい泥炭を作り、生える植物はウマやマンモスの好みには合わない。

＊1　マンモス・ステップの消失は現代から約一万九〇〇〇年前に始まったが、とりわけ急速に進みはじめたのは一万四五〇〇年前、気温と湿度が突然上昇したベーリン＝エルホ温暖期と呼ばれる期間の最中である。これは南極の氷河が融けはじめた時期と関係している。

防御の堅い植物がまばらに生えていて、蹄が深く沈む水浸しの地面が広がっている現代のアラスカは、もはやノウマが生き延びられる土地ではない。五五〇〇万年前に北アメリカに出現して以来初めてウマは局所的に絶滅し、現代からわずか数百年前にヨーロッパの船で連れてこられるまで復活することはない。気候が彼らのニッチ空間を超えて変化し、マンモスやマストドン〔ゾウの一種〕、さらにアラスカではバイソンも同じ運命をたどった。現代のアラスカでいまだに野生で暮らしている大型動物は、マンモス・ステップの中でも湿った地域に暮らしていたカリブーやジャコウウシなど数えるほどである。[24]

失われゆくもの

マンモスは現代から約四五〇〇年前まで、ベーリング海峡に浮かぶ現ロシア領のウランゲリ島という小島で生き延びていた。しかし当時もいまもこの島は、繁栄する生物集団を長い年月にわたって支えるには小さすぎ、世界中で最後まで残ったウランゲリマンモスの一家は深刻な遺伝学的問題を抱えていた。二七〇〇頭から八二〇〇頭の小さな集団として六〇〇〇年間にわたり完全に隔離されたことで、近親交配がすさまじく進んだのだ。

ロシアの極寒の中で保存されている彼らのDNAを調べると、ありとあらゆる遺伝性疾患が認められる。嗅覚には重い障害があったし、毛が半透明で、サテンのように輝いてはいるが防寒力は低かった。発生や泌尿器系、さらにおそらくは消化器系にも問題があった。計一三三個の遺伝子について、機能するコピーを持った個体はこの集団内に一頭もいなかった。ウランゲリ島もこの頃にはスゲばかりの泥炭地になっていた。マンモスはステップの風景が失われてからそう長くは生き延びられなかったのだ[25]。

いまは亡き生物の姿を美しく描き出すマンモス・ステップに我々が惹かれるのは、そのロマンティックな風景を彩る獣たちの姿をほぼ完全に理解できると思っているからだ。北極の風に吹かれる孤独なマンモスは、失われた過去の象徴として誰にでも通じる。我々人類が目にし、我々人類が描き、狩り、おそらく崇《あが》めていただけに、たとえ永遠に失われていても、地球の歴史の手掛かりとして手に取るように分かる。

それどころか、まだマンモスが地上を歩いていた頃に種子から芽吹いた木が現代でも生きている。失われた過去は思ったより近いもので、人類の文明は更新世の幕引きとともに興《おこ》った。人類はまだアメリカに到達していないかもしれないが、ほかの地域では更新世の生物を詳細に描いている。ノーススロープのウマが歯を食いしばって風に耐えているさなか、フランスでは意図的に磨かれた洞窟の壁に塗料を塗ってラスコーのノウマの姿が描かれている。

それから数千年後に一人の人間がシカの枝角のかけらを手に取って投槍器《アトラトル》を作り、そこにてがみとあごひげを生やしたステップバイソンの姿をあしらうこととなる。そのバイソンは首をひねって、背中に付いた何かの昆虫の噛み跡を長く曲がった舌で舐めている。

北方における更新世の人類の文化はほぼ失われているが、世界中のところどころでは現代でも更新世の様子がぼんやりと記憶されて受け継がれている。オーストラリア北部にあるナワルラ・ガバルンマング（「岩のくぼみ」）と呼ばれる岩陰遺跡の天井には、様式化されたワラビーやワニ、ヘビの姿が描かれている。それらの絵の中でもっとも古いものは少なくとも現代から一万三〇〇〇年前のもので、そこから二〇世紀になるまで絵が描かれつづけており、この遺跡には想像もできないほどの長い年月におよぶジャオイン族の文化の記憶が留められている。

マンモス・ステップがついに終焉を迎え、水没したベーリンジアの平原を見下ろす崖の上にウランゲリ島のマンモスが姿を現した頃には、ギザの大ピラミッドやペルーのノルテ・チコ文明はすでに何世代にもわたって存在していたし、インダス文明も何百年も歳月を重ねていた[26]。

ウランゲリ島の最後のマンモスが死んだ頃、メソポタミアの町ウルクは、最古の歴史書かつ最古の文学作品の主人公である、シュメールの王ギルガメシュに支配されていた。ギルガメシュの話は、人類が自然界から逃れようとする物語である。

傲岸《ごうがん》で力のあるギルガメシュが、ウルクの城壁を補強するために木を切り倒そうと、友人で野蛮なエンキドゥとともに、神々の棲むレバノンスギの森の番人フンババを捕まえて殺す。すると、一見高貴で洗練されたギルガメシュとは対照的に野蛮で荒々しいエンキドゥが、病にかかって命を落とす。そこでギルガメシュは不死の術を探すものの、無駄骨に終わり、その望みはけっして叶えられないのだと悟る。

自然界に永遠に続くものなど一つもなく、更新世最大の生物群系もぬかるみの中に沈むこととなる。ある時代と場所にさまざまな生物種が集まっていると、その群集は安定しているのだと錯覚するかもしれないが、実際にはその群集を生み出した条件が続くあいだしか持ちこたえられない。気温や酸性度、季節変化や降水量など、生物群系の条件が変化すると、その群系を構成するいくらでも多くの生物種がそこでの足場を失いかねない。

いくつかの生物種にとってそれは移住を意味し、最終氷期の終わりに多くの植物がおこなったように、同じ環境を追いかけて大地を移動する。しかし移動せずに失われるだけの環境もある。あまりにも急速に変化が進んだり臨界点を超えたりすると、暴走的な変化によって、地球上でもっとも広く分布した環境や、そこに支えられた生物群集ですら崩壊しかねない。

必ずしも大災厄や生態系の荒廃にはつながらないが、ときには生物と環境の新たな組み合わせ、新たな世界が生まれる。のちにその空白地を埋めるのは、蘚類に覆われていながらいまだにカリブーやサイガの棲むツンドラ、ヤナギやハンノキが生えていてハタネズミの棲む泥炭地、シベリアに広がる趣のある球果植物の森、タイガである。

ノーススロープをさまようウマや、彼らを追いかけるホラアナライオンにとって、ステップは広大で変化しようがないように思えるはずだが、長い時間のスケールで見ると、不変であるというのは幻想だ。氷床が後退するにつれ、たった一滴の雨粒で、蹄に踏みしめられる硬い地面もやがて姿を消す。たった一瞬のきらめきでオーロラも消える。[27]

2章

起源

Origins

鮮新世の地球

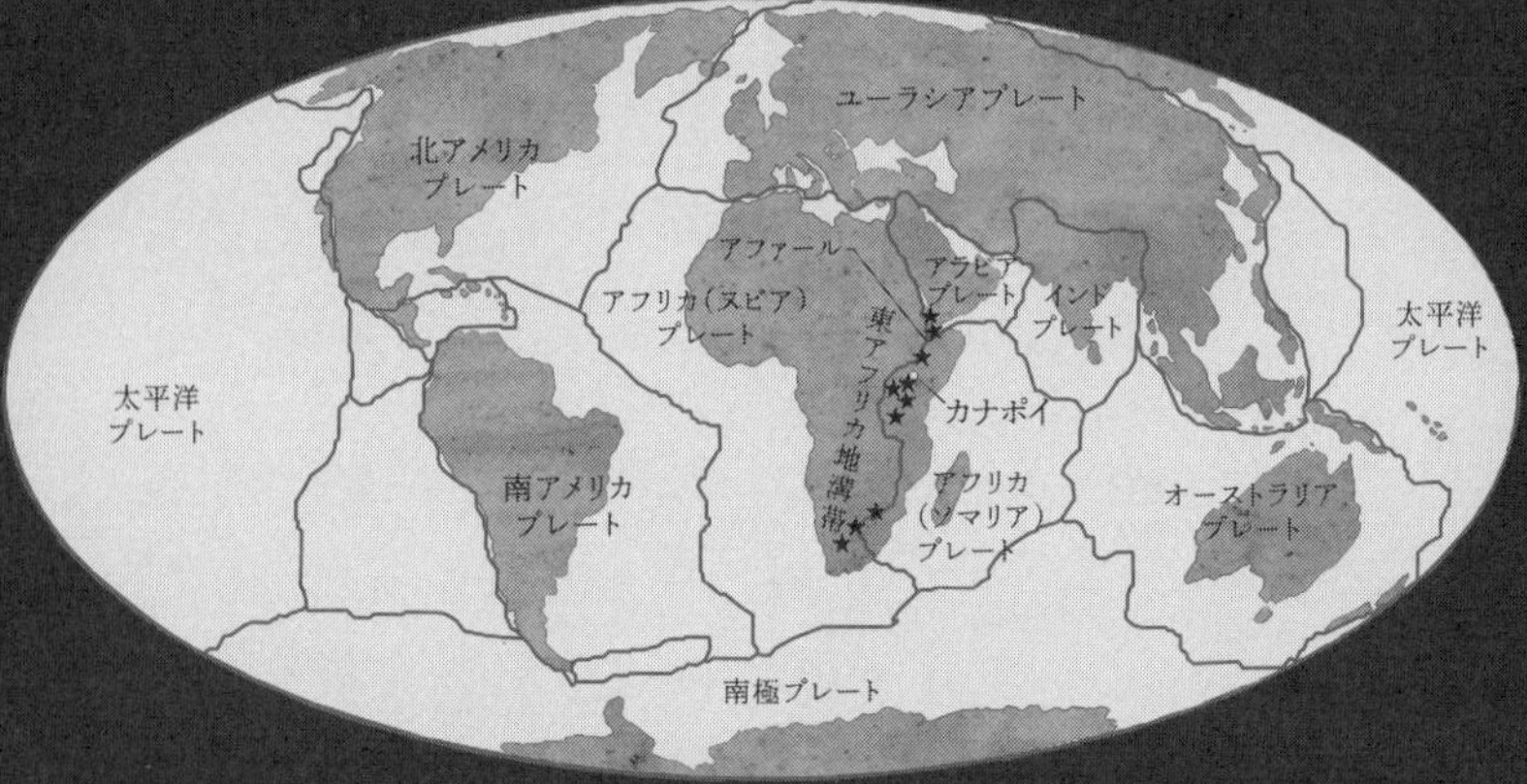

★ 鮮新世のヒト族の化石産出地

Kanapoi, Kenya - Pliocene

ケニア、カナポイ
鮮新世――四〇〇万年前

鮮新世
400万年前

now

Pliocene

「エボシドリ、森の獣
木の中のエボシドリ
ここは高地の滝
高地のエボシドリ
夜明けが我が家に訪れる」
——マラクウェト族の伝統的な歌[1]（J・K・カッサガム訳）

*

「流れる黒い道が
目の前でばらばらに分かれる。
私は水の中に飛び込み
あらゆるものが目の前で流れていく」
——ミゲランヘル・メサ『夜明け』（トレイシー・K・ルイス訳）

雷鳴が轟く中、アマツバメがやって来る。冬鳥である彼らはものすごい数でけたたましく姿を現し、四か月以上におよんだ乾期が終わって雨期に入るとすぐさま湧いてきた昆虫の群れを追いかける。渡り鳥の到着とともに豊かさと生命が甦り、これから何百万年も続く季節変化が繰り返される。雨季、乾季、雨季、乾季と、終わることのない心落ち着かせるリズムだ。

現代では、南アフリカとウェールズほどに遠く離れた土地の人でも、アマツバメの飛び方と雨の予兆を同じように結びつける。鮮新世のいまも、のちにケニアとエチオピアの一部となる東アフリカの高地に広がる山の空気の中をアマツバメは飛び交っている。この高地と、そこから何千キロメートルも離れたチベット高原の隆起によって、かつてアフリカ北西部に雨をもたらしていた風が逸れ、この地域の降水パターンが変化して、サハラとサヘルが徐々に砂漠へと変わりはじめている[2]。

ロニュムン湖という大きな湖が、この地に大量の雨が降ることを物語っている。石だらけの湖岸から見渡すとまるで海のようだ。雲一つない日には、青くかすんだ遠くの山々がその足下を水平線に浸しているように見える。この湖の範囲、この水没した谷の形は、上空からでないと分からない。鋭い鳴き声を上げながらまるで鎌を振るうように降下してくるアマツバメは、菱形をした青緑色の湖面を見て初めて目的地をとらえる。

ロニュムン湖は広くて浅い湖で、南北の長さは三〇〇キロメートルを優に超え、幅は一〇〇キロメートルほど、大陸の巨大な裂け目である東アフリカ地溝帯を満たしている。マントルの中からとりわけ高温のマグマが上昇してきて地殻にぶつかり、ちょうど天井に蒸気が当たったように広がっていく。このマグマの流れに引きずられて、徐々にだが絶え間なくアフリカが引きちぎられている。

東アフリカ沿岸全体を下から支えるソマリアプレートが、アフリカ大陸の残りの部分の大半を支えるヌビアプレートから分かれつつある。さらに北ではアラビアプレートも分かれていて、その三重点に位置するエチオピアのアファールには深い窪地ができている。アファールから南へ伸びるギザギザの裂け目はいずれ完全に開いて、いま地溝帯の走っている場所に新たな大洋が誕生することとなる。[3]

鮮新世のいまは、この大地の割れ目に雨水が溜まって、気候変動とともに姿を変える地溝湖が連なっている。現代、ロニュムン湖の場所にはトゥルカナ湖という別の湖があって、そこから流れ出す川は一本もない。トゥルカナ湖はアルカリ性で塩分濃度が高く、数百万年前のこの地域と同じく火山に取り囲まれている。藻類の繁殖する深緑色の湖面は、砂漠の強風でしばしば荒れ狂う。[*2]

鮮新世のケニアは現代よりも雨が多くて、ロニュムン湖もトゥルカナ湖より広く、高地を越えてあふれた水がインド洋に向かって流れている。湖に注ぎ込む何本かの川は、粘板岩の基岩と、貝殻が圧縮されてできた地層、固化した分厚い砂州に、谷を刻み込んでいる。それらの川は現代でも存在しており、オモ川、タークウェル川、そして雄大なケリオ川となっている。鮮新世の火山地帯は侵食が進んでいて、酸素に富んだこの河川系の下に埋もれつつある。[4]

湖に集う

大陸が分裂し、季節に応じて激しい雷雨が襲うこのダイナミックな世界で、のちに最初の人類が出現することとなる。遠い未来、この地にはヒト属（ホモ）のさまざまな種が現れる。トゥルカナ・ボーイというあだ名が付けられたホモ・エルガステルの若者や、「ホモ・ルドルフエンシス」と呼ばれる、おそらくはホモ・エレクトスの変異個体などだ。しかし鮮新世のいま、ケリオ川がロニュムン湖に流れ込む、アカシアに囲まれたカナポイの地には、おそらく最古のヒト族（ホミニン）であるアウストラロピテクス・アナメンシス（「湖から来た南の類人猿」）が暮らしている[5]。

棘に覆われたアカシアの木立ちのあいだを縫うケリオ川の流れは、泥で濁っていて足取りが重い。アマツバメは湖面近くまで急降下して、蚊やハエを口で捕まえ、水をすくって飲み、自由に素早く飛び回るためなら何でもする。木々に邪魔されない広い湖面の上空を好き勝手に飛び回り、ロニュムン湖に向かってゆっくりと降りていく。

この渡り鳥は地上に降り立つように見えて、せいぜいここまでしか近づかない。空中の居心

＊2　ケニアが植民地だった時代、トゥルカナ湖は、この湖に初めて到達したヨーロッパ人にちなんでルドルフ湖と呼ばれていた。「トゥルカナ」という名称はこの地域の有力な文化の一つを指していて、トゥルカナ人自身はこの湖をアナナム・カアアラコルと呼んでいる。

地があまりにも良いので、一〇か月間ぶっ通しで飛び回って餌を取ったり交尾したりする。睡眠も飛行中に取るが、一度に脳の半分しか休まない。飛行速度は時速一〇〇キロメートルを超え、中でも水平飛行の最中のスピードがもっとも速く、それを上回るのはオヒキコウモリくらいだ。脚と指は小さくて鉤爪《かぎづめ》しか残っておらず、壁や木、崖にしがみつくことはできるが、平らな地面では役に立たない。

アマツバメの多くの種は雛を孵《かえ》すときだけ地上に降り、それは空中で卵を抱くのが進化上の成功戦略にはなりにくいからだ。とはいえ巣は、飛行中に集められる限りのがらくたを使って空中で組み立てる。子育てのとき以外は上空を旋回して、カエルのような大きな口でハエを飲み込み、曲芸飛行を披露して視界から出たり入ったりする。過酷な子育てはヨーロッパ滞在中の夏の仕事なので、ここカナポイでは風に乗って大きな口で甲高い声を上げているだけだ[6]。

雨とともにほかの生き物も隠れ処から姿を現す。一瞬のきらめきとともにカワセミが川面を切り裂き、沈んだ泡で羽毛を銀色に輝かせる。しぶきの中から飛び上がると、くちばしには魚をくわえていて、下流に飛んでいって止まり木を見つける。

もっとずっと小さくて背中がでこぼこした苔色のクチボソガエルは、交尾のために集まって、雄を背中に乗せた雌が川から離れた地面に穴を掘る。卵を産んで受精させると雄は去っていくが、雌はおたまじゃくしを抱えたまま穴を掘りつづけて地下水面まで伸ばす。雨で川が増水すると、その穴が底のほうから水で満たされ、おたまじゃくしはその安全なプライベートプールの中で育っていく。ハツカネズミは、コビトマングースや黒っぽい縞模様のジェネット〔ジャコウネコ科の一種）、あるいはイエネコの野生の祖先である最古のネコ属といった小型肉食動物の奇襲に警戒しながら、青々とした草むらを駆け回っている[7]。

身を低くして走るつやつやしたカワウソが水中に滑り込み、雨が強くなってきてまるで永遠に降りつづけるかのようだ。そのしぶきでロニュムン湖一帯に霧のような水煙が低く立ちこめる。ラッコと同じくらいの大きさで、ナマズやタイガーフィッシュ、あるいは若いナイルパーチを捕まえるウシカワウソ（トロルトラ）は、波立つ早瀬にとても馴染んでいる。

トロルトラがいる場所には、さらに大型のクマカワウソ（エンヒドリオドン）もいる。筋肉質の平たい尾で川を泳ぐ姿は、苔むした丸太が浮かんでいるだけのように見えるが、それが身体を弓なりに丸めて輝かせ、水中に飛び込む。貝やカニといった殻の固い獲物を探すクマカワウソは、カナポイに二種棲息している。どちらも先端が丸まったすりこぎのような歯を持ち、それで同じ種類の獲物を噛み砕く。

共存できるのは、互いに違う大きさの獲物を分け合っているからだと考えられる。小さいほうのクマカワウソは、若い個体または小型種の貝や甲殻類を捕まえる。大きいほうのエンヒドリオドン・ディキカエは現代のライオンほどの大きさで、ひげから尾までが二メートル、体重は二〇〇キログラムほど。水中には、堆積物に半分身を沈めた丸っこい淡水性のイガイ類、コエラトゥラがいて、この巨大カワウソはそれを探している。若いコエラトゥラは小さすぎてカワウソも気に留めないが、成長すると長さが最大六センチメートルにもなり、固い殻に包まれているとはいえ栄養価の高いスナックだ。クマカワウソは多くのカワウソよりも水中生活へのこだわりが小さくて、川岸でのんびりと過ごすが、食糧を見つけられる広い水域には頼りつづけている。川や、ロニュムン湖の開けた水域にも同じく馴染んでいる。[8]

川や三角州、湖には魚がたくさんいて、その多くは貝や甲殻類を食べる。現在の河床の下で徐々に石に変化しつつある粘土層のあいだには、貝殻がびっしりと折り重なっていて、上のほうで子孫が成長するのを横目にゆっくりと石化していく。三角州では魚の三匹に一匹は貝を食べるカラシン（シンダカラックス）で、湖では半数近い魚がナマズの一種クラロテスである。

ロニュムン湖やケリオ川では、水底に敷きつめられた貝が、雨期に流れ込む栄養分とともに、生態系を支える大黒柱となっている。ロニュムン湖は浅いため、深いところに棲む魚はおらず、川が流れ込むことで水がよく攪拌されて酸素を豊富に含んでいる。ナイル川と隔てられているために固有種が進化してきたが、その隔たりが少し前に崩れはじめた。[9]

ロニュムン湖は水鳥の安息地になっている。魚をめぐってトロルトラと競い合うヘビウの曲がりくねった首が水面を這い、身体を沈めながらぎこちなく川岸に戻っていく。羽毛に油分がないのは、浮力を小さくして水中で効率的に狩りをするためだが、そのせいで水をはじかない。川岸に身体を引き上げたずぶ濡れのヘビウは、羽毛を乾かさないとねぐらに飛んでいけない。雨が止んで陸上に安堵感が広がると、仲間のヘビウはすでに川岸に並んで立っている。旗のように広げた翼から、日光でゆっくりと湯気が昇っている。[10]

マントのような翼を持った猫背のハゲコウの仲間で、もっと身体の大きいハシビロコウが、川岸に姿を現したり上空を飛び回ったりして餌を探している。ハゲコウは、鮮新世の東アフリ力から更新世のインドネシア・フローレス島、現代の世界中の都市と、人間の住む至る所に姿を現す。餌にこだわりがなく、知られているとおり埋め立て地やごみ捨て場で暮らしており、動物の死骸をあさる清掃動物であることから「葬儀屋」というあだ名が付けられているが、環境中から病原体を取り除く役割も果たしている。コウノトリ類は身体が大きくてゆったりと飛ぶことから、たびたび民話に取り上げられてきた。中世のスラヴ人の宗教では、冬鳥はヴィライという楽園に向けて旅立つと信じられていた。中でもコウノトリは、人間の魂を死後の世界に運んで生まれ変わらせると考えられていた[11]。

カワセミの二度目のダイブはほとんどしぶきを上げない。再び姿を現したが今度の狩りは失敗で、シルエットになった巨大な獣の背中に止まる。青光りしたその鳥は新たな飛び込み台から水面を見つめているが、新しい相棒のことはいっさい気に留めていないようだ。

肩までの高さが二・五メートルあるその獣は、ぬかるんだ浅瀬に用心深く立ちながら、角を生やした巨大なワニがいないかどうか警戒している。らせん状の短い毛が雨で濡れそぼり、長いまつげの生えた黒い目は二本の太い突起物の影に入っている。頭頂からはさらに突起物が二本、後方外側に湾曲しながら伸びていて、まるで三日月の一部が上下逆さまに付いているかのような印象を受ける。

キリン類だからといって華奢で首が長いとは限らず、この動物、シヴァテリウムはウシのようにずんぐりしている。カナポイの生物群集の中では非常に稀だが、近縁種はここ東アフリカからヒマラヤ山脈のインド側の麓《ふもと》にまでわたって見られる。キリンやオカピの親戚だが身体が重く、成熟した雄は体重が一トンを優に超える。いかにもキリン類のようなひょろ長い体つきではないが、その代わりに頭部がやけに目につく。[12]
　オカピやシヴァテリウムを含むキリン類はいずれも、頭蓋骨からオシコーンと呼ばれる骨の塊が飛び出している。その役割は、ケラチン質でできたウシの角や、シカの剝き出しの枝角と同じく、ディスプレイのためや武器としてだが、それらとは違って半永久的に毛や皮膚に覆われている。
　雄のオカピは、まるで触角のような短くて細いオシコーンを目の上に計二本生やしている。キリンは、比較的短くてまっすぐなオシコーンが耳のあいだから二本生えているのに加え、一部の個体、とくに東アフリカの個体では、額《ひたい》の中央、両目のあいだに太いこぶが一つある。カナポイのシヴァテリウムはオシコーンを目の上と耳のあいだに計二対持っていて、どちらもけっして小さくはない。[13]

植物が起こした革命

　例のシヴァテリウムが川の中からそっと片脚を挙げると、まどろんでいた一頭のカワウソが目を覚まして水中に身体を滑り込ませ、突然浮力を受ける。脛《すね》に泥をまとわせたシヴァテリウムは足を踏み出してもっと硬い地面に上がり、餌を食べようと物陰へ向かう。

　ケリオ川の川岸近くでは雨で土埃が集まってつやつやした粘土になっているが、小山の斜面は水はけの良い砂のせいでもっと乾いている。粘土があると土壌に水がほとんど浸透せずに窪

シヴァテリウム・ヘンディイ

地に泥が溜まり、雨が降ると粘土鉱物が膨潤して斜面が崩れやすくなる。緩やかにうねる大地の高い部分には高木や灌木、イネ科植物の草地が点在し、もっと湿った雨裂は、動物の餌になるイネ科以外の広葉の雑草で埋め尽くされている。

川に沿った細長い土地では、乾期の真っ最中を含め年間を通して地中深くに地下水が保たれているため、高木は地下に隠された帯水層まで長い主根を真下に伸ばすことで繁茂できる。高く生長したそれらの高木は、川の流路を指し示すように何キロメートルにもわたる曲がりくねった並木を作る。ケリオ川が流れを緩めてロニュムン湖に流れ込むあたりでは、地下水面が地表にもっと近く、樹冠が低い。灌木が高木と張り合って、湿った砂地の点在する藪の中に溶け込み、スゲに囲まれている[14]。

土壌の化学組成や季観、水はけの程度が場所ごとに異なるせいで、高木や灌木の群落がイネ科植物の草地で途切れ途切れになった、キルトのような光景が作られている。変化に富んだ環境はより多くの生物種を養うもので、カナポイでは広食性の〔餌の種類が幅広い〕植食動物がのちの時代の東アフリカよりもはるかにたくさん暮らしている。植物はいわば産業革命のさなかで、植食動物はそれに何とか追いつこうとしている[15]。

植物は、太陽光を使って二酸化炭素と水を炭水化物に変換する、いわゆる光合成によって、自ら栄養を得ている。水は地中から吸い上げるが、二酸化炭素は空気中から取り込むしかないため、葉には気孔と呼ばれる穴が開いていて、そこから空気が入ってくる。

気孔が開いているあいだは、二酸化炭素が葉の中に入ってきて光合成のプロセスが継続し、エネルギーを得ることができるが、それにはコストが伴う。気孔が開いていると貴重な水が蒸発によって逃げ出して、植物がしおれてしまうのだ。気温が高くて水が少ないほど、これは大きな問題になる。しかし鮮新世までにいくつもの植物のグループがこの問題を解決している[16]。

光を栄養に変えるにはいくつもの段階が必要だが、もっとも鍵となるのが、ルビスコと呼ばれるきわめて効率の悪い酵素である。高温で乾燥した地域など、光合成の効率をできるだけ高める必要のある場所では、世界中の多くの植物種が、水の漏れやすい気孔から離れた奥深くの特別な細胞にルビスコを収めて、そのまわりに必要となるさまざまな化学物質を凝集させる。それにはエネルギーが必要だが、光合成のプロセス全体のスピードを六倍速くすることができ、水の節約にもなる[17]。

現代から一〇〇〇万年前、世界中でのそのような植物の割合は一%にも満たなかった。それが現代では、科学用語でC_4光合成と呼ばれるこの糖類組み立てラインをそれぞれ独自に発見した、およそ六〇の植物グループによって、世界中の一次生産力、すなわち光合成によって生成されるエネルギーの量のうち五〇%近くが生み出されている。トウモロコシやモロコシ、サトウキビなどのイネ科植物から、キヌアなどのヒユ類に至るまで、多くの作物植物を含むC_4植物は、大気の条件が変化したことで生息地を広げている。

両極が氷に覆われているこの鮮新世には、大気中の二酸化炭素濃度が低いことで、光合成の反応を一か所に集中させることがますます魅力的になっている。そうして繁栄するようになったC_4植物は、食糧としては栄養分に乏しいため、植食動物は変化するその植物相に合わせて採餌行動を変えなければならなかったのだ。[18]

カナポイでは、乾燥して開けた藪と、灌木の生い茂る一帯、高木の立ち並んだ河道がモザイク状に分布していることで、各動物種がそれぞれ異なる種類の植物を食糧にすることができる。ほとんどの植食動物は、起こったばかりのC₄革命にまだ完全に適応する必要はない。木の葉と草の葉の両方を食べる動物種は、アフリカスイギュウの祖先と思われるシマテリウムや、ジャコウウシの親戚であるマカパニア、ヌーやシカレイヨウ〔ウシ科の一種、ハーテビーストとも呼ばれる〕の親戚であるダマラクラなど、現代のどの生態系よりもはるかに数が多い。

シヴァテリウム・ヘンデイイは木の葉食で、湖や川の近くに生える灌木や高木しか食べないが、彼らの子孫はのちに草の葉も食べるようになる。カナポイに暮らす大型と小型のキリンは、長い首で樹冠の葉を独占しつづけており、どちらも木の葉食である。インパラや三つ指のウマは高木のあいだの開けた場所で草を食《は》み、その同じ空間では、体重五〇〇キログラムのイボイノシシが頭を下げながらさまよい、ダチョウの雛が休むことなく鳴き、ゾウの仲間である長鼻《ちょうび》類《るい》が巨大な群れをなしている。[19]

カナポイには多様な長鼻類が暮らしている。アフリカゾウと近縁でほとんど見分けのつかないロクソドンタ・アダウロラだけでなく、インドゾウやマンモスの親戚であるエレファス・エコレンシスも棲んでいる。高木のあいだでは、肢《あし》の短いアナンクスが堂々と歩いていて、そのフォークリフトのような長くてまっすぐな牙がほとんど地面に着きそうだ。デイノテリウムは短い牙が内側にカーブしていて、それを使って木の皮を剝ぐ。ほとんどの長鼻類は現代のゾウと同じく木の葉食だが、ロクソドンタ・アダウロラは草の葉食である。

ロクソドンタ属が一度C_4植物食に切り替えてから再び元に戻した理由は定かでないが、単に競合する長鼻類が多すぎたからかもしれない。高木がまばらになってサバンナが広がるにつれ、アフリカで生き延びるゾウは、草の葉を食べるようになった種の子孫に限られていくだろう。現代のアフリカゾウはいわば生態系のエンジニアとして、生息地一帯の高木の密度や被度〔地面を覆っている割合〕をコントロールし、ほかの動物のニッチ空間を左右する真の森林管理者の役割を果たしている。[20]

カナポイの地は、巨大なキリン類や体重一〇トンのデイノテリウム、巨大カワウソや特大のイノシシなど、大型の植食動物であふれている。これほどの多様性を維持できるのは、この地域に食糧源が非常に豊富に存在しているからだ。ロニュムン湖周辺では、現代より一〇〇〇万年前以降のアフリカのどの化石産出地よりも速いスピードで、新たな植物質が生み出されている。[21]

最古のヒト

ケリオ川東岸のほど近くに、高木と灌木の生える低い土地が広がっている。アカシアが地面にまだら状の影を落とし、頭上では樹冠の隙間に光の筋がカタツムリの這い跡のように伸びている。乾燥した地面は天然の牧草に覆われている。種子を付けたブッフェルグラスのふわふわの頭状花が、鋭いイガに覆われて頭をもたげている。か細いネズミノオが元気な葉から弱々しく伸びている。同じくイネ科植物であるテトラポゴンのキツネの尾のような房がほぼ垂直に立っている。枯れた高木にはいわくありげな傷があり、根元近くにあるうろの内側は朽ちていて、外側の硬い組織と微かなかび臭さだけが残っている。うろの中では夜行性のオヒキコウモリの家族が眠っている。夜が訪れ、アマツバメが高度を上げて眠りに就くと、代わりにオヒキコウモリがロニュムン湖の上空を飛ぶ昆虫をしつこく追いかけ回す[22]。

エボシドリの警戒の声が聞こえ、アウストラロピテクスの一団に動揺が走る。葉を嚙んでいた彼らヒト族は急いで立ち上がって走り出し、蔓をよじ登って、枝葉を広げた幹の太いエドゥルコイト（アカシアのトゥルカナ語名）の中に身を隠す。アウストラロピテクスは二本の脚だけで歩いたり走ったりする最初のヒト族だ。頭上でアマツバメが円を描きながら延々と鳴きつづける中、彼らは敵意に満ちた笑顔で巨大な犬歯を剝き出し、木の枝にしがみつきながら恐怖と怒りの対象に覆いかぶさる。草むらの中から何かが狙っている。ニシキヘビだ。ニシキヘビにとってアウストラロピテクスはかなりの量の食事になる。

アウストラロピテクスは直立してはいるものの、現代の人類とはかなり違っていて、いまだに体毛が長い。体毛を失ったのは、人類がのちに長距離を走ることに適応したためだと考えられている。アウストラロピテクスの顔はいまだに類人猿のようで、顎が前方に突き出し、がっしりした眉弓《びきゅう》の上で額が傾斜して頭がすぼまっており、首が太い。

身長は最大でも約一五〇センチメートルしかなく、チンパンジーと同じくらいの大きさだが筋肉は少なく、男女での身体の大きさの違いは現代の人類よりもはるかに大きい。足はまだ走るのに完全には適していない。わずかに猫背で、その姿勢は眠るために木に登るのに役立っている。[23]

気勢をくじかれたニシキヘビは川のほうへと引き下がり、再び雨が降り出す中、エチョケ(イチジクのトゥルカナ語名)のひび割れた幹と板根に向かって這っていく。樹上のアウストラロピテクスは平静を取り戻したが、あまりの怯えようにすぐには地上に戻れず、枝のあいだに留まっている。彼らの食糧は噛み切れる軟らかい植物質にほぼ限られ、硬いものや脆《もろ》いもの、イネ科植物のようなC_4植物は食べられない。[24]

アウストラロピテクス・アナメンシスは、チンパンジーやボノボよりもヒトのほうに近縁であることが疑いようのない最古のヒト族である。さらに古い候補もいくつかあるが、それらに関しては、チンパンジーとヒトのどちらにより近いかや、チンパンジーよりも昔にヒトの系統から分岐したのかどうかをめぐって異論がある。カナポイのアウストラロピテクス・アナメンシスを皮切りに多様なグループが進化し、その中で最後に生き残ったのが我々である。有名な化石「ルーシー」を含むアウストラロピテクス・アファレンシスは、カナポイのヒト族の直系の子孫で、現代から約三二〇万年前に生きていた。[25]

流れが分かれるところ

古代のアテネで、王テセウスの船を逸品として後世のために保存するという思考実験が唱えられた。保存の一環として、朽ちた材木をその都度取り替えていくと、最終的にはもとの材木は一本も残らなくなる。そこでプラトンは問いかけた。この保存処置を施しても、もとの船の固有性は保たれるのか？　完全に置き換わってしまっても同じ船とみなせるのか？

この思考実験をさらに突き詰めると、取り外した材木を処理して腐った部分を取り除き、もとの材木を使って再び船を建てたらどうなるのかという問題が考えられる。どちらの船がオリジナルと同じものなのか？　あるいは両方ともが、もとのテセウスの船の固有性を受け継ぐのか？[26]

自然界の事物を分類しようという最古の試み以来ずっと、ヒトはほかの生物と切り離された特別な存在であるとみなされてきた。そのような分類法の問題点は、生物群集と同じく時間的に一定でないことである。現代では、ヒトと、そのもっとも近い近縁種である、チンパンジーやボノボからなるチンパンジー属とは、はっきりと区別されている。しかしすべての生物種が共通の祖先を持っているのだから、どの系統もそれぞれテセウスの船のようなものだ。

チンパンジーの祖先とヒトの祖先が別々の道を歩む前に存在していた類人猿の集団を見たら、それは一つの種に見えるはずだし、その種に一つの名前を与えるかもしれない。多くの場合、新たな種は「異所的《いしょてき》」に生まれる。つまり、ある生物種の孤立した集団が比較的急速に変化する一方で、別の場所では祖先種があらゆる意味で維持される。そのような場合は、相対的に変化しなかった集団に対してもとの名前を使いつづけたくなるかもしれないが、「新たな」種の立場から見ると、共通祖先の集団から重ねられてきた世代の数は互いにほとんど違わない。

地質学的な歳月が経ってから振り返ることで初めて、過去の一時代における集団を別の種とみなすべきかどうかを判断できる。リアルタイムでは生物種はダイナミックな集まりであって、遺伝子をやり取りする複数の集団や個体をひとくくりにしてしまった概念なのだ[27]。

ヒトの場合、どの時点から自信を持って「ヒトらしい」と言い切れるかを特定するのは難しい。そもそも我々とほかの動物を分け隔てるものは何なのか？　ヒトらしさが突然生まれた瞬間などというものは存在しないし、チンパンジー属へつながる集団とヒト属へつながる集団が突然分かれたわけでもない。二つの集団の交雑が減っていって、ある時点から遺伝子がやり取りされなくなったというだけだ。人類もほかのあらゆる生物種と同じく、つねに移り変わる集団の中で個体が生まれては死んでいくことで、少しずつ置き換わっていった結果の産物、すなわち、すべての生物をつなぐ、過去にも未来にも綿々と続く存在なのだ。

最初の人類という表現を使うのは、至るところで流れつづけている古代の川のどこかに、「この先に人間はいない」という標識を立てるようなものだ。ヒトらしさに不可欠な要素など存在せず、何か一つの特徴によって、親がヒトでないのにその子が生まれつきヒトになるなどということはない。時間を早送りして、アウストラロピテクス・アナメンシスの一集団の平均的特徴がアウストラロピテクス・アファレンシスの平均的特徴に移り変わっていくのを追いかけてみれば、時間軸に沿った生物種というこの概念が取るに足らないこと、少なくともあいまいであることがあらわになるだろう。時間の次元においては、リンネの言う生物階級のあいだの区別は意味をなさなくなる。標識より手前のすべての地点を「ヒトでない」、標識より先のすべての地点を「ヒトである」と特定しようとどんなに苦心しようが、川は絶えず流れつづけるだけだ。[28]

そこでその代わりに、川が分岐する地点という自然の目印を使ったらどうだろうか？　世界中の大陸分水嶺に沿って何本もの小川が分かれており、二度と出合うことはない。のちにエチオピアやケニアとなる高地では、一本の小川がそれを遮る一個の石に沿って分岐する。たまたまその左側を通った水は丘の東側に流れ下り、ロニュムン湖に流れ込んで、最終的にインド洋に達する。右側を通った水は西に流れ、ナイル川の支流となって北へ進み、地中海に達する。

その石の手前では水滴はすべて混ざり合っているが、その石の先では二本の小川は永遠に分かれる。その石を通り過ぎた直後の水自体に地中海的な要素が何一つないのと同じように、現代のチンパンジー属につながる最初の種自体にチンパンジー的な要素は何もないし、現代のヒト属につながる最初の種自体にヒト的な要素は何もない。必然的に、チンパンジーの最古の親戚は現代のチンパンジーよりもヒトの最古の親戚のほうに似ていたし、ヒトの最古の親戚は現代のヒトよりもチンパンジーの最古の祖先のほうに似ていた。

しかし確実にヒトらしさが始まる地点、「彼らが最初の人類だ」という標識を立てる地点を定めるとしたら、チンパンジー属とヒト属が分岐した地点がもっとも理にかなっているし、古生物学者はその方法を使っている。

アウストラロピテクス・アナメンシスは、人類という川の流れの中で、現代に存在するほかのどの生物よりも我々に近縁である最初の生物の一つである。直立してはいるが現代の人類よりも小さく、身長は約一三〇から一五〇センチメートルだが、いまだに樹上で長い時間を過ごし、ヒト以外の類人猿と同じく顎が突き出している。チンパンジーと同じように打石器と台石という単純な道具を使えたのは間違いないが、人類が初めて燧石《ひうちいし》を使うのはそれから五〇万年後のことである。男女で身体の大きさは著しく違うが、一緒の社会集団で暮らしている。

のちにアウストラロピテクス・アファレンシスへ移行するにつれて、犬歯は根元が細くなって尖り具合も弱くなり、エナメル質が分厚くなって、顎は幅が広くなっていく。アウストラロピテクスやその後のヒト族がどのように大型化して進化し、我々が生まれたのかは、よく分かっていない。川の流れはまだ完全には定まっておらず、のちに何本もの川筋が干上がって姿を消すが、最終的にその源流からそう遠くない場所、東アフリカ地溝帯で、ホモ・サピエンスが出現することとなる[29]。

同じことが、カナポイで誕生した多くの生物にも当てはまる。カナポイの平原に見られるアフリカゾウ、ロクソドンタ・アダウロラは、現代のアフリカゾウであるロクソドンタ・アフリカナに近縁だが、その系統は現代までは続かない。草原で草を食むインパラは現代のインパラに似ていて、同じ属に分類されており、おそらく直接の祖先である。ここに暮らすキリンは現代のキリンとほぼ同じで、身体がわずかに小さくて額が滑らかだが、見間違えようのないゆったりした足取りと、長くてバランスの悪い首は違わない[30]。

もちろんこの間にはかなりの変化が起こって、数多くの生物種が姿を消すこととなる。生物が適応して進化するにつれてそのニッチ空間も変化し、中には重なり合って競合するものも出てくる。研究者の中には、状況的証拠に基づいて、東アフリカのクマカワウソが最終的に絶滅したのはヒト族のせいであると唱えている者もいる。[*3] その説によると、ヒト属が出現して、ヒト族の生態における道具の重要性が増すにつれ、ヒトの食性がアウストラロピテクスの完全植食性から変化していった。このように肉食性へニッチが変化することで、ヒト族がクマカワウソを含む東アフリカの大型肉食動物と競合するようになったのだという。

化石記録によると、大型肉食動物の数と多様性がピークから減少に転じたのは現代から二〇〇万年前、ちょうどヒト属の最初の種が地溝帯から姿を現した頃である。現代まで生き残る大型肉食動物は、大型のネコ科動物やハイエナ、野生のイヌなど、危険な大型植食動物を狩って肉食を専門とする動物である。カワウソやクマ、巨大なジャコウネコなど、姿を消す大型肉食動物は、植物や貝、魚や果物などを食べる雑食性で、そのニッチはまさに我々がのちに占めることとなるニッチとかぶっている。もしもこの説が正しいとしたら、カナポイのクマカワウソは、ヒト族のせいで絶滅するおそらく最古の生物種を運命づけられていることになる。[31]

カナポイの恩恵

自然を愛する人はこの世界を、原初の天然の楽園と現代の都市景観との二分法でとらえるものだ。人類は「自然」の理想から切り離された外力であって、野生にその力がおよぶことは避けなければならず、世界に対して破壊的な作用をおよぼすだけだとみなしている。しかしそのような見方を取ると、人類の自然性を否定することになってしまう。人類は出現以来、住処を作り替えて生態系に手を加えるという自らの生態学的ニッチを利用しながら、自分たちの置かれたこの世界を我々の生物学的要件に合うように変えることで、ずっと我が身を守ってきたのだ。

カナポイには、現代のものとおおむね同じだと認められる最古の環境の一つが広がっている。大陸は現代とほぼ同じ位置にあるし、地球は冷涼で両極は氷に覆われている。鮮新世の地球は、現代を含む最後の間氷期に似ている。カナポイは人類以外にとってもゆりかごだ。我々は東アフリカの生態学的多様性から恩恵を受ける数多くの動物の一つにすぎず、ハイエナやジェネット、マングースやヤマネコといった肉食動物を含むアフリカ固有の最古の哺乳類群集の一部である。

有蹄類《ゆうているい》の中では、シマウマやヌー、ゾウやアンテロープやキリンが、カナポイのロニュムン湖の湖岸で代を重ねている。霊長類に絞っても、カナポイに暮らしているのはヒト族だけではない。マンガベイ〔アフリカ中部に分布するオナガザルの一グループ〕に似た、細身で肢が長い初期のヒヒも、ここには暮らしている。湖のおかげでカナポイはアフリカの同時代の化石産出地の中でも独特の存在で、これほど多様な水鳥や飛ぶ鳥が暮らしている場所はほかにない。

＊3　ヒト族がクマカワウソの絶滅の原因であるとする説は、データが少ないために議論の余地があると言わざるをえない。しかし一般的な生態学的原理として、競争的排除は実際に起こっている現象であって、ほかの生物群の盛衰、たとえば現代から約二〇〇〇万年前に北アメリカに大型ネコ科動物がやって来て、ボロファグス〔イヌに近縁の完全肉食動物〕が姿を消したこともその一例であるとされている。

西の丘陵地帯から川で運ばれてきたミネラルが、イガイ類に埋め尽くされたロニュムン湖の湖底に堆積して、生産力の高いこの一帯を肥沃《ひよく》にしている。この流入は恩恵をもたらしながらも、最終的にはカナポイを滅ぼすこととなる。シルトが次々に流れ込んで堆積するにつれ、湖底が浅くなり、水の流れが止まって干上がるのだ。ロニュムン湖は合計で一〇万年しか続かない。しかしこの湖とそこに暮らす生物はやがて再現される。

干上がってから五〇万年後、アフリカの地殻が割れて新たな湖、ロコホト湖が生まれ、おそらく最初に道具を使ったヒト族であるケニアントロプスがそこに住み着くこととなる。この湖もシルトで埋まるが、のちにその泥地からロレンヤン湖が生まれる。その湖岸には、我々と同じ属に含まれる最古の種、ホモ・ハビリスが暮らすことになる。

これらの湖の寿命はおおむね短いが、ロレンヤン湖は五〇万年近く続く。最終的に、ロレンヤン湖が氾濫原になってから一五〇万年後、現代から約九〇〇〇年前にトゥルカナ湖が生まれ、現代でもそこに暮らす我々ホモ・サピエンスの集団がケリオ川の川筋を変えて、モロコシやトウモロコシといったイネ科のC_4植物の畑に水を引くこととなる。[32]

アマツバメがケリオ谷の上空を旋回し、セイタカシギやコウノトリ類が広大な地溝湖の縁を大股で歩いている。現代でも東アフリカには、大型植食動物の密集した群れにとって世界でもっとも棲みやすい地域がいくつかあり、そこに暮らす植食動物はいまだにきわめて多様性に富んでいる。しかしこの地域の多様性の裏には、もっと大きな問題が潜んでいる。

インドやオーストラリア東部、北アメリカの五大湖周辺にも同じくらい生命に適したホットスポットがあり、そこには大型植食動物が棲んでいてもおかしくはないはずだが、実際には存在しない。ケニアの豊かな地域ですら、大型植食動物の群集は深刻な脅威に直面している。シヴァテリウムやクマカワウソや大型のイノシシ、三日月形の牙を持ったネコ科動物など、鮮新世の大型獣の多くは姿を消して久しいし、そもそもその固有の特徴では現代まで生き延びられそうにない。

　しかし現代もなお大地溝帯では、ごく最近まで馴染みのあった、我々人類が徐々に出現してきた環境が垣間見られる。この惑星は我々よりずっと昔から存在していたかもしれないが、人類が住処だと言い張れる世界はカナポイが初めてなのだ[33]。

3
章

洪水

Deluge

中新世の地中海盆地

Gargano, Italy - Miocene

イタリア、ガルガーノ
中新世——五三三万年前

中新世
533万年前

now

Miocene

「この記述は、大西洋が決壊して内海に注ぎ込む、
日の沈むガデス海峡から始まる」
――大プリニウス『博物誌』（J・ボストック、H・T・ライリー訳）

＊

「愛しい人よ、海が干上がるまで変わらず君を愛そう」
――ロバート・バーンズ『赤い薔薇』

立ちのぼる熱気で

空気が揺らめき、断崖の際にビャクシンの甘い香りが漂ってくる。レバノンスギの枝がウシの尾のようにゆっくりとはためく。コオロギの鳴き声とそよ風に乗った潮の香りが夕暮れを包み込む。前方に見えるのは空ばかり。眼下の平原は、厚さ一キロメートルもの熱い空気の層で屈折してはっきりとは見えないが、茶色と白が広がっていて、干上がった大地をぞんざいに切り裂くように川がゆっくりと溝を刻み、奈落の底へと落ちる次なる滝に向かって流れている。その向こうには、剝き出しの大地が地平線まで淡々と続いている。

後ろを振り返ると、視力の限界ぎりぎりにかろうじて見えるかすんだ山並みに、くすんだ太陽が沈みかけている。渓谷の刻まれた先ほどの平原も、のちにイタリア半島のアペニン山脈となるこの山並みの向こう側に広がる巨大な峡谷に比べたら取るに足りない。そのローヌ川の深く険しい谷の深さと広さは、大陸一つと海洋一つを隔てた地に流れるコロラド川が刻みはじめたばかりの、グランドキャニオンがのちに成し遂げるスケールの何倍にも匹敵する[1]。

現代から五〇〇万年以上前の中新世末期、ガルガーノからいくら見渡そうが、このわずか一年あまりのちに、渦巻く海水がこれらの石を流し去るなどという考えを受け入れるのはなかなか難しい。ましてや、堂々とそびえ立つこの孤立峰からこの漠とした空中に向かって船が漕ぎ出して、この空が交易と戦争の中心地となり、何千年にもわたって人や商品、軍隊や思想で埋め尽くされる様子を思い浮かべるのはなおさら困難だ。

この崖の頂上は、地中海に囲まれた石灰岩の岬として、のちに漁民の共同体を支えることとなる。しかしいまはこの盆地は水が抜けていて、塩分の多い乾燥した不毛の大地が深さ何キロメートルにも達している。レヴァント〔シリア・レバノン・イスラエル一帯〕からジブラルタルまで、北アフリカ沿岸からアルプスまで、地中海は干上がってしまっているのだ[2]。

それは初めてのことではない。アフリカ大陸とアラビア半島の地下のプレートが北へ押し上げられるとともに、かつては広大だったテチス海〔現代の地中海から東南アジアにまで広がっていた海洋〕がどんどん狭まっていって、アフリカ＝アラビアとアジアとヨーロッパに挟まれた小さな閉鎖海、地中海になった。この海と世界の大洋を結ぶのは、のちのスペインとモロッコのあいだの狭い隙間、ジブラルタル海峡だけである。中新世のいまより一〇〇〇万年前から、プレートの押し合いに伴ってこの海峡がたびたび閉じ、環境に激烈な影響を与えてきたのだ[3]。

地中海の南東部では気温が高く、海水もほとんど残っていないため、雨が少なく、降った少量の雨も川に達する分と同じくらいの量がすぐに蒸発してしまう。北部の光景はもっと期待を持たせてくれるが、違いはわずかだ。シエラネバダ、アルプス、ディナルアルプスといったヨーロッパの山脈が位置していて、その北にはもっとずっと広大な大地が広がっている。

地中海とこれらの山脈に挟まれた平地は狭く、そこに降った雨も地中海にはほとんど流れ込まない。アフリカやヨーロッパの大きな川の中には地中海に注ぎ込んでいるものもあるかもしれないが、意味のあるほどの大河はほとんどない。地中海に流れ込む川の中で注目に値するのはナイル川とポー川、ローヌ川だけで、一分あたり約六〇万立方メートル、ロンドンのロイヤル・アルバートホールのおよそ七倍の量の水を吐き出している。何らかの形で地中海に供給される真水の総量は年間約六〇〇立方キロメートル、ネス湖八〇杯分にあたる。大量に思えるかもしれないが、高温の気候のせいで海水がそれよりも速いスピードで蒸発しており、その量は年間四七〇〇立方キロメートルと、流入量をはるかに上回る。

　地中海と黒海を結ぶ狭いボスポラス海峡はまだ存在しておらず、細長い高地によって地中海は、ルーマニアから中央アジアにまで広がるもっと小さいパラテチス海と切り離されている。水の流出入のアンバランスを補うことができるのは、大西洋から狭いジブラルタル海峡を抜けていやおうなしに流れてくる海流だけだ。中新世末の七〇万年間にわたってたびたび起こったように、この海峡が閉じると、地中海はわずか一〇〇〇年でほぼ跡形もなくなってしまう。残るのは、トルコやシリアから流れてくる河川系によって保たれる地中海東部の小さな湖だけだ[4]。

　地中海から大量の水が失われたことで、世界中の海水位が上昇している。地中海では島が山になり、川がむなしく流れ込む中、ところによっては海抜マイナス四キロメートルもの深さの谷に、絶えず蒸発を続ける塩湖がいくつも広がっている。世界一低い陸地だ。その深みに降りていくにつれて、大気の重さがどんどんのしかかり、断崖から風が吹き降りてくる。

　気塊が降下すると圧力が上がる。燃焼エンジンの中の空気と同じように、圧力が上がると気塊は収縮して温度が上がる。風が一キロメートル吹き降りるごとに温度は約一〇℃上昇する。いまは地球の歴史の中でも寒冷な時代だが、それでも真夏の暑い日には、平原の底、海抜マイナス四キロメートルの地点の気温は灼熱の八〇℃にも達する。現代のカリフォルニア州デスヴァレーで記録されている最高気温より約二五℃も高い。

地中海盆地の大地自体もいまは塩でできていて、ところによっては厚さが三キロメートルを超え、キラキラした石膏と塩化ナトリウムの総量は一〇〇万立方キロメートルを超える。この地中海の谷底で生き延びられるのは、ほかの生物が棲めないような場所で繁栄する微生物、極限環境生物だけだ[5]。

人類にとって地中海の海域は、ヨーロッパとアジア、アフリカの文化を一つにまとめ、陸上よりもはるかに速い輸送手段で都市や文明を結びつける仲立ちの役割を果たしている。しかし陸生動物にとっては、海は障壁として作用する。絶対に越えられないわけではないが、砂漠のような陸上の広大な障壁に比べてもなお、海は移住のスピードをはるかに遅くして、生物群集を孤立させる。海が後退すると、島々の繊細な生態系どうしが、そのあいだに存在する比較的高い大地を介して互いに接触する。

マヨルカ島やメノルカ島、イビザ島やフォルメンテラ島といったバレアレス諸島の島々は、深さわずか約一キロメートルの平原によってつながっており、その平原はスペイン本土や、北はフランスおよびローヌ渓谷にまで広がっている。サルディニア島とコルシカ島もイタリア北部とつながっている。シチリア島とマルタ島の乗った細長い高地は隆起して、アフリカとヨーロッパをつなぐアペニン山脈となっている。クレタ島からロードス島へとアーチ状につながるギリシアの島々は現代の高さまでは隆起しておらず、キプロス島はテーブル状の孤立した火山台地である[6]。

ここガルガーノの地には、イタリア山脈から離れた古代の石灰岩の山塊、アドリアの空を見ており、その光景はかつて恐竜が支配していた頃に似ている。鳥の多くはアマツバメやハトなど、どこからかやって来た訪問者で、風景につかの間彩りを加えるだけだが、この島は固有種の鳥もいくつか生み出した。この島で最大の植食動物は、翼の短いガン、ガルガノルニス(「ガルガーノの鳥」)だ。

二羽の鳥が、食事の最中に近づきすぎたのか、腹を立てて頭を上げている。柔道家のように翼を広げ、低い声で鳴き、一撃を食らわないよう相手の翼に嚙みつこうとしている。始まったかと思ったらすぐに決着がつき、小柄なほうは勝ち目がないと悟る。群れの端に隠れる別のガンは翼を引きずっている。ほかのカモやガン、ハクチョウと同じく、ガルガノルニスもたいした理由もなしに喧嘩を吹っかけ、翼の当たり所が悪いと骨が折れることがある。翼は飛ぶのには役に立たないかもしれないが、手根関節からは羽毛に隠れて骨のこぶが突き出しており、その武器は羽根飾りで装飾が施されている。両者とも譲らなければ、その武器を使って一戦交える。[10]

遠くから聞こえる口笛のような鳴き声が、猛禽《もうきん》の存在を知らせる。海が後退してからというもの、夏にはほとんど雨が降らない。そんな雲一つない真っ青な空に、ノスリのようなずんぐりした弓なりの翼のシルエットが現れ、何もない大地の上空に舞い上がっていく。上昇気流に乗ってゆったりと羽ばたき、もの悲しげな特徴的な鳴き声を上げている。そのシルエットは、ここに暮らす最大の捕食動物、ガルガノアエトゥス・フレウデンタリ(「フロイデンタールのガルガーノワシ」)のものである。

ノスリとその近縁種にちょうど対応するように、この島には固有種の「ワシ」が二種棲んでおり、その中でもガルガノアエトゥス・フレウデンタリは巨大で、イヌワシよりも身体が大きい。史上最大の猛禽の一つだが、それを凌ぐように更新世のニュージーランドには、モアを狩るポウアカイ（ハーストイーグル）という翼長三メートルの猛禽が棲んでおり、その恐ろしさのあまり、絶滅してからも長いあいだマオリ族の伝承の中で生きつづけている。しかし例のガンたちは気にしていない。自分のほうが大きくて力が強いからだ。ワシの目は何か別のものをにらみつけている。[11]

断崖の避難所

小枝をかき分ける音がして、藪の中からギザギザの頭が現れる。体高が成人の半分にも満たない、シカのような小型の動物が、イグサのあいだから川面にかがみ込んで水を飲んでいる。頭部の姿はこうべを垂れる恰好とは似つかわしくなく、角が王冠のように並んで飾り立てられている。角は計五本、両耳のあいだに長い角が二本あり、両方の眉弓の上からは横に一本ずつ短い角が突き出していて、さらに両目のあいだから一本の長い角が目立つように生えている。まさに王のごとく頭を持ち上げると、錆茶色の顎とは対照的に白い剣のような犬歯が水をしたたらせ、午後の日差しで輝く。

その動物、ホプリトメリクス（「武装ジカ」）は、同時代の多くの動物と同様、剣歯と呼ばれるサーベルのような犬歯を持っている。狩りのためではない。やはり剣歯を持った現代のジャ

ホプリトメリクス・マッテイ

コウジカやキバノロと同じく、もっぱら同種どうしの戦いのためだ。この雄は、近いうちに発情期が来て、交尾相手を見つけることが最優先になると、剣歯と角の両方を必要とするようになる。[12]

ホプリトメリクスの角は現代のシカの枝角と違ってケラチン質でできているが、角と枝角、キリン類のオシコーンは、おそらく同じ進化的起源を持っているのだろう。身体の外に突き出していて、毎年抜け落ちては生え替わる特別な骨である枝角は、中新世後期には比較的新しい代物である。アジアから東ヨーロッパの青々とした草原を通ってやって来たシカは、一回か二回だけ枝分かれした機能的で単純な枝角の代わりに、さらに装飾的なデザインを試そうとしている。

毎年新たな骨を生やすには、膨大な量のカルシウムが必要だ。その量は非常に多く、現代のスコットランド北西沖に浮かぶヘブリディーズ諸島に暮らすアカシカは、春になるとミズナギドリの巣穴の外で待ち伏せし、初めて地上に出てきた雛をむさぼってその骨からカルシウムを摂取することが知られている。北アメリカのオジロジカは、さまざまな小型の鳴鳥の雛を食べることで悪名高い。[13] 枝角は高くつくのだ。*4

ホプリトメリクスの角はシカよりもヒツジやウシのものに近く、中心にある骨がケラチン質の鞘《さや》で半永久的に覆われている。ホプリトメリクスの五本の角の並び方は独特だが、角は武器であると同時に性選択された形質でもあるため、世界中にはこのほかにも風変わりな構造の角がいくつも見られる。中新世の北アメリカに暮らしている、シカに似た動物の一種、シンテトケリネの雄は、鼻面の先端近くに一本の非常に長い角が曲芸のようなバランスで生えていて、その先端がバーベキュー用のフォークのように二股に分かれている[14]。

剣歯を持ったホプリトメリクスは、頭上を旋回するガルガノアエトゥスに襲われることがもっとも多いため、球果植物の木蔭を単独でさまよっては、軟らかい草の葉や茎を食べることが多い。頭から生えた角は見せびらかすためだけでなく、ワシなどの猛禽が狙いを定めそうな場所を防護している。目の上に二本、首の上に二本、そして鼻骨の上に一本という具合だ。

ガルガノアエトゥスがホプリトメリクスを仕留めるのは、このあと訪れる発情期ののちにターゲットが小さな群れを作り、この島の乾燥化によって増えてきた開けた場所に出てきたときがほとんどだ。餌食になるのは子ジカだけである。おとなのホプリトメリクスはどんなに小さくても体重が一〇キログラムはあり、いくら翼長二メートルの鳥でも運ぶには重すぎる[15]。

ワシに襲われる危険がなかったとしても、日中の暑さの中では物陰にいたいものだ。中生代に隆起してガルガーノの断崖を作った石灰岩は、何千万年ものあいだ雨に打たれて徐々に溶け、侵食されて洞窟を形成している。地中に吸収されて浸透した水は、その洞窟の壁面を銀白色の軟らかい炭酸カルシウムでコートし、柱のような鍾乳石や石筍《せきじゅん》、ひだの寄ったカーテン状の石、深い亀裂を作り出した。

＊4　それでも枝角にはメリットがある。枝角の伸びるメカニズムはがんと非常に似ているが、シカはその成長を止めることができるため、ほかの野生哺乳類のがん発症率が二〇％なのに対して、シカはがんへの耐性がきわめて高い。

湿度が高くて涼しく、壁が湿ったそのような洞窟は、あらゆる動物にとって隠れ処となり、のちには彼らの墓地となる。カルスト地形と呼ばれるこのような景観は、地表の小さな亀裂が成長して裂け、洞窟を作って、水の流れを飲み込むことで、長い年月をかけて形作られる。動物の死骸はそのような地下河川によって周囲の小石やかけらとともにことごとく押し流され、その多くは亀裂に捕らえられて、石灰岩の細かい粉に覆われ、ミネラルが浸透して変質し、保存される[16]。

ガルガーノの断崖は、何百万年も前から海岸線より高いところにあるが、それ自体は海中で作られた。そのまばゆい石灰岩はかつて、大アドリア大陸と呼ばれる、完全に姿を消した陸塊の大陸棚の一部だった。その陸塊はもとはアフリカ大陸の一部だったが、現代から約二億年前に分裂して狭い海を横切り、南ヨーロッパの大地に潜り込んだ。中新世であるいまのガルガーノ、もっと広く言うとイタリアのプーリア州やカラブリア州、シチリア島やさらにその先に至るまでの大地は、かつてはグリーンランドほどの大きさのこの大陸の深い縁辺部だったのだ。

長期におよぶ地殻変動によってアフリカとヨーロッパが接近して地中海が干上がり、かつて大アドリア大陸だったプレートもそれに巻き込まれていまではほぼ完全に埋まっており、場所によってはアルプスの地下一〇〇〇キロメートル以上の深さに引きずり込まれている。現代ではその断片だけが残っていて、スペインからイランのところどころに失われた大陸の大陸棚が点在している。この洞窟をはじめ、ヨーロッパ大陸の縁に沿って並ぶ何千もの洞窟の壁には、大アドリア大陸の最後の名残である、炭酸カルシウムでできた海貝の殻の化石が、プランクトンの微小な殻でできた雪花石膏《せっかせっこう》の基質の中に埋め込まれている。[17]

おかしなサイズの生き物たち

洞窟の外、ゲッケイジュの明るい木蔭では、顔の黒い鳴鳥が黄昏時の甘い音色を奏でている。洞窟の中は涼しく、鍾乳石の湿っぽいにおいが充満している。地上には、巨大なメンフクロウ、ティト・ギガンテアのペリット〔口から吐き出した未消化物〕が落ちている。その中に混じっている骨は、この地に暮らす大型のヤマネや巨大なハツカネズミ、そして、現代の山地に暮らす小型のアナウサギやノウサギの大型バージョンであるコウテイナキウサギのものだ。

ガルガーノに暮らす生き物はおしなべてサイズがおかしい。本土に暮らすメンフクロウはくちばしから足まで三〇センチメートルほどだが、ここの巨大メンフクロウは体長が優に一メートルはあって、ワシミミズクと同じくらいの大きさだ。コウテイナキウサギも本土の近縁種よりはるかに大きいし、ガルガーノで個体数がもっとも多い動物であるハツカネズミは体重が一キログラムから二キログラムある。巨大化した動物としてはガンやノスリもそうだ。

巨大化しなかった動物の中には身体が小さくなった者もいる。あの剣歯を持ったシカ、ホプリトメリクスもそうだし、少し前にアフリカから泳いで渡ってきて、水のない棲みづらい環境に囚われた小型のワニの群集が、いまではなすすべもなく暮らしている。[18]

島の動物が中型サイズに近づいていくという一般的な法則の半分をなす、島嶼矮化《とうしょわいか》と呼ばれる現象は、ルーマニアのハツェグにある白亜紀の化石産出地で初めて確認された。ガルガーノの洞窟の石灰岩がヨーロッパの海底で形成されつつあった頃、ハツェグはやや大きめの島で、そこには矮小化した恐竜が暮らしていたのだ。手に入る栄養分が限られている中で巨大生物が生き延びることはできず、身体が小さかったのは島の食糧が乏しかったことによると考えられた。

しかしそれは恐竜のような大きな生物に限らない。シカや、ほかの島ではカバやゾウなど、多くの大型動物はその身体の大きさが捕食動物から身を守るのに役立つが、この島には通常の捕食動物がいないため、食糧が乏しくなるにつれて徐々に小型化していく。逆に、体内にエネルギーや水分を蓄えるのが難しい小動物は、食糧の乏しい時期に集団として生き延びるために大型化していく。

このような変化は、中新世の地中海を含む世界中の島々で進化の歴史を通して何度も繰り返されてきたが、ただし生物学の法則だけに例外もある。中新世にも世界中の島に巨大生物が暮らしていて、ニュージーランドには体長一メートルの飛べないオウムが棲んでいるし、マダガスカル島では現代のキーウィに近縁である、体高三メートルのエピオルニスが歩き回っている[19]。

地中海のさまざまな山で小型植食哺乳類のニッチを占めてきたのは、その山が孤立して島になっていたときにたまたま移住してきた動物が大型化または小型化したものである。ガルガーノにはホプリトメリクスの群れがいる。マヨルカ島では、見慣れないことに顔が正面を向いた小型のヤギ、ミオトラグスが、ツゲの灌木を噛み取っている。ツゲは毒があり、大量のアルカロイドで通常は捕食者を遠ざける。しかしミオトラグスはこの毒性を行動によって解消する。

河床の泥を少量食べて、葉に含まれる有毒のアルカロイドを中和するのだ。このざらざらした泥の解毒剤によって歯がすり減るため、齧歯類《げっしるい》のように伸びつづける切歯と、歯冠が非常に高い臼歯を進化させており、そのため「ネズミアンテロープ」との異名を持っている。

島の困難な生活はときにこのような変わった対応を促す。ミオトラグスは生理機能もほとんどの哺乳類とかなり異なっており、手に入れられる栄養分が変動しやすいという問題を避けるために、代謝率を変えることができる。普段は成長がゆっくりで、状況の良いときだけ速めるさまは、まさに変温動物のようだ。メノルカ島で中型植食動物の役割を占めているのは、ジャンプせずにひたすら駆け回る、ウォンバットのように丸っこい姿の巨大ウサギ、ヌララグスである。[20]

羽毛がパッと飛び散り、洞窟の外にいた先ほどの鳴鳥が白っぽい捕食動物の長い鼻先にくわえられている。腹が丸くて尾に毛がなく、逆立ったほおひげを生やした巨大な頭部を持つその動物は、さえずりに夢中なムシクイを待ち伏せしていた。だらりとした死骸を両顎でしっかりと捕らえ、不気味なハンターは走り去っていく。ガルガーノではネコ科のような動物がいないことで、独特の小型捕食哺乳類の生きる道が開かれている。デイノガレリクス（「恐ろしきジムヌラ」）である。

現代ではジムヌラの生息地はアジアに限られている。ほかの哺乳類に混じって日没から日の出まで活動する動物で、もっとも近縁なのはハリネズミだが、棘は持っていない。ほとんどはハリネズミに似た大きさで、餌にするのもナメクジや蠕虫《ぜんちゅう》、昆虫などの無脊椎動物で同じである。しかしハリネズミと違い、腐ったニンニクを思わせる強いアンモニア臭を発して、縄張りを守るとともに襲ってきた敵を遠ざける。嗅覚の鈍い無脊椎動物や鳥を獲物にするのには困らない。ガルガーノ島ではデイノガレリクスの二つの種が捕食動物の頂点にもっとも近い哺乳類で、無脊椎動物だけでなく自分より小型の哺乳類や鳥も餌にしている[21]。

史上最大の滝

西のほうでダムが決壊した。大プリニウスの書き遺したローマの伝説によると、ジブラルタル海峡はヘラクレスが剣で岩を切り裂いてできたという。実際に中新世の終わりに、深さ数百メートル、長さ数百キロメートルのこの海峡が刻まれたが、それを作ったのは海である。長いあいだ嚙み合っていた二枚のプレートが、蓄積した地殻の張力が強くなりすぎたせいで互いに平行にずれたのだ。この走向滑動によってジブラルタルの幅の広い平坦な地峡が急激に陥没し、広大な大西洋に向けて幅一五キロメートルの水路が開いた。

天然の堰《せき》から地中海西部に向けて海水が時速六〇キロメートルで流れ下る。ひとたびダムが決壊するともはや後戻りはできず、海水が水路をどんどん深く侵食していく。しかし地中海盆地は一面平坦ではなく、天然の障壁がいくつもあるせいで、浴槽のように海水で均等に満たされることはない。マルタ島やシチリア島の乗った高地と、アペニン山脈の山並みによって、地中海東部にはしばらくのあいだ水は流れ込んでこない。

マヨルカ島では、小型のヤギが毒のあるツゲを食《は》むのをやめて、眼下で荒れ狂う水しぶきを見渡している。メノルカ島に棲む猫背の巨大ウサギは音に驚く。地中海に再び海水が流れこみ、新たな海底に流路が刻まれ、乾燥した蒸発残留岩の堆積物が再び水を含むにつれて、流れのスピードは遅くなっていく。大きな島が一つ一つ、現代と同じ形を取りはじめている。崖の岩肌や谷底で耐え凌いでいた植物や微生物は溺れ死んでいく。しかしキプロス島を完全に孤立させ、エーゲ海やアドリア海を満たす前に、地中海は最後の障壁を越えなければならない[22]。

ガルガーノの南、アペニン山脈の東の尾根一帯で気候が変わりはじめている。ティレニア海〔イタリア半島・コルシカ島・サルディニア島・シチリア島に囲まれた海域〕が満たされるにつれ、乾いた空がその水分を吸い上げて雨雲を作る。このように気候が変化しながらも、南や東の深い峡谷は何ら影響を受けない。イタリアの山々とシチリアの山塊を隔てる鞍部《あんぶ》の向こう側、平原の北のほうには黒っぽい湖が点在し、はるか西には海のきらめきが微かに見える。ここより西の地中海はほぼ満杯だが、東のほうは相変わらず干上がっている。

ジブラルタル海峡が開いてから四か月後、そのような状況も変わりはじめる。南のほう、シチリア島の東端から高さ数百メートルの水しぶきが柱のように立ちのぼり、その姿は数十キロメートル先からでも見える。さらに南、現代のシラクサの近くからは轟音が響きわたる。マルタ＝シチリア貫入岩体《かんにゅうがんたい》は天然の巨大ダムになっていて、地中海にある二つのもっとも深い盆地のあいだに立ち塞がっている。その広大な盆地にはいまや塩湖が点在している。

海水がこのダムを越えてあふれるにつれ、これまでに地球を彩ってきた中でも最大の滝が東側の盆地を水で満たしていく。落差一五〇〇メートル、現代のベネズエラにあるアンヘル滝の一・五倍だ。海水が断崖を時速一五〇キロメートルで流れ落ち、底に達するまでにその大部分が水しぶきに変わる。
ジブラルタル海峡は地中海西部の盆地に向かって堰のように徐々に下っているが、ここはまさに垂直の断崖で、海全体の力が幅五キロメートルのたった一か所に集中する。この大洪水によって地中海東部の水位は二時間半に一メートルのペースで着実に上昇していくが、地中海東部が完全に満たされて、マルタ島やゴゾ島、シチリア島がアフリカやイタリアから完全に切り離され、ガルカーノ山が再び島になるまでには、一年以上を要することになる。[23]
海が復活したことで新たな島々が形成され、やがて新たな移住者がおびき寄せられて、ますます身体のサイズがおかしい生物群集へと進化する。更新世が進んだ頃には、地中海の孤立した島々に異常なサイズの生物が暮らすことになる。カバがいちかばちかで海を渡ってマルタ島やシチリア島、クレタ島にたどり着き、矮小化する。
多くの島では小型のゾウも歩き回る。その頭蓋骨には大きな鼻口が一つだけ開いていて、眼《がん》窩《か》が完全には骨で取り囲まれていないため、初期の文明人は頭を抱え、地中海一帯の洞窟には一つ目の巨人が暮らしていたと勘違いする。シチリア島には、この小型のゾウを見下ろすように、くちばしから尾まで二メートルはある巨大なハクチョウ、キグヌス・ファルコネリが暮らすこととなる。[24]
現代でも地中海はほぼ閉じられた海で、つねに大西洋から海水を供給してもらっている。もしもジブラルタル海峡が再び一〇〇〇年間にわたって閉じたら、地中海はまたも干上がってしまうだろう。おもしろいことにいまから一〇〇年前、土木工学によって意図的にそれをおこなおうという、アトラントローパ計画が持ち上がった。ジブラルタル海峡とシチリア海峡、ボスポラス海峡にダムを建設して地中海の水位を二〇〇メートル下げ、その水位差を用いた水力発電によってヨーロッパ全体に電力を供給するという狙いだ。植民地主義に染まりきった計画で、地中海の繊細な生態系におよぼすダメージをいっさい考慮していない。

しかし、アフリカ大陸がヨーロッパに向かって北上を続けていて、いまから数百万年をかけてジブラルタル海峡が自然に閉じきる可能性は高い。北アフリカから南ヨーロッパ、中東にわたる一帯は標高が比較的低く、また山脈に遮られて川が大洋にまで達しない。そのためこの地域には、水が流れ込むが蒸発以外では出ていかない、「内陸水域」が無数にある。地中海とともにおそらくもっとも有名な内陸水域が、死海である。ヨルダン川から砂漠の谷に水が流れ込んでは蒸発するため、比重の高いことで有名な塩水の周囲に塩やミネラルが残る。

現代において中新世末の地中海とさらに似ているのがアラル海であり、この湖は黒海やカスピ海と並んで、太古にヨーロッパの大部分を覆っていたパラテチス海の最後の名残の一つである。かつてアムダリア川とシルダリア川が流れ込んでいて、流れ出す川がなかったアラル海は、これらの川の水が農耕に振り向けられるにつれて徐々に干上がっていった。

水が減っていって二つの湖に分かれた南アラル海は、いまでは地表からはいっさい水が流れ込まず、淀んだ地下水の水たまりが徐々に小さくなっている状態だ。南アラル海の生態群集は崩壊し、それに依存していた人間の共同体も滅んでいる。かつてはさまざまな魚が捕れた漁場もいまは空っぽで、生き物の棲めない水たまりと、吹きさらしの有毒な塩の砂漠に変わってしまっている。[25]

ガルガーノ再び

現代から五三三万年前に地中海を再び海水で満たした、ザンクリアン洪水と呼ばれるこの出来事は、中新世の終わりと鮮新世の始まりを告げた。それまでの渇水のあいだ、ガルガーノの地勢は生物群集の生存を支え、不毛な平原にそびえる孤立した避難地であったが、その孤立した状況がかえって破滅の原因となった。

　地中海が再び満たされてからもプーリアプレートが北上を続け、地殻運動によって鮮新世中期にはガルガーノは海の中に没し、そこに暮らしていた独特の生物も死に絶えた。その後もこの一帯は地殻運動によって激しい隆起と沈降を繰り返している。ガルガーノはのちに再び隆起してイタリア本土とつながり、ヨーロッパ本土の生物が移り住んできた。[26]

　ザンクリアン洪水から現代までの五〇〇万年のあいだに、地中海の島々からは矮小種や巨大種が次々と姿を消した。大型のプロラグス類〔ウサギに近いグループ〕のうち地中海地方に最後まで生き残っていたサルディニアナキウサギは、ローマ人が持ち込んだ侵入種による捕食や競争によってほぼ姿を消し、残された孤立した群集もおそらく現代から二〇〇年以内に絶滅した。

　アイルランドの大型のヘラジカに近縁であるサルディニア島固有の小型のシカは、約九〇〇〇年前に人間が移住してきてから一〇〇〇年足らずで根絶された。知られている中で最後の個体が死んだのは現代から約四〇〇〇年前、この島に人間が暮らしていたことを示す最初の証拠が現れるわずか一五〇〇年前のことだ。更新世以降には小型のカバやゾウも見つかっておらず、泳いで渡ってきたか、もしくは人間とともにやって来た侵入種が、地中海の島々から多様な固有動物相をほとんど奪い去ってしまった。

とはいえ現代でも、孤立した陸塊に生物種がたどり着くと必ず、矮小化と巨大化という島嶼の法則が発揮される。絶滅危惧種であるコルシカ島のシカはいまからわずか八〇〇〇年前にやって来たアカシカの亜種だが、体高は本土の典型的なアカシカの半分ほどだ。ヘブリディーズ諸島に属する孤立したセントキルダ群島に暮らすハツカネズミは、現代からわずか一〇〇〇年ほど前にヴァイキングのロングボートで持ち込まれたが、すでに本土のハツカネズミよりもはるかに体重が重くなっている[27]。

将来、両極の氷が融けて海水面が上昇したら、ガルガーノはおそらく再びイタリア本土から切り離され、本土から逃れてきた動物たちは、古代の石灰岩でできたこの岩山を再び矮小種や巨大種の棲む土地へと変えることだろう。

4章

故郷

Homeland

漸新世の地球

Tinguiririca, Chile - Oligocene

チリ、ティンギリリカ
漸新世——三二〇〇万年前

漸新世
3200万年前

now

Oligocene

「夢を見た。なんとも心かき乱される夢だ。
峡谷の中にいたら山が崩れ落ちてきて、
ハエのように潰されてしまったのだ」
――スィン・レーキ・ウンニンニ『ギルガメシュ叙事詩』
（モーリーン・コヴァクス訳）

＊

「突っ立って海面を見つめているだけでは海は渡れない」
――ラビンドラナート・タゴール『ラージャ』

埃の舞うあたり一帯で、

草原が波打ち、茎という茎が目に見えない手で払いのけられてたわんでいる。そこいらじゅうに冷たい風が吹きわたり、新たな地平が開かれる。陸上の生命にとって、真の地平はごく最近まで容易には手に入らなかった。それをある種の植物が一変させた。漸新世の南アメリカ、地球上で最初の草原が出現したばかりだ。

イネ科植物は現代から約七〇〇〇万年前にはすでに南アメリカやアフリカ、インドで生育していたが、樹木の支配する大地では取るに足らない存在で、熱帯のジャングルの植物相では比較的重要性が低く、分布も南半球に限られていた。しかし南極が近くの大陸から切り離されると、海流の道筋が変化し、それまで吹いていた強い風が止んで、吹いていなかった地域に風が吹きつけるようになった。

地球はその歴史を通して、両極に永久氷のある「氷室《ひむろ》状態」と、氷がどこにもない「温室状態」という、二つの安定状態のあいだを何度も行き来してきた。現代の世界は氷室状態で、寒冷化しはじめたのは漸新世のいまのことである。それは世界的な傾向だが、南アメリカはとりわけ冷たく乾燥してきている。すでに新たな気候に十分適応していたイネ科植物は真価を発揮し、生まれたばかりのアンデス山脈の麓《ふもと》に広がる標高の低い半乾燥の氾濫原で、初めて風景の大きな部分をなしている[1]。

太平洋の海底に広がる海洋プレートが東へ移動して南アメリカの地下に潜り込み、この大陸を押し上げて新たな山々を作った。アンデス山脈が隆起を始めたのは白亜紀のことだ。南アメリカ西部沿岸の低地が盛り上がり、岩盤がまるでダンボールのように傾斜して褶曲《しゅうきょく》した。現代にはこのティンギリリカの地は巨大な火山へと成長しているし、アルティプラーノ〔ペルーからボリビアにかけて広がる、アンデス山脈の高原部〕へと持ち上げられた白亜紀の海辺はねじれて九〇度傾き、石化した砂の堆積層は地中にまっすぐ突き刺さっている。その近くにある現代のボリビアのカル・オルコ岩壁には、白亜紀の川を歩いていた恐竜の足跡が、まるでヤモリが垂直の断崖を登っているかのように残されている。

　しかしそれはまだ未来の話だ。漸新世のいまはアンデス山脈は比較的小さく、標高はまだ一〇〇〇メートルにも満たないが、それが隆起するにつれてイネ科植物の影響力も強まり、その生き方がやがて世界中に広がることとなる。かつて森林だったこの地はいまでは雑木林が点在するだけで、果てしなく広がる草原に比べて見劣りする小さな開けた森だけが、空と地面の出合ううねった境界線に変化を添えている。

　ティンギリリカを現代の何らかの生態系にたとえるのは容易ではない。イネ科植物だけでなくヤシもふつうに見られる。現代の環境の中で一番似ているのは、まばらな木々と広い草原からなるサバンナだが、ここに暮らす生物はサバンナとは異なる形に生態空間を切り分けていて、葉食性動物の数は現代の動物相の三倍、木登りをする哺乳類はほとんどいない[2]。

　高い山脈は雨をもたらす。空気が山脈を上昇すると温度が下がって水蒸気が凝縮し、蓄えられていた水分が風上側に雨として落ちる。尾根を越える頃には空気は乾燥していて、風下側に雨がほとんど降らない領域、いわゆる雨陰《ういん》を作る。現代ではアンデス山脈は非常に強い雨陰を作り、そのためにアタカマ砂漠は極端に乾燥している。漸新世のアンデス山脈の標高は現代の半分だが、さらにずっと低い山並みが続く風下側の降水量は風上側の半分にすぎない。

アンデス山脈中央部の上空に発生する高気圧も相まって、漸新世のティンギリリカの降水量は季節変動が非常に大きい。山々に囲まれていて黒っぽい土の広がるティンギリリカの平原を、曲がりくねった一本の川が年に一度だけ流れ、火山高地からは雨裂や枝分かれした流れの跡が伸びている。いまはその川は干上がっており、幅二〇メートルの平坦な水路にはモザイク状にひび割れた灰色の泥が広がって、天然のタイルが敷きつめられている。乾期の暑さで泥の小さなタイルが焼かれ、縁がめくれ上がっている。

ひとたび川が復活すると、素焼きタイルの艦隊が水面に浮かび上がり、陶土でできた小さな船が大西洋に向けて押し合いへし合い流れていく。さまよう川に見捨てられた古い水路の泥には、草の茎が突き刺さっている。上空から見ると、曲がりくねったかつての川岸に沿って川辺の植物が並んでいて、この氾濫原を水が毎年どのルートを通っていたかが、いくらページをめくってもなかなか先へ進まない歴史画集のように読み取れる[3]。

現在の川岸沿い、地下水によって周囲よりも地面が湿っている場所には、綿毛のような穂先のイネ科植物がイグサやヒユに混じって生えていて、ヤシやメスキート〔マメ科の常緑低木〕のとげとげした拠水林〔川岸に帯状に伸びる林〕にところどころ侵入してきている。水路から離れるにつれて、カサカサと音を立てる灌木がイネ科植物と混じり合い、灌木の生えた茶色の地面に散らばる石には丈夫な多肉植物が緑の模様を作っている。漸新世のいま、このチリアンデスの地で、年中乾燥したこの地域出身のスベリヒユ類から最初のサボテンが分かれたと考えられている。

残っているイネ科植物は弱々しくて丈が短いが、少し前に飛んできたミネラル分豊富な火山灰のおかげで何とか生き延びている。雨が来るまでそう長くは待たないだろう。雨期が始まったばかりで、北の空は暗く、豪雨の筋状の輝きで北方の山々はかすんでおり、沈んでいく水煙の周囲には降ったばかりの水が広がっている。雲がやって来て気温が下がり、山中の湖はすでに再び満たされている。[4]

ティンギリリカの奇妙な動物

いまのところ草原は、木蔭に集まって川の水位の上昇を待つ植食動物の群れに占められており、その全景はアフリカのセレンゲティ〔野生動物保護区となっている広大なサバンナ〕の中でももっとも多様な地域を思い起こさせる。しかしその群れは、ゆったりと歩くシマウマやヌー、サイやキリンやカバの大集団ではなく、もっと小さくて華奢な動物たちだ。南アメリカは島大陸で、独特な動物が棲んでいるが、最古の草原に暮らす動物たちはとりわけ変わっている。

大きさはキツネほどで顔と尾の長い焦げ茶色の植食動物、ティポテリウムの群れが、密生した枯れた茎をかき分けながら一緒に草を食《は》んでいる。その群れの中、細長く伸びる森の端には、もっと大きくて毛深い獣がぽつんといる。雨期が始まってイネ科植物が大きく生長したら、背丈の低い植食動物の姿はその中に紛れて完全に見えなくなってもおかしくないが、実際には大きな群れになって一帯を短く刈り込み、年間を通して天然の芝原を管理している。

このような半乾燥の草原では、植食動物が草を食むことで、植物の中でも速く生長するものが有利な立場に立ち、復活するよりも速く食べられる植物は絶えてしまう。植食動物から完全に見捨てられた森は川からさらに遠くへ広がろうとするが、若木が次々に枯れていって、長く生きつづけられるものはほとんどなく、雑木のあいだに高木が少し生えているだけだ。

イネ科植物は降ってきた雨水を素早く奪い、木々よりも先に手に入れることができる。そのため、草原が広がっているのは可も不可もない気候の地域である。雨が多いか、または蒸発量の少ない地域には、すべての植物に行き渡るだけの十分な水があるため、いまだに森林が多い。逆に雨が少ないか、または蒸発量の多い地域は、オーストラリア内陸部のような乾燥した灌木地の環境になってしまう。

ティンギリリカでは、雨が戻ってくるずっと前に森の木々は水不足で枯れてしまうが、イネ科植物は持ちこたえる。雨が戻ったときには激しく降り、谷や平原が緑で覆われて、あっという間に花が咲き乱れる。降水量に変動があって、大雨の時期と渇水の時期があるのは、イネ科植物に支配されたほとんどの地域の特徴である。もっと温暖で湿度が高く、もっと植物の生い茂っていた始新世ののちに、風と大気中の水循環のパターンが変わったことで、ここ南アメリカには、草原が生まれるのにうってつけの環境が作られたのだ[5]。

例の群れは立ち止まりながら茂みの中をゆっくりとさまよい、一度に長く歩く者はいないが、一緒に新芽を探しながら集団で移動していく。毛むくじゃらの獣のほうはそうではない。身体をひねって後肢の上にどっしりと腰を下ろし、日を浴びながら肢《あし》を組んで座る。前肢は長くて筋肉質、内側に丸めた手には長く湾曲した鉤爪《かぎづめ》が付いている。狙った若木を両手で引き寄せ、物思いにふけるかのように嚙みしめる。

その獣、プセウドグリプトドンはナマケモノの一種だが、現代のナマケモノにはあまり似ていない。現代に棲息しているナマケモノの二つの属は、おもに地上で暮らしていた多様で大きな有毛目の生き残りである。

木にぶら下がるフタユビナマケモノとミユビナマケモノは、ナマケモノの中でも互いにさほど近縁ではないが、林冠での暮らしにそれぞれ別々に適応した。樹上に暮らすナマケモノは葉しか食べないので、九割の時間を食事か、さもなければ休息と消化に費やす。活動的ではなく、移動や、ものをつかむのに、エネルギーを使いすぎないようにしている。湾曲した鉤爪は、力を入れずに枝にぶら下がったり、枝の上に座りながら幹をつかんだりするのにぴったりだ。

一方、地上で暮らすナマケモノの中には、その鉤爪で穴を掘ったり餌を取ったり、身を守ったりする者もいる。現代より二三〇〇万年前から五〇〇万年前までの中新世にナマケモノは全盛を極め、地上生ナマケモノの中には、ペルー沿岸での海の暮らしに徐々に適応し、高い位置にある鼻孔と密度の高い骨、ビーバーのような尾を使って、海底を歩いては海藻を探し、カバに似た生き方をしている者もいる。[6]

ナマケモノと並ぶ南アメリカの奇妙な動物がアルマジロやアリクイで、この地域に固有のこれらの哺乳類は、背骨に独特の複雑な関節があることから異節類と呼ばれている。そのほかにも、プセウドグリプトドンを取り巻く、多数の種からなる植食動物の群れがおり、その謎めいた特徴ゆえに彼らはおおざっぱにまとめられて、午蹄類《ごているい》（SANU：South American Native Ungulate）と呼ばれている。頭字語にすると何かの特殊法人のように聞こえるが、それは正体がはっきりとは分かっていないせいだ。何らかの委員会のようにまとめられてはいるが、他地域の哺乳類との関係性や互いの関係性を物語る証拠はわずかしかない。互いに近縁であるとは言い切れないが、似たようなニッチを占めることが非常に多い[7]。

たとえばこのプセウドグリプトドンのまわりで草を食んでいる動物たちは、アフリカや中東に棲むハイラックスと多くの点で非常に似ているが、そのほかのいくつもの点で明らかに異なる。本物のハイラックスは顎が四角くてしゃがみ込んだ恰好をしており、いかつくて耳の短いアナウサギのようで、眉弓のせいでつねに冷ややかな表情をしているように見える。南アメリカに棲んでいるほうのプセウドヒラクス（「ニセハイラック」）も同じく顎が四角いが、肢がもっと長くて気品があり、顔はどことなくシカに似ている。

混群の中にはサンティアゴロティアも何頭かいる。ノウサギに似たすばしこい動物で、胴体と肢が長い。低いところの草木を慎重に食べながら、ボルヒエナという捕食動物に絶えず目を光らせている。ボルヒエナは有袋類の一種で、ハイエナのようにものを嚙み砕く顎と、溝があって一生伸びつづける犬歯を持っている[8]。

サンティアゴロティアがノウサギに似ていて、プセウドヒラクスがハイラックスに似ているのは、互いに無関係の生物群が同じ全体的形態へと平行進化する、収斂《しゅうれん》と呼ばれる現象による。ティンギリリカのように新たな環境が生まれると、その環境で生き延びる方法がそう多くはないせいで、同じ解決法が何度も編み出される。

開けた平原で一つ問題となるのが、どうやって身を守るかだ。森と違って隠れる場所が少ないため、すばしこさが強みになる。そこで効率的に走るために、ノウサギやサンティアゴロティアのような小動物の肢は長くしなやかになり、大型動物は指を退化させて、蹄の付いた細長い肢になる。

午蹄類には、世界中の有蹄類《ゆうているい》のほぼすべてのグループに相当する仲間が存在する。北方に残る多湿のジャングルには、ゾウやカバに似た火獣類《かじゅうるい》や雷獣類《らいじゅうるい》がのんびりと暮らしている。また、世界中のほかの地域でアンテロープやウマ、ラクダが独自に現代の形へ進化するのと同様に、肢の長い滑距類《かっきょるい》がこれらの動物に似た形へと進化しつつある[9]。

このように驚くほど似通った形態の動物が生まれるのは、大陸どうしが互いに離れていて、各系統が接触しあわない場合が多い。隔てられていれば、競争によって一方の種が排除されることがなく、かなり遠縁の種どうしが収斂することができる。たとえば、南アメリカのアルマジロはアフリカやアジアに暮らすセンザンコウと近縁であると長いあいだ多くの人によって論じられていたが、実は鎧をまとった胴体や大きな鉤爪、退化した歯は、互いに似たような生活スタイルに適応したにすぎないことが裏付けられている。現代では、センザンコウはアルマジロよりもイルカやコウモリ、ヒトのほうにまだ近縁であることが分かっている。

しかしどんなに孤立した生物群集にも、どこか別のところからやって来た生物が必ず含まれているものだ。ティンギリリカの南アメリカ固有の生物群集の中にも、地球の反対側から大西

サンティアゴロティア・キレンシス

洋を渡ってやって来たばかりの者がいる[10]。

海を渡る筏

長引く寒冷化が世界中を襲い、生命は適応しようとしている。ある地域で何らかの種が絶滅すると、たいてい別の種が繁栄のチャンスをつかみ、もっとも障害の少ない経路をたどって生息地を広げ、見捨てられた地域を埋めていく。ヨーロッパではビーバーやハムスター、ハリネズミやサイがアジアから移住してきて、もともとヨーロッパに暮らしていたオモミス類（メガネザルなど有尾サルに近縁の夜行性下等霊長類）や、有蹄類のいくつかのグループを絶滅させつつある。

しかし南アメリカはほかの陸塊とつながっておらず、容易には移住してこられないため、ちょうど現代のオーストラリアと同じように独自の動植物相を進化させている。イネ科植物自体が南アメリカでの植物生物学的な新発明である。とはいえ南アメリカも完全に孤立しているわけではなく、はるか遠くから考えられないようなルートを通ってこの大陸にやって来た新参者もいる。ティンギリリカでは、そのような新参者であるアフリカの動物が南アメリカの草原を歩いていた痕跡が見つかっている[11]。

アフリカの大河が大西洋に注ぎ、荒れた天気でえぐられた川岸からは高木などの植物が押し流される。そのような高木の多くには、昆虫や鳥、哺乳類が多数暮らしているものだ。ときには植物に覆われた土手が丸のまま流されたり、水生植物がひとりでに集まって天然の筏《いかだ》を作り、

長距離にわたる分散は確かに稀かもし
たった一度成功するだけでいい。驚くべき

偶然に導かれた旅

草原に点在するとげとげした灌木の中には、
に小さな出入口
が開いているものがある。その出入口をくぐって
ネルを下っていくと、中
新世に渡ってきた齧歯類の子孫であるエオヴィスカ
ニーがある。柔らかい毛皮と
ぐるぐる巻きの尾、針金のようなほおひげを持って
て、チンチラやビスカーチャ〔ウサギに似たチンチラ科の一種〕ととりわけ近縁であり、大きな家族集団で地中に暮らしている。

エオヴィスカッキアなどのチンチラ類は、いまはまだ高地や南方の寒い気候にはあまりよく適応していない。のちの漸新世後期にはパタゴニアにまで到達し、中新世以降にはアンデス山脈が隆起して、現代のビスカーチャの棲息する高地が生まれる。ティンギリリカには多く暮らしているものの、そう容易には見つけられない。

もっと数が多いのがアグーチに近縁のアンデミスだが、シカのように自由に駆け回るエオヴィスカッキアほど特殊化してはいない。エオヴィスカッキアと違って木の葉を食べるのを好み、硬いイネ科植物のあいだでなく軟らかい木の葉のあいだで食事をする。齧歯類が南アメリカで暮らしはじめたのはそう昔のことではないが、すでに生態学的に多様化していて、最初の個体数がおそらくごく小さかったことを考えると目を見張るほどだ。[15]

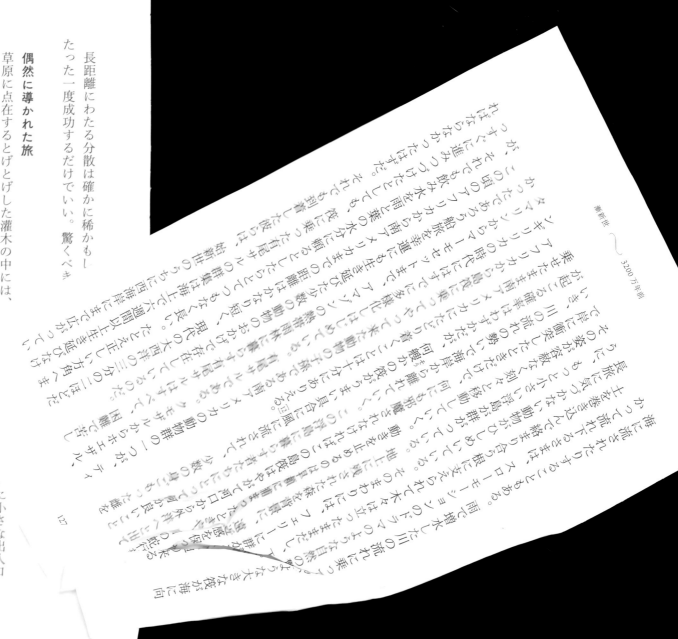

当然のごとくイネ科植物は、のちに南アフリカを離れて世界中に定着する。その特徴ゆえに、分散する力が並外れて強い。種子は小さく、風に乗って簡単に運ばれたり、動物の体表や体内でヒッチハイクしたりする。すぐに生長して繁殖可能になる上に、種子はでんぷん質が多くて、胚の成長のためのエネルギーを大量に蓄えており、焼かれたり凍ったり、ほぼひっきりなしに食べられたりしても生き延びられる。イネ科植物は長距離にわたって容易に広がるし、ひとたび定着したらなかなか枯れないし、環境を都合の良いように変えることができるため、地球上でもっとも効率的に移住してもっとも成功を収める生物群となっている。[16]

　長距離分散に関するセンセーショナルな話の数々を耳にすると、人間特有の考え方をいともたやすく当てはめてしまいがちなので、しばし立ち止まってそれについて考えてみよう。我々はどうしても、これらの齧歯類や有尾サルを、希望に胸を膨らませた冒険者として表現し、逆境をはねのけて未知の過酷な土地で生き延びる開拓者精神の物語として語りたくなる。しかしそのようなとらえ方は、かつての植民地主義に基づいていて不適切である。

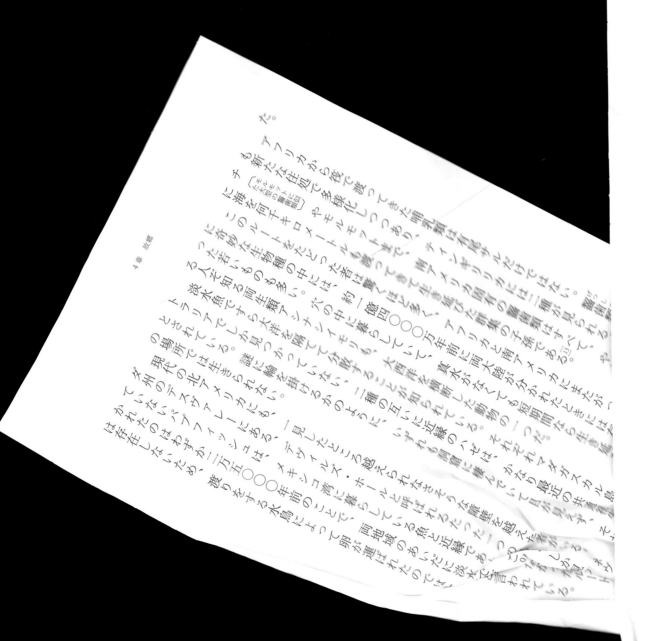

　その一方で、ある地域の動植物が別の地域に出現すると、在来の生態系が新参者によって奪い取られて縮小してしまうとみなし、侵略という表現を使う人もいるかもしれない。子供時代に見た風景を、今日の様変わりした、ときに退廃した世界と比べて郷愁にふける心には、そんな表現が響くものだ。「昔は良かった、いまは悪い」という意味合いも込められている。

　生態系を守る上で重要なのは、その働きを守ること、つまり、作用しあう生態系全体を形作る生物どうしの結びつきを守ることである。実際には生物種は移動するし、「在来種」という概念もどうしても恣意《しい》的なもので、民族意識と結びつけられることも多い。イギリスでは「在来種」は、最終氷期からイギリスに棲んでいる生物種と定義されている。しかしアメリカ合衆国では、コロンブスがカリブ海の島に上陸する前から存在してさえいれば在来種とみなされる。

在来種は法的に外来種よりも手厚く保護されるが、ある生物種の在来の生息地とそうでない生息地を区別するのは容易ではないし、外来植物が従来の生物多様性を傷つけるとも限らない。たとえばイギリスではヒメイラクサは在来種とはみなされないが、ほぼ至るところで生育しているし、更新世から記録に残されている。栽培品種のレタスの祖先であるトゲチシャ（ラクトゥカ・セッリオラ）は、ユーラシアと北アフリカ一帯に自生していて、ドイツでは在来種とみなされているが、ポーランドやチェコでは「古代導入種」とされているし、オランダでは「侵入種」として記載されている。[17]

さらに、分散や移住という中立的な生物学用語にすら、厄介な政治的意味合いがまとわりついている。過去を振り返ってみればよく分かるとおり、移民流入に反対する人と、生態系を守ろうとする人が同じ比喩を使うというのは何とも愚かな話だ。一定不変の理想的な環境、いわば郷愁感の錨《いかり》を降ろせる暗礁などというものは存在しない。人間がこの世界を境界線でむりやり区切ることで、何がどこに「属する」かという我々の認識はいやおうなしにゆがんでしまう。

しかし遠い過去を覗き込めば、それぞれの生態系に暮らす生物のリストが絶えず書き換えられているさましか見えない。在来種など存在しないと言っているわけではない。我々は在来種の概念をどうしても地域と結びつけてしまうが、この概念は時間軸にも当てはまるものであると言っているだけだ。

それでも現代の国や地域は自分たちのアイデンティティを過去にまで当てはめており、国政と古生物学の関わり合いがさまざまな影響をおよぼしている。二〇世紀初頭のアルゼンチンの古生物学者は、当時の科学界の一致した意見に背いて、人類は南アメリカで誕生したという正しくない学説を唱えた。確かに間違った学説だったかもしれないが、これは、ヨーロッパや北アメリカの古生物学者のあいだで信じられていた、南半球の大陸では進化の進み方が遅れているという（やはり正しくない）学説を否定しようという試みの一環だった。現代でもなお、進化に対する我々の認識を支配しているのは、研究の歴史が長く、数多くの機関が集中していて、はるかに完全な化石記録が生み出されている北半球のストーリーばかりだ[18]。

とりわけヒト族の化石は、スペインのアタプエルカ山地で発見された初期人類のものをはじめ、二一世紀に入っても民族意識に影響をおよぼしつづけている。現代、アメリカ合衆国のほとんどの州では、イリノイ州のトゥッリモンストゥルム〔11章で登場する〕や、アラスカ州のもっとのちの時代のマンモスなど、「州の化石」が制定されている。ウエストヴァージニア州が選んだのはジェーファーソン地上生ナマケモノ（メガロニクス・ジェッフェルソニイ）だが、現代ではナマケモノを含む有毛目は北アメリカでなく南アメリカに固有である。

しかしこれがアメリカの化石の象徴としての地位を得たのは、南アメリカに限らず南北アメリカ全土の動物はヨーロッパの動物よりも退化しているという、人種差別的な憶測に意図的に染められたかつての通説に対する反例として引き合いに出されたことに由来する。ある地域においてどれが在来種でどれがそうでないかは、どのようなスケールを見るかによって変わるものであって、絶滅種や生態学的概念を国境や国旗といった現代の人工的な概念と結びつけることには慎重でなければならないのだ[19]。

それがとりわけよく当てはまるのが、我々に近い霊長類をも含む、漸新世の大西洋横断分散である。たとえ無意識だとしても、我々は過去の出来事の中に人間的な動機を読み取ってしまいがちだ。その旅路は確かに危険で稀ではあったものの、完全に偶然に導かれたものであって、そこに歴史と無関係な我々自身の境遇を当てはめるのは避けなければならない。

鉄砲水とイネ科の繁栄

颪が高地から雨をもたらし、悪魔のように渦巻く雲が空を暗くする。最初の雨粒にあのナマケモノは空を見上げ、もぞもぞと体勢を変えてから再び餌を食べはじめる。開けた場所にいたティポテリウムの群れは、雨宿りをしようと、急角度で蛇行する川岸のそばにある木立ちに向かって移動しはじめる。心落ち着かせる土のにおいが立ちこめ、ドラムセットのような雨音に空気がため息をつく。

しかしそのため息に混じって、水があふれて蹄の打ちつける小さな音が大きくなっていき、やがて轟音に変わる。メスキートの突き出した枝から一羽の鳥が甲高い鳴き声とともに飛び立つと、何羽もがそれに続き、地上の混群にあっという間に緊張が広がる。灌木が揺れ、エオヴイスカッキアはリスクを避けて安全な巣穴に身を隠す。

木の裂ける音が川沿いにこだまして、高さ三メートルの渦巻く波がやって来る。警戒から逃走に切り替わり、ナマケモノはうめき声を上げて四本の肢で転げ回り、ティポテリウムは飛び上がって散り散りになる。大量の水が押し寄せて木のそばの蛇行部にぶつかり、黒い塊となって土手を越えて空中に盛り上がり、地面に叩きつける。続けて次の波が押し寄せ、まるで草原一帯に濡れそぼったベルベット生地を広げたようだ。

泥流がリズムを刻むように跳ね上がっては、ぐつぐつ煮えたオートミール粥のように崩れて流れ広がり、あたり一面に滑らかな水の力が伝わって、谷を秒速数十メートルの速さで満たしていく。河床の泥でできた繊細なタイルが粉々に割れ、大岩がまるで重さを失ったかのように上下に跳ねる。丸太がまるで軽い小枝のように運ばれて、その通り道にあるあらゆるものを捕まえ、沈め、あるいは壊して、地表に新たな流路を掘り込み、谷底を灰色の荒々しい大混乱に変える。

ティンギリリカ周辺の火山に降る豪雨で発生した鉄砲水は、裾野を下りながら細かい火山灰を巻き込んでラハール（火山泥流）となり、川岸を侵食してさらに大きく速く、重くなって、最終的にはすさまじいスピードで迫り来る破壊的な力となる。[*5] ナマケモノが座っていた場所はいまでは深さ二メートルの泡立つ水に覆われている。ティポテリウムや齧歯類はどこにも見当たらない。

川のそばに生えていた高木は、地面が押し流されたせいで倒れている。屈強な高木が何本かいまだ水面から屹立していて、ラハールのうなり声が続く中で無秩序に震えている。激しくなった雨の中、草原は姿を消し、あたり一面が水浸しだ。川の道筋を示しているのは、急角度の蛇行部からあふれ出す水の作る定在波と、流路をたどる速い流れの曲がりくねった縞模様だけだ[20]。

一時間後、ドラマは終わりを迎える。これほど大量の泥があれほど遠くの山から流れてきたなんて、容易には理解できない。草原一帯に泥が指のように広がっている。川を流れてきたものが平らな地面にぶちまけられ、流れがゆっくりになってやがて止まった。いまはもう剝き出しの固い地面になっていて、先ほどまで自由に跳ね回っていた大岩は一か所に止まって動かない。ラハールの流れに捕まった動物は一頭も生き残っておらず、永遠に石の中に閉じ込められる。粘板岩がきれいに拭われて、火山灰や砂、土で覆われ、この谷に再びイネ科植物が生える準備を整える。

しかしここに暮らす動物が化石として保存される一方で、ティンギリリカのイネ科植物がそのまま化石記録になることはけっしてなく、植物体の化石も花粉も何も残らない。ラハールは粒子が粗すぎるため、保存されたとしてもばらばらになって、植物の軟組織や昆虫のレース状の翅は残らない。飛行できる動物は飛び去って、襲ってきた洪水からは逃れている。化石記録の中で破壊を免れて残るのは、地上に囚われている哺乳類の骨の破片や壊れた歯だけだ。しか

＊5　たとえば一九八〇年のセントヘレンズ山の噴火で発生したラハールは、最高時速一〇〇キロメートルに達したと計測されている。

しイネ科植物も、ティンギリリカの生態系の物理的な役者リストには残っていないものの、痕跡を残している。

環境が生息動物を決定づけるように、生息動物も環境を決定づける。ある場所から植食動物を残してそれ以外の生物をすべて取り去り、植食動物を小さいほうから大きいほうへ順番に並べたとしよう。身体のサイズの分布はセノグラムと呼ばれるグラフで表すことができ、そのグラフの形からはその環境の開け具合と乾燥度を驚くほど正確に予測できる。ティンギリリカを純粋に数学的な空間ととらえると、そこが開けた環境であることが現代でもはっきりと読み取れる。イネ科植物の存在は、標本が一つか二つさえあれば明らかになる。ティンギリリカに暮らす哺乳類の口の中を覗き込めば、彼らが何か新しいことをしていたのが見えてくるだろう。イネ科植物と植食動物が互いに作用し合い、周囲の環境と作用することで促された、新しい行動である。[21]

植物は身体のある特定の部分を食べてもらうことに強く執着する。果実は糖分が豊富で派手派手しく、見つけてもらって食べられることで種子をばらまく。花は明るい色で強い香りを発し、蜜を蓄えて花粉媒介者を惹きつける。中には、花粉媒介者の音にじっと耳を澄ませていて、近くを通る昆虫の羽音で花びらが微かに揺れると、まるで市場の行商人が声を上げるかのように、素早く追加の糖分を生成して蜜をますます甘くする植物もある。

しかしイネ科植物はそのような協力行動を取ろうとしない。花粉は風に乗って運ばれるし、種子は風または水でばら撒かれるからだ。気を惹くような花は付けず、果実である穀粒も栄養分が乏しい。人類は何万年もかけて数百世代にわたり選択交配を繰り返すことで、コムギやコメ、トウモロコシやライムギなどのイネ科植物を主要作物に変えてきたが、それでも収穫後に膨大な処理を施さないと、通常は食べやすい食糧にならない。

葉も栄養分が多くないし、食べられるのを防ぐために、内部に有刺鉄線に相当するものを持っている。組織全体に植物オパールと呼ばれる乳白色の尖った結晶が散らばっていて、食べると口の中がざらざらするし、歯のエナメル質に特徴的な傷が付いて徐々に摩耗していく。要するに動物が草を食むには、栄養分の乏しい硬い食糧と、歯が絶えず削られて徐々にすり減っていくことを受け入れるしかないのだ[22]。

草原がそこに暮らす動物の形態に影響をおよぼしつつあることは、わざわざ顕微鏡を覗かなくても分かる。軟らかい食糧でも一生かじったり噛んだりしていたら、歯がかなり摩滅する。イネ科植物ではその程度が大幅に高まるが、知恵のある強情な自然選択はあきらめようとしない。利用できる食糧はそこにあるのだから、どんなに大変でも一部の動物にとってはそれを手に入れることにいくばくかのメリットがある。

草を食む動物は、どんなにすり減っても伸びつづける歯を進化させている。そのように、歯冠が高く平らで、硬いエナメル質とセメント質が分厚く、歯根が小さいかまたはまったくない歯のことを、「高型歯《こうけいし》」という。極端な例として、ざらざらする草を一生食べつづけて歯茎が後退してもなお歯が伸びつづける動物もおり、そのような戦略は大型動物の中でも、ケサイ〔絶滅した大型の毛深いサイ〕や、午蹄類の一グループである南蹄類《なんているい》に限られる。

漸新世前期のいま、イネ科植物はまだ北アメリカに広く分布してはおらず、ウマはイエネコ程度の大きさで食性は木の葉食、苦境にあえぐ広葉樹の葉を食べている。しかしこののち、地球が氷室状態へ切り替わって平原や草原が開けるにつれて適応して、開けた大地を長い肢で走り、高さのある歯で草を食み、群れを作る植食動物へと姿を変える。

イネ科植物の生い茂る開けた生息地に暮らす多くの動物は、歯から肢に至るまで、移動形態と食事に関する互いに非常に似た解決策にそれぞれ独自にたどり着いている。その推進力にはいくつもの要素が複雑に入り混じっていて、環境の開け具合や身体の大きさ、地面の硬さがすべて、この形態の進化に影響をおよぼしうる。アンテロープやプロングホーン、シカや一部の午蹄類はすべて、典型的な草の葉食という新たな生活スタイルへと収斂することとなる。[23]

世界中に散らばる生命

南アメリカ固有の哺乳類はやがて衰退する。カリブ海からパナマ地峡が隆起して大西洋と太平洋が分かれ、現代から二八〇万年前に北アメリカと南アメリカがつながると、北に暮らしていた動物が南へ、南に暮らしていた動物が北へ移動する。動物の移住はそれよりはるか以前の、現代から約二〇〇〇万年前にはすでに始まっており、この双方向の大規模移住はアメリカ大陸間大交差と呼ばれている。この移動は北の生物種に有利に働くことになるが、その理由はよく分かっていない。南アメリカ原産の動物のうち北アメリカ全土で繁栄しているのはカナダヤマアラシとキタオポッサムだけで、アルマジロは北アメリカ南部の砂漠地帯にのみ見られる。[24]

北の生物種は南アメリカでも勝利を収めることとなる。捕食性の大型有袋類や午蹄類は完全に姿を消す。南アメリカ原産の多様な哺乳類のうち現代まで生き残っているのは、オポッサム一〇一種とナマケモノ六種、アリクイ四種とアルマジロ二一種のみである。

巨大な地上生ナマケモノはしぶとく耐えて、おそらく現代からわずか四〇〇〇年前までカリブ海の島々で生き延びることとなる。わずか八〇〇〇年前までブラジルやアルゼンチンでは、穴を掘る地球史上最大の動物である地上生ナマケモノが、網目状に広がった巨大な巣穴を掘ってその中で家族全員で暮らしており、その巣穴は現代でも残っている。角のないサイのような南蹄類のトクソドンや、ラクダに似た滑距類のマクラウケニアも、現代から一万五〇〇〇年前以降まで生きていた。カリブ海の島々の地上生ナマケモノや最後の午蹄類が絶滅したのは、人類が彼らの生息地にやって来たのと同じ頃のことで、それはおそらく偶然ではないだろう[25]。

これらの動物の生態や形態がほかの地域の動物と収斂してしまったことで、哺乳類の系統樹の中に彼らを位置づけるのは難しくなっているが、最近まで生き残っていた動物たちのおかげでその正体を特定できる。冷たく乾燥したパタゴニアに保存されている、最後まで生き残っていた午蹄類の化石の中には、結合組織であるコラーゲンの線維が残っているものもあり、それを使うとDNA配列と同じく生物種どうしの関係性を明らかにできる。そのアミノ酸配列の比較によって南アメリカ固有のこれらの動物の素性が明らかになり、現代のウマやサイ、バクからなる奇蹄類ともっとも近縁であることがいまでは分かっている[26]。

どんな疑問でもそうだが、この関係性が明らかになったことでさらに大きな疑問が浮かび上がった。暁新世から始新世にかけて生まれた午蹄類の多くの系統が、遠くは北アメリカやヨーロッパ、インドの奇蹄類と近縁であるとされている。最古の奇蹄類がアジアに暮らしていたことを踏まえると、このことから世界規模の移住についてどんなことが言えるだろうか？　以前と同じく各大陸が互いに遠く離れていたこの時代に、これらの動物群の祖先はどうやってこれほど急速に世界中に散らばったのだろう？　それとも単に収斂しただけであって、互いに似ているのは同じ問題に対して同じ解決法を編み出したからなのだろうか？[27]

旅自体はけっして化石にならないが、彼らの子孫がどこに腰を落ち着けたのかを見ればその旅の目的地が明らかになる。島から島へと渡ったにせよ、島筏で航海したにせよ、どのようなルートを取ったとしても、地球の全歴史にわたって生命は旅をして方々へ散らばり、新たな環境で繁栄してきた。

ティンギリリカで起こった潮流はやがて世界中へ広がり、南アメリカのイネ科植物は多様化して、北アメリカのグレートプレーンズからユーラシア大陸のステップ、アフリカのサバンナにまで至る世界最大の生命の広がりを生み出すこととなる。竹林から白亜層の草原まで、イネ科植物の時代が始まったのだ。

5
章

循環

Cycles

始新世の南極と南半球の大洋

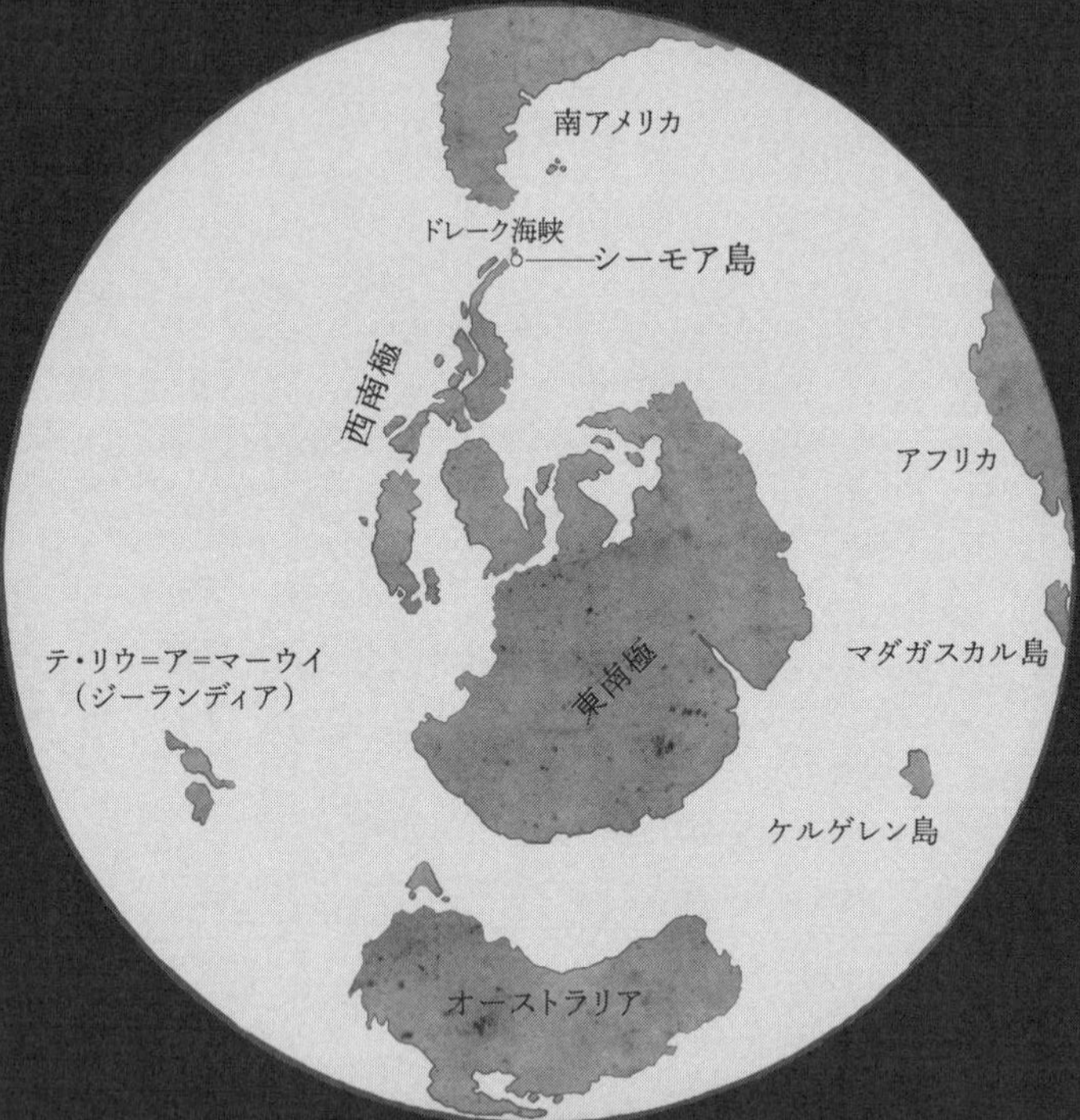

Seymour Island, Antarctica - Eocene

南極、シーモア島
始新世——四一〇〇万年前

始新世
4100万年前

「それでも地球は動いている」
——ガリレオ・ガリレイ

*

りへ向かった」
イッド・ウエスト訳）

浜辺が海鳥の叫び声で

埋め尽くされ、おとなの鳥はむきになって異性に声を掛け、若いふりをした鳥は巣を作れそうな場所を物色している。

ユニコーンの角のような巻貝キリガイダマシや、らせん型の腹足類ツメタガイ、滑らかなフード状のヌノメアカガイがあちこちに散らばるこの砂利浜は、すさまじく密集した繁殖地に変貌している。固まった糞で石は白く塗られ、排泄物からあらゆるものにきついアンモニア臭が移り、リン酸塩が砂に浸透して、のちにその砂が固まってできる石の化学組成を変化させる。小石でできた巣が隅々にまで作られ、小型の鳥は岩の狭い裂け目や植物の陰を好み、大型の鳥はしかたなく開けた場所を選ぶ。

細長い半島の風下側、河口から伸びる砂州に一本の小川が紙を破いたように崖を刻む場所にほど近い、荒波から守られたこの大きな入り江は、雛を育てるのに理想的な場所だ。浜辺の周囲は深い森の広がる急斜面になっていて、うろこ状の樹皮をしたナンキョクブナが垂れ下がっている。そのところどころには、チリマツやイトスギ、セロリパインといった、葉の密集した球果植物が生えていて、何かの表面でしか育たない着生植物をことごとくまとっている。ツタや蔓、シダ、そして髪の毛のような蘚類《せんるい》が、複雑で派手なプロテアの花を中心に広がって、くすんだ緑色のパレットを敷いている。

海を渡る偏西風に含まれる水蒸気が、南極海に突き出した細長い陸地にぶつかって雨に変わる。ここは沿岸性温暖雨林で、あらゆる表面に緑が張りついている。高木の中ほどからも植物が空中に根を伸ばして、落ちてきた葉を肥料にし、十分な水分を吸収して生きることができる。

林床に落ちて朽ちた枝が物語るとおり、この森林地帯は成熟していて、低く架かった太陽に向かって植物が互いにかき分けながら背を伸ばす、古くからの平穏な場所である[1]。

大陸がダンスを踊るように動き回り、世界の気候が温暖化したり寒冷化したりしたとしても、生物が生きられる物理的領域は、けっして変わらないいくつかの天文学的条件によって決まる。太陽光線ははるかかなたからやって来るため、地球全体にほぼ同じ角度、同じエネルギーでぶつかる。しかしどこに当たるかによって、地表で感じられる光度は大きく異なる。

地面が太陽に垂直に面していれば、小さい面積に熱が集中して、その地域はますます温まる。地面が太陽から斜めを向いていて、地上の者から見て太陽が空の低い位置にあると、太陽光線が広い面積に分散して、その地域は寒くなる。おおざっぱに言うとこのために、夜明けや日暮れは日中よりも寒く、赤道から離れた高緯度地方は気温が低い[2]。

しかしそれだけでは季節の存在は説明できない。地球上のどこであっても、生物の刻む一年ごとのリズムは、地球の初期に起こったとある出来事の結果である。混み合った太陽系の中でさまざまな天体がぞんざいにぶつかってきたことで、南北を貫く地軸が傾いたのだ。もしも地軸が傾いていなかったら、我々の活動はつねに代わり映えがせず、毎日が同じで、世界中での人類の進歩にもめりはりがなかったことだろう。地球が傾いたことで、一年というものが意味を持ったのだ。

六か月ごとに北極と南極のどちらかが太陽のほうを向いて、もう一方が影に入り、夏には昼が、冬には夜がずっと続く。傾いた地球のワルツが季節を決めており、高緯度地方に暮らす生き物は、移り変わる条件を避けて移動するか、さもなければ留まって耐え忍ぶしかない。現代では、氷室《ひむろ》状態の地球の底に広がる一つの大陸だけが一年中凍りついていて、その陸上はつねに冬であり、ほぼ何も残っていない。しかし始新世のいま、西南極の北に伸びるこの半島での暮らしはそれとは違う[3]。

始新世に入った頃、二酸化炭素とメタンの濃度が高くなったことで、世界の気温がかつてないほどのスピードで上昇した。不確かなところはあるが、当時の二酸化炭素濃度は最大約八〇〇ppmと、現代の二倍以上、一九世紀の四倍だったと考えられている。以前から地球の歴史の中でも温暖なほうだったが、気温と二酸化炭素濃度がピークに達する、温暖化極大と呼ばれるこの現象によって、暁新世から始新世へと時代が切り替わった。

一〇〇〇年で約一・五ギガトンという地球史上最大量の膨大な二酸化炭素が放出され、そのペースを上回るのは産業革命後の現代だけである。気温は少なくとも五℃上昇した。この二酸化炭素の発生源は定かでなく、しかも濃度上昇があまりにも急激だったが、岩石記録に残された証拠から察するに、グリーンランドでしばらくのあいだ激しい火山活動が続いて海が温まりはじめことで、深海の固体メタン（二酸化炭素よりもさらに強力な温室効果ガス）が海中に溶けたらしい。海水の温度上昇によってメタンの溶解が速まり、温暖化が温暖化を招くという悪循環に陥ったのだ[4]。

それを受けて世界中の生態系が影響を受けた。北半球一帯の哺乳類は小型化した。温血動物の生み出す熱の量は体重に比例するが、失われる熱の量は表面積に比例する。身体の小さい動物のほうが体重あたりの表面積が大きいので、高温の環境の中でもオーバーヒートする可能性が低い。海中でも陸上でも、微小なプランクトンから巨大な植食哺乳類まであらゆる生物が絶滅したか、さもなくば新たな形態へ急速に進化した。

　始新世はその名のとおり、さまざまな意味で現代の世界が誕生し、温室地球の中で世界の生物圏の基本構造が形成された時代だ。シーモア島では温暖化極大の絶頂は過ぎているものの、世界の平均気温はいまだに現代よりもはるかに高い。赤道地方の気温は現代よりも少し高いだけで、島であるインドの陸上の平均気温は現代の高温多湿の生態系とほぼ変わらない。

　しかし高緯度地方では状況がまったく違う。現代と違って氷室状態ではなく、両極は雪で白く覆われてはいない。水が山岳氷河や果てしなく広がる海氷の中に閉じ込められていないため、海水位は現代よりも一〇〇メートル高く、すべての大陸が人間の立場から見てかなり快適な気候である[5]。

　南極はいわば忘れられた大陸で、世界中に分布するとされる現代の生物種でも南極は暗黙のうちに除外されるものだが、始新世のいまは温暖で、夏の気温は二五℃に達する。海水温も一二℃と心地よい。南極大陸全体が青々とした閉鎖林〔林冠に隙間のない森林〕に覆われ、鳥の金切り声と下生えのカサカサという音に満ちている。

　しかし地球は自転を続けているし、生物とその生息地である陸上や海との関係性を決める物理法則はいまも成り立っている。南極は地球の一番南に居座ったままで、夏の果てしない昼間と冬の終わることのない夜というサイクルから抜け出せない。太陽光に関する同じ法則、世界中の大気と水の循環を支配する同じ法則が働いていて、この極地の多雨林の生態系を支配している。[6]

体格が良すぎるペンギン

この浜辺は森に覆われた急斜面からたどり着くのが難しいため、捕食動物はやって来ない。海鳥の巣は地勢によって守られているだけでなく、数の多さも防御になる。このコロニーは地域有数の規模で、最大一〇万羽が暮らしている。それらの海鳥は南極を象徴するもので、たとえ異常に温暖であってもこの場所を南極以外に見間違えることはない。

一つの大陸全体を想起させる鳥として、南極のペンギンに優るものはないだろう。この地にはニュージーランドと同じくペンギンの祖先が暮らしており、シーモア島のペンギンは化石記録に初めて痕跡を残したペンギンの一つである。長さ四〇〇メートルを超す細長い浜辺をコロニーが埋め尽くしている。上空から砂州を見下ろすと、それらのコロニーが黒と黄色と白のまだら模様へと合体して、騒々しい大群集の一羽一羽が個性なく揺らめいているだけだ。[7]

近づいてみると、それらの鳥の大きさにはさらなる衝撃を受ける。もっとも小さいデルフィノルニスは現代のオウサマペンギンと同じくらいの大きさだが、ここに棲むほとんどの鳥と比べたら完全に見劣りしてしまう。この地に暮らす鳥はすべてジャイアントペンギンの仲間で、現代のもっと小さい近縁種よりもはるかに大きい。

たとえばノルデンショルドペンギン（アントロポルニス・ノルデンスキョエルディ）は、身長が平均一六五センチメートルと、一般的なヒトと同じくらいだ。さまざまな種が入り混じって子育てをするこの場所ではそれが最大級だが、クレコフスキーペンギンの雌の中には、身長二メートル、体重一二〇キログラム近くと、ラグビー選手並みの体格の者もいる。これらのペンギンのくちばしは槍のような形で、現代のペンギンと比べて不釣り合いに長く、最大で約三〇センチメートルに達することもある。これらの巨大ペンギンのほかにも七種のペンギンがいて、いずれも現代のほとんどのペンギンより大きい。

一つのコロニーがこれほどの種の多様性を持っていて、しかもそれぞれの種が同じ方法で雛に餌を与えているというのは、尋常なことではない。通常、複数の生物種が共存するのは、それぞれの生態学的ニッチが十分に違っていて、競争を避けるために食糧を分け合う、いわゆるニッチ分割が可能な場合に限られる。しかしここでは海の恵みの魅力が十分に大きいため、ペンギンたちは食糧の乏しい場所に棲む代わりに、混み合った大都市の中でスペースを巡って競い合うことを選び、多様な社会を築いている。[8]

彼らはすでに海での暮らしに適応していて、骨は浮力を抑えるために密度が高い。歩き方はぎこちないが、のちのペンギンが失う第二趾《し》はまだ残っている。翼はウミガラスのようにたるんでいて、のちのペンギンと違い水中を飛行する頑丈なフリッパーではない。また羽毛の生え方が密でなく、まだ極寒には適応していない。

浜辺でいがみ合っていない個体は湾内に浮かんでいて、漁場に向かう準備を整えている。獲るのはニシンやベラ、メルルーサやナマズ、鼻先の鋭いイシダイやメカジキ、タチウオである。

アントロポルニス・ノルデンスキョエルディ

タコやイカやコウイカの親戚で殻を持ったオウムガイが浅瀬でプカプカ浮かんでいるが、高緯度地方ではそれはかなり珍しい光景だ。何よりも水中はタラの親戚で埋め尽くされている。プランクトンが豊富で、魚はその豊かな食糧源をいわば託児所、小魚のための校庭として使っている[9]。

この半島が突き出したドレーク海峡では海底が盛り上がっていて、南アメリカと南極の差しのばす手は最近切り離されたばかりだ。大陸の出合う場所、大洋の出合う場所であって、外洋に暮らす膨大な数の生き物が繁栄する海の楽園である。ここでは深海から冷たい海水が湧き上がっていて、目の大きなキンメダイ類のヒウチダイやオニキンメなど、奇妙な深海魚もときどき上がってくる。また寒流が栄養分と酸素を運んできて、海底から海面まで広がる生物群集を養っている。約二〇〇〇万年前からずっと、その寒流は海峡の浅い水域をかき分けてから北へ向きを変え、再び循環している[10]。

この上昇流の存在はこの一帯の地勢によるものだが、この海洋大循環を駆動しているのは何千キロメートルも離れた赤道に降り注ぐ太陽光である。もっとも速く暖まる赤道の大気が上昇して、熱帯地方から湿った空気を吸い上げる。上昇したその大気は冷え、下から湧き上がってくる空気に押されて南北に流れて、やがて下降し、熱帯地方の範囲に相当する循環流を生み出す。この循環流の縁における空気の流れに引きずられて、その両極側にある大気も移動し、温帯地方と極地方の範囲に相当するさらに二つの循環流ができる。

それらの気塊の下で地球が自転することで、熱帯地方一帯の海上には強い東風である貿易風が吹く。同じ理由で緯度六〇度付近の空気も太陽によって暖められて上昇し、南北に流れる。極地へ向かう空気は急激に下降して、同じコリオリ力のもとで東から西へ吹く。赤道のほうへ向かった空気は赤道から流れてくる冷えた空気とぶつかって、一緒に引きずり下ろされる。極地方と赤道地方では地表風は西へ吹くが、それらに挟まれた緯度の地域では東へ吹く。そのため南極周辺の南極海は、西から東へ吹く偏西風に支配されている[11]。

現代の南極海では、つねに吹く西風に勢いづけられた表層水の流れがどの大陸にも遮られず、摩擦の許す限りの速さで絶えず東向きに流れる循環流、周極海流が発生している。しかし海流は空気の流れとともに地球の自転からも影響を受け、ちょうど環状交差点を走るオートバイが外側に膨らむように、海水は広い赤道方向へと押しやられる。太陽の起こす風と地球の運動とが組み合わさって、海水が南極から押し出され、深海から栄養分の豊富な海水が湧き上がってくることで、極地の海に生命が栄えるのだ。

その豊富な魚は捕食動物を惹きつけ、ペンギン以外にもさまざまな動物がこの冷たい海を利用する。波打ち際ではペンギンに混じって、チドリやタゲリなど小型のチドリ類が餌の昆虫に惹かれて大群で集まり、河口ではトキコウが干潟の中にいる貝や甲殻類をじっと狙っている。細長い翼で風に乗っているのは、海上の空を支配する、管状の鼻を持った小型のアホウドリやミズナギドリ、そしてくちばしに歯のような突起のある巨大なオドントプテリクス。彼らは海岸沿いの崖の上に暮らしていて、南半球を一周する偏西風を利用して苦もせずに長距離を飛行する。

もっとも目立つ特徴は白い縁取りのある翼で、ときに翼長が五メートルを超え、幅に対してはるかに長く、グライダーのように風を味方に付けた高速飛行に適応している。その大きさのせいで海面から飛び立つことができないため、向かい風を受けながら波頭の上を低く飛び、海面から素早く魚を捕まえる。

つるつるした魚やイカをしっかりくわえるのは、南極の強風の中ではおろか、条件の良いときでも容易ではなく、そのためおとなのオドントプテリクスはパン切りナイフのようなギザギザのくちばしを持っている。小さな頭蓋骨の高い位置に鋭い目が付いていて、くちばしはカワセミのように長く尖っている。くちばしの内側には骨が棘のように飛び出しており、ワニの歯に相当するその構造体は骨から直接伸びてきて、おとなになって初めて顔を出す。ほぼすべての海鳥と同じく寿命が長く、一度に育てる雛はわずか二、三羽。歯のない若鳥は効率的に餌を取れないため、一年以上にわたって育ててもらわなければならず、両親のどちらかが交代で世話をして、もう一方が波頭すれすれを飛び回る。[12]

現代のアホウドリは海上を大きな円を描いて旅し、日中は偏西風に乗って、夜は海上で眠る。始新世のアホウドリやオドントプテリクスもおそらく同じで、長いあいだ外洋に姿を消す。飛行中は、三日月形の翼を使ってダイナミックに上昇し、ほとんど羽ばたかせずに風とともに降下したかと思うと、そこから身体の向きを変えながら勢いをつけてさらに高いところ、いわば空中の小宇宙にまで上昇する。[13]

太古のクジラ

鳥たちが海上でほぼ唯一恐れなければならないのは、驚くほど多様なサメである。この海域には少なくとも二一種が棲みついているか、または定期的に訪れており、獲物と漁場を互いに分け合いながら、大繁殖する魚を食べている。

海岸近くの、澄みきった外洋がミルクティー色の浅い河口へと移り変わるところでは、水が突然泡立って、灰色のギザギザの鼻先がパッと現れ、歯の生えたその厚板がひるがえっては、素早く水中に潜る。ノコギリエイ（プリスティス）だ。水平にしたチェーンソーのような鼻先を持つエイの一種で、始新世の暖かい夏でも南極にはめったに姿を見せず、普段は熱帯や亜熱帯の海に留まっている。それでも餌の豊富なシーモア島があまりに魅力的で、このノコギリエイは南アメリカ東海岸に沿ってここまでやって来たのだろう。

のこぎりのような鼻先には瓶状の感覚器が何千個も並んでおり、それで電場の変化を感知して、餌を見つけるだけでなく捕まえるのにも役立てる。脊椎動物は電荷を帯びたカルシウムイオンの流れを使って筋肉の動きを司っているため、ニシンが身体をぴくりと動かしただけでノコギリエイはそれを感じ取り、水中でのこぎりを高速で振り動かして海底をめった打ちにしたり、魚を押さえつけて口のほうに追い込んだりする[14]。

突然、海中から水しぶきが上がり、漂っていたペンギンたちが驚いてフリッパーを羽ばたかせる。船乗りの言い伝えに出てくる大ウミヘビのような、とてつもなく長い動物が身体をくねらせたのだ。体長二一メートルのバシロサウルス類（「皇帝トカゲ」）の一種だ。かつての科学者が分類を誤って、厳格な命名規則により残念ながらそのままの名前が残っているが、実はクジラの一種である。

最初のクジラはこのわずか数百万年前に、ここからはるか遠く離れた、当時はまだ島だったインド亜大陸のテチス海沿岸で進化した。最古のクジラの一種であるパキケトゥスは、長い肢《あし》を持っていて、水中と陸上の両方で獲物を狩ったり死肉をあさったりしていた。オオカミに似た姿で、骨の密度が高く、また目が高いところに付いていて、獲物を待ち伏せするために水中に身を隠していたらしい。その後、水中生活に完全に身を委ねるようになり、バシロサウルスに至って初めて陸上には戻れなくなった[15]。

浅瀬で水しぶきを上げるバシロサウルスは、身体を大きく変化させてひれのような手と錨爪《いかりづめ》のような尾を獲得し、新たな生態に適応している。鼻は頭頂に引っ込んでいるが、頭蓋骨はまだ現代のクジラとは違って、口先が望遠鏡のように突き出してはいない。水に身体を支えてもらうことで、自分の体重で押しつぶされるのを心配せずにはるかに大きく成長できる。また、陸上を移動する必要性から解放されたことで、後肢が小さなフリッパーへと縮み、方向転換の際にもほとんど役に立たなくなっている。

水中で音をよく聞けるよう、内耳は低い周波数の音にどんどん敏感になっている。蝸牛《かぎゅう》がどんどん長くなり、どんどんきつく巻かれ、壁が薄くなることが、水中を長距離にわたって伝わる低い音を聞くのに役立っている。しかし、イルカを含むハクジラがエコロケーションのための声を増幅させるのに使う、脂肪に満たされた額《ひたい》の膨らみ、いわゆる「メロン」と呼ばれる構造体はいまだ持っていない。バシロサウルスは海の音楽を聴くことはできるが、まだ歌う術《すべ》は身につけていないのだ。[16]

南極の深い森

川を上っていくと流れは狭く深くなり、鬱蒼とした森の広がる斜面をくねくねと走っている。温暖化極大の最中には海面上昇によってたびたび水中に沈んだこの谷では、毛むくじゃらの動物が川岸をのしのしと歩き、ヘルメットのような頭をしたカエルを水中に蹴散らしている。口元がウマに似ていて、胴体が樽状でバクを彷彿とさせるが、肢は細くて指が五本あるその動物が、サケを追いかけるヒグマのように河口の水の中に歩いて入ると、集まっていたトキコウが飛び立つ。上の二本の歯が口元からはみ出していて、大きな牙を隠し持っており、水辺に生える柔らかいスゲやイグサをかじっている。雷獣類《らいじゅうるい》のアンタルクトドン、南アメリカと南極の生物の歴史が共通していることを示す手掛かりの一つである。[17]

地理的に南極は、南アメリカ、アフリカ、オーストラリアという、かつてゴンドワナ超大陸を構成していた複数の大陸をつなぐ交差点といえる。インド＝マダガスカルはすでに切り離されており、インドはアジアに衝突して、北方の大陸にブルドーザーのように地殻を積み上げて山脈を作りつつある。しかしシーモア島を含む西南極半島は、非常によく似た森林の広がるパタゴニアに向かって腕を伸ばしており、両者が切り離されたのはわずか一〇〇〇万年前、その地峡がウェッデル海に沈んだときだった。

オーストラリアも東南極の高い山脈からそう遠く離れてはいない。南極に棲息するナンキョクブナやペンギンといった動植物は、もっと広いゴンドワナ生物相に含まれる。この生物相の作る生態区は南半球の全大陸に広がっている。アンタルクトドンを含む雷獣類は、前にティンギリリカで出合った南半球固有の午蹄類《ごているい》の一グループで、シーモア島にはこのほかにも何種か棲んでいる。[18]

岩屑が積み上がり、何百年にもわたって降り積もった球果植物の針葉がマットレスのように地面を覆い、空中にぶら下がる着生植物や、真菌類のはびこった丸太が生きた木々のあいだに折り重なってはいるが、この森の斜面は絶対に通り抜けられないわけではない。木々のあいだに開いた隙間が一番簡単に斜面を登れるルートを示していて、十分に踏みしめられたその道は三つ指の足跡が何世代にもわたって作ったものだ。

ラクダに似たその滑距類《かっきょるい》ノティオロフォスは、森林一帯の地面を踏み固めてきた。大きさは小型のヒトコブラクダくらいで、ナンキョクブナの森で低層の葉を食《は》んでいる。年間の環境変化が長期間の環境変動よりも大きい地域で暮らしてきたせいで、何百万年も形態が変わっていない。形態の面では進化が停滞していて、広食性で何か特定の環境に特化してはおらず、環境変化にかなりうまく対処できる。

このように混沌とした環境に直面して進化が停滞することを、「プリュ・サ・ションジュ（変われば変わるほど同じ）」モデルという。潮間帯や極地などの荒々しい環境では、融通さが役に立つ。安定は専門化を促すが、進化の観点から見るとそれは慢心にすぎない。永遠に同じ環境など存在せず、ニッチを奪われた生物は絶滅するしかない[19]。

森の奥深くでは、高さ三〇メートルはあったであろう、最近倒れたばかりの巨大なチリマツ(別名モンキーパズル)の倒木が、密生した植物によって斜めに支えられている。あっという間に朽ちていて、脇からキノコが生えている。根に相当するとともに情報交換を担う、目に見えない菌糸が樹皮を貫き、死んだ木質《もくしつ》の中に分け入って、細胞を一つ一つこじ開けている。この多湿の環境では急速に腐敗が進む。倒れた巨木のうろの中は緑一色で、まるで子供用のサッカー場のようだ。幹の外側は、水を通さない大きな葉が美しくしっかりと巻きついて丸っこくなっている。

入口の穴を抜けると、内側は蘚類で覆われているとともに、春の若い植物を刈って乾燥させた、ウールのスリッパのように柔らかくてさらっとした温かい干し草で敷きつめられている。ここには霊長類はおらず、この木に頭を抱えるサルはまだいない。この巣の持ち主は、のちにスペイン語話者が「モニート・デル・モンテ(山のサル)」と呼ぶ、樹上生活をする有袋類チロエオポッサムの親戚である。

チロエオポッサムは夜行性で、魅力的な大きな目とふわふわした毛を持っており、大きさはハツカネズミほど、手はものをつかむことができる。くるくると巻いた平たい尾の内側には毛がなく、直感に反するようだが、木登りのためと、冬に脂肪を蓄えるためという二つの役割を担っている。ヤマネのように日中に眠り、冬の何か月間かは冬眠する。シーモア島には原始的な二種が棲んでいて、うち一種は体重約一キログラム、現代の種の二〇倍を超す大きさだ。

そもそも現代の南アメリカにチロエオポッサムが暮らしているのは、南極のおかげかもしれない。有袋類は大きくアメリカ有袋類とオーストラリア有袋類という二つのグループに分けられる。アメリカ有袋類には、現生のオポッサムと、肉食性で剣歯を持ったティラコスミルス類などいくつかの絶滅群が含まれる。その名のとおり、南北アメリカ、とくに南アメリカに固有である。

一方、オーストラリア有袋類には、カンガルーやコアラ、ウォンバットやタスマニアデビル、フクロアリクイやフクロモモンガ、クアッカワラビーやフクロネコなど、オーストラリアやその周辺の陸塊に棲むすべての動物が含まれる。チロエオポッサムもオーストラリア有袋類に含まれるが、現代ではチリとアルゼンチン西部に広がる標高の高いバルディビア温帯雨林にしか棲息していない。しかもある特定の植物を餌にしているため、それ以外の地域では生きられない。ヤドリギの一種であるその寄生植物キントラルは、チロエオポッサムに種子をばら撒いてもらっていて、ナンキョクブナ林の生態系の重要な一翼を担っている。

チロエオポッサムとこの生態系の深いつながりは、生物地理学的な謎にさらに輪を掛ける。チロエオポッサムの祖先はオーストラリアのナンキョクブナ森からはるばるやって来たのか？あるいは、オーストラリアの系統が南アメリカに移動してきてから多様化したのか？　シーモア島に暮らすこのほかの有袋類はすべてアメリカ有袋類のグループに含まれるため、この謎の解明にはいっさい役に立たない。謎の答えは、のちにこの多雨林を覆い尽くす深さ数キロメートルの南極氷床の下に隠されている。[20]

しかし始新世のいまは、この多雨林のどこかに珍しい鳥が何羽か身を隠している。ダチョウやエミュー、ヒクイドリやキーウィの親戚である走鳥類《そうちょうるい》も昔から南方の動物群で、すべて南半球の大陸に棲んでいる。しかし走鳥類の各種どうしの親戚関係は大陸と対応していない。ニュージーランドに棲む二種の走鳥類、キーウィとモア〔体高二メートルを超す飛べない大型の鳥〕は、互いに近縁ではない。キーウィにもっとも近縁なのはマダガスカルに棲んでいた巨大な絶滅種エピオルニスで、両者の共通点は、夜間の採餌に適応していること、視力が弱いこと、嗅覚が優れていること、ほおひげがあること、そして、羽毛がオドントプテリクスのような飛行用の高度な構造ではなく、ぼさぼさの毛に近いことである。マダガスカル島のこの変わった飛べない鳥のような動物にとって、始新世の南極に広がる暗い森を冬に歩き回るのは苦ではなかっただろうが、シーモア島に走鳥類が暮らしていたことを示す具体的な証拠は、走鳥類特有の形をした距骨《きょこつ》〔足首の中にある小さな骨〕一個しかない[21]。

川辺に広がるこの森には、これらの鳥に加えて第三のグループの飛べない大形の鳥、フォルスラコス類が暮らしている。脚は長いが胴体はずんぐりしていて、翼は小さく、頭蓋骨の半分以上を占める角張ったくちばしは奥行きがあって幅が狭く、先端が缶切りのような鉤状になっている。

シーモア島に棲息しているのはブロントルニス（「雷鳥」）と呼ばれる種で、おそらく死肉をあさったり、この島を貫く滑距類の通り道に潜んで待ち伏せしたりしているのだろう。肉食性の水鳥である、ヨーロッパのガストルニスや中新世オーストラリアのドロモルニスと並んで、地上で暮らす大型捕食恐竜の最後の生き残りである。のちの中新世に登場する、体高三メートルの敏捷なフォルスラコス類、ケレンケン（パタゴニアの伝説の悪魔にちなんだ名前）は、頭蓋骨の長さが七一センチメートル、その大部分が刃のように薄くて奥行きのあるくちばしによって占められ、その大きさと形は斧に近い[22]。

冬、来たる

フォルスラコス類は視力が非常に良いため、地球が太陽のまわりを公転して季節が変化しても、暗闇に悩まされることはない。しかしシーモア島が夏の大宴会から暗い季節へ移り変わると、あらゆる面で環境が変化する。太陽が巡りながらどんどん低くなっていき、明日には昇らなくなって、三か月続く夜が始まる[23]。

太陽自体は顔を出さないが、冬の空は日々変わりつづける。昼間には地平線の下を太陽がかすめ、空が弓なりに明るくなる。黄昏と夜が繰り返され、生命の通常のリズムが止まる。昼間の明るさの変化が小さくなるにつれ、概日リズム、いわゆる体内時計を維持できなくなる。極地の夜に慣れていない人はそれがストレスになって、身体の状態を外界の現実と合わせることができず、時差ぼけのような状態がずっと続く。

極地に暮らす動物の中には、概日周期を止めてしまって、体内の欲求に従って生きる者もいる。疲れたら眠り、元気になったら起きるということだ。ほかに、昼間が来なくても日々の日課をこなしつづける動物もいる。すべての生物がリズムを気にしないわけではなく、プランクトンは月の満ち欠けに従って海中を上昇・下降するが、多くの生物にとって冬は停滞の時期だ。

植物も呼吸を止めて代謝のスピードを落とす。球果植物は針葉を茂らせたままだが、ナンキョクブナを含め多くの植物は葉を落とし、森は息を止める。枝のあいだではチロエオポッサムが冬の寒さを避けるために冬眠して、コケ玉の巣の中に横たわる。もっと大形の動物はエネルギーを必要とするため簡単には冬眠できず、アンタルクトドンやノティオロフォス、走鳥類は表に出て食糧を探すしかない[24]。

暗くなる森の中で本領を発揮するのは、夜行性動物と、薄明かりに適応したいわゆる薄明薄暮性動物だ。この最後の昼間の黄昏、イトスギの根のあいだに開いた穴から、見かけはビーバーに似ているがもっとずっと小さい、ほおひげを生やした顔が現れる。その大きな目は、極地の夜空から降ってくるわずかな光子をとらえるのによく適応していることを物語る。この動物を含むゴンドワナテリウム類は、インドから南アメリカにかけて分布していて、中生代から残る古い哺乳類の系統の一つである。前肢は左右に広がっているが、後肢は真下に伸びていて、力士のような妙に好戦的な恰好をしており、落ち葉の甘い香りに誘われてナンキョクブナのほうにおずおずと這っていく。

ナンキョクブナを探しているのはゴンドワナテリウム類だけではない。この木は、毎年種子を付けてつねに食べられるリスクを負うことはせず、通常はいっさい種子を作らない。この前の夏のようないわゆる「実りの夏」に、すべての木がいっせいに膨大な数の種子を付け、互いにタイミングを合わせて種子食動物にとっての食糧を大量に落とすのだ。

普段は食糧が乏しく、ナンキョクブナの種子を食べる動物群集はけっして大きくないため、落とされる種子は消費される量をはるかに上回り、一部の種子が確実に生き残って若木になる。この狡猾な習性がどのようにして同期されているのかは分かっていない。ホルモンのシグナルを使って情報を交換しているのか？　あるいは、何らかの環境刺激、実りの時期だと知らせる何らかのきっかけにいっせいに反応するのか？

ゴンドワナテリウム類はオポッサムやチロエオポッサム、鳥たちとともに、地面に転がっているがまだ食べられていない、種子が七つか八つ入った小さな巾着型のナンキョクブナの木の実を探す。見つけるのは簡単で、口の中に入れてはしかめ面で顎を前後に動かし、さもおいしそうに噛み砕く[25]。

気候変動のインパクト

生命は自分の置かれた環境に合うように進化するが、その環境の特性を決めるのは、地勢や海流、大陸の位置や風のパターン、大気の化学組成である。シーモア島の生態系が多様であるのは、地球の物理的状態の影響が積み重なった結果である。食糧が豊富にあることで動植物が大量に集まり、競争や適応、特殊化や種分化が促される。気候もまた生命の限界を定める。暗い冬はやはり寒く、多くの生物種がここでは暮らせない。ガルガーノでは島嶼《とうしょ》の法則によって、巨大な小動物や矮小《わいしょう》化した大形動物といった中間サイズの動物が恩恵を受けていたが、ここ極地では極端な動物が有利になる。

寒さを生き延びる方法は二つある。一つはチロエオポッサムなどの小動物のように、冬眠して体内の生理的プロセスを加減し、冬を耐え凌ぐという方法。もう一つは身体を大きくして体積に対する表面積の割合を小さくし、嵩《かさ》で体温を保つという方法。中型サイズの動物はどちらもできないため、始新世のシーモア島にはアナウサギとヒツジのあいだのサイズの動物はいっさい棲んでいない[26]。

この先、困難は増すばかりで、長年続いた南極の豊かさにも終わりが近づいている。中央部の高山では、夏のあいだも山頂にはずっと雪が残っている。いまのところ寒さは標高の高い場所に限られているが、漸新世に入って地球が再び寒冷化するにつれ、氷が降りてきて大陸全体に広がり、ほぼすべての動植物を追いやることになる。その始まりは穏やかで、氷河が西南極半島の東側に流れ下り、ウェッデル海に寿命の短い氷山を産み落とす。

インドがアジアと衝突してヒマラヤ山脈が隆起しはじめ、露出したばかりの岩石が風化して二酸化炭素と反応し、地中に二酸化炭素が吸収されていく。二酸化炭素濃度の低下につれて氷床が拡大する。白くなった地表はより多くの太陽光を宇宙空間に反射して、地表に吸収される熱量を減らし、さらなる氷床の拡大を促す。気流と降水のパターンが変化し、海流が入れ替わり、気温が下がって、南極の多雨林に暮らす生物種が一つ一つ、本来の許容範囲から外れた暮らしを強いられる。広食性動物の滑距類ノティオロフォスですら生き延びられなくなる。生物種はそれぞれ限界を抱えているものだ[27]。

いつどこで南極の生物相が絶えたのか正確なところは分かっておらず、漸新世以降の記録も断片的だ。南極内陸部を目指して挫折した、人間による初期の探検と違って、日記もなければ、各生物種が死に絶えた日付と場所の記録もない。存在する記録も氷床の下の深いところに埋まっていて、ごく稀に地上に顔を出すだけだ。内陸のビアードモア氷河の近くでは鮮新世までナンキョクブナの灌木林が生き延びるが、始新世の青々とした植物の中で現代に至るまで生きつづけるのは、寒さに強い蘚類や地衣類、苔類《たいるい》〔平らに広がるゼニゴケなどのコケ類〕が何種かと、ナデシコおよびコメススキが一種ずつだけである。

オーストラリアと南アメリカ、アフリカのそれぞれ南岸に点在するナンキョクブナの森には、始新世の南極の縮図といえる生態区が残されているが、南極の多雨林の時代からは完全に様変わりしている。動物ではコウテイペンギンだけが、寄せ合い行動と非常に強い夫婦の絆、そして体温を維持するためのさまざまな特徴のおかげで、彼らとその近縁種が何千万年ものあいだ故郷と呼んできた土地に定住する最後の住民として、必死に踏ん張っている[28]。

初冬のシーモア島の空では、太陽が沈んでこれから三か月間昇ってこない。南極の風に乗って鳥たちが夜空を飛び回り、おそらく明るい星か、さもなければ地球中心部の鉄から湧き上がる磁場を使って方角を見定める[29]。空は天の南極を中心に回転しているように見え、数々の星座が夜空を移動し、傾いた地球が自転しながら季節を進める。地上では、星々のもとで起きているブロントルニスやアンタルクトドンが、霜の降りたばかりの地面をパリパリと音を立てながら歩いている。

6章

復活

Rebirth

暁新世の北アメリカ

Hell Creek, Montana, USA - Paleocene

アメリカ合衆国モンタナ州、
ヘルクリーク
暁新世——六六〇〇万年前

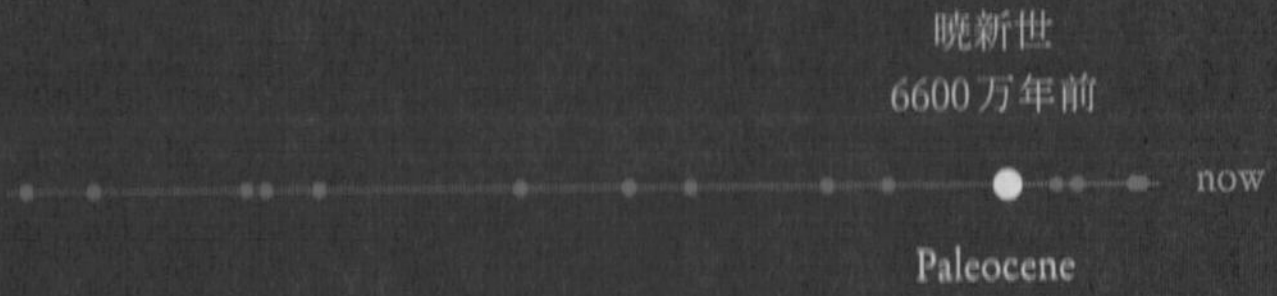

「次なる世界への扉として、
沼地は悪い選択肢ではない」
――ランサム・リグズ『ミス・ペレグリンと奇妙な子供たち』

*

「粉々になった星の破片
その破片から我が世界を作った」
――フリードリヒ・ニーチェ『ディオニュソス酔歌』（ジョン・ハリデイ訳）

世界は終わりを迎えた。二年前、さしわたし一〇キロメートルを超す石の塊が北の空高くに姿を現し、南西に秒速数千メートルで飛んでいった。そして成層圏を明るく照らした直後、現代のメキシコのユカタン半島、チクシュルブの浅い海に落下した。その衝撃で地殻が粉々に割れて融け、高温のマグマが空高く噴き上がった。冷たい空気の中で岩石のしずくが固化し、北アメリカの半分を超える一帯に三日間にわたって高温のガラス玉が弾丸のように降り注いだ。それに伴う急激な熱波で森が燃え上がって、世界中の高木種の三分の二が最後の一本まで死に絶え、遠くはニュージーランドでも森林が姿を消した。

地震波がこの惑星全体を揺さぶり、衝突地点から見て地球の反対側のインド洋では海嶺がいくつも裂けた。衝撃波によって周辺の陸上生態系は全滅し、巨大津波が海底を引っかき回した。高さ一〇〇メートルを超す津波が一時間もかけずにメキシコ湾を横切って、沿岸だけでなくはるか内陸まで水没させ、カリブ海周辺地域に築かれていた数々の生物群集を破壊した。北アメリカの一部を覆う浅い水路では、まるで浴槽のように定在波が前へ後へと跳ね回った。

隕石が開けた直径一〇〇キロメートルの穴の底では、衝突地点の直下に長いあいだ埋もれていた石油が瞬時に燃え上がった。その炎が大気中に撒き散らした煙と煤《すす》は、上空の風に乗って広がり、あっという間に地球全体を微粒子の毛布で包み込んだ。それから数か月間、降水量はかつての六分の一にまで減少した。

空が暗くなり、太陽の光が届かない中、植物や植物プランクトンはエネルギーの生産を止めた。いまもまだ復活してはいない。場所によっては気温が三℃から四℃以上も低下し、世界の陸上平均気温は氷点下にまで下がっている。二年間にわたって暗闇が続き、世界中で光合成が進まず、硝酸や硫酸を含んだ雨が海に流れ込んだ末に、数多くの生物群集が死に絶えた。暖かい気候に適応した生物種は生き延びられず、大型の植食動物や肉食動物も頼りの食糧供給を奪われて飢えていった。

分解者が幅を利かせ、日中もなお暗い空の下で真菌類が、死んでしまった、あるいは死につつある生物群集の残骸を分解している。地球上の生物種の四分の三が、雄も雌も、おとなもこどもも死んだ。この冬は一世代にわたって続く[1]。

火とともに生まれた時代、暁新世の始まりは、化石記録の中で、まるでケーブルテレビの録画映像が切り替わったときのように見える。何コマかノイズで激しく乱れたのちに映像が戻ると、すべてが以前と様変わりしている。隕石に高濃度で含まれる元素、イリジウムが、現代から六六〇〇万年前に堆積した世界中の岩石の中に層をなして積もっており、死の一撃を不思議な形で物語っている。煤のマントを発生させて絶滅の冬を引き起こすほどの大量の炭化水素を含んでいた地域は、地球全体のわずか八分の一だったと推定されているが、ちょうどそんな地域に小惑星が衝突するという悪運がすべてを一変させた。

イリジウムの層から数センチメートル下、この直前の時代には、恐竜の世界の痕跡が残されている。襟のある小さなレプトケラトプスや、頭がドーム状のパキケファロサウルス、歯のないオルニトミムスといった植食恐竜に加え、彼らを狩るティラノサウルスが闊歩《かっぽ》していた。地球史上最大の飛翔動物で、オーヴィルとウィルバーのライト兄弟が作った初期の飛行機よりも大きくて軽い翼竜、アズダルコが頭上を滑空していた。近くの海では巨大な水棲爬虫類が暴れ回っていた。

それに対してイリジウム層の数センチメートル上からは、根や塊茎、昆虫を食べていた小型から中型の雑多な哺乳類が見つかる。それと並んで何種かのワニと、おそらくカメも一種棲んでいる。植物や哺乳類の四分の三近く、およびいくつかのグループの鳥類を除くすべての恐竜は滅んでおり、代わりに新たな生物が暮らしている。

この変化は信じられないほど急激で、その解明に向けた初期の科学的取り組みはことごとく挫折した。そもそも暁新世の存在が認められるまでにも、一〇〇年以上におよぶ地質学研究を要した。最終的に始新世の前に、主竜類（翼竜、恐竜、およびワニの親戚）の支配する世界と、初期のウマや霊長類、食肉類の世界とをつなぐ中間段階として、暁新世が挿入されることとなった[2]。

一九二二年にH・G・ウェルズが次のように記している。「ここでは生命史のあらましにすら、いまだに一枚のベールが掛かっている。そのベールを再び持ち上げると、爬虫類の時代は終わっている。……いまや新しい場面、より辛抱強い新たな植物相、そしてこの世界を手に入れた、より辛抱強い新たな動物相が見られる[3]」。それらの辛抱強い新たな動植物と出合って、彼らがいかにして地球を受け継いだのかを理解するには、あの破壊的な衝突から時間的にも空間的にももう少し距離を取る必要がある。世界が終わったあとに行ける場所は一つしかない。

川を渡って地獄《ヘル》に行くしかないのだ。

シダ類という開拓者

小惑星の衝突から三万年後の大気には、シダと沼地の発する、単なる匂いというにはあまりにも強烈で、湿っぽいと同時に気分を高揚させる、間違えようのない雰囲気が満ちている。地面はまるで膿《うみ》のように湿っている。熱帯の嵐が襲うと、雨は単に降りそそぐだけでなく、環境の隅々にまで染みわたってずぶ濡れにする。西のほうにそびえる遠くの丘では、緑の上に油絵の具で灰色をさっと塗ったような一角に生命は見られない。またもや雨が地滑りを引き起こして、芽生えたばかりの新しい世代の木々をなぎ倒してしまったのだ。その丘はまるで希望を捨てて徐々に海に沈んでいくかのようだ。

ここは西部内陸海路の西岸。北アメリカ中央部の標高の低い一帯が水没した浅く温かい海で、この大陸を二つのもっと小さい陸塊に引き裂いている。西のララミディアはのちのロッキー山脈一帯からなり、東のアパラチアはフロリダからテネシーを経てカナダのノヴァスコシアにまで至るすべての陸地からなる。

数百万年前からこの海は後退を続けていて、ララミディアとアパラチアが北の端でつながろうとしている。それでも北アメリカ大陸はいまだにこの浅く豊かな海でほぼ分断されたままだ。ララミディア東海岸の平地にはかつて穏やかに曲がりくねる河川系があって、そのへりには、現代になってヘルクリークと名付けられた、巨大な獣の棲む高木の森が広がっていた。

世界が暗闇に包まれたあの日、赤熱したガラスの雨が降るとともに、すさまじい熱風、赤外線の巨大な波が南から押し寄せてきた。森は焼かれ、ここに生える大型植物種の五分の四近くが永遠に姿を消した。土壌を保持する役割を果たしていた深く張った根は、地上部分が燃えかすや灰になったことで、もはや持ちこたえられなくなった。

丘を包み込んだり、川から大量の水を吸い上げたりする木々が失われたいまでは、嵐によって土壌に水が染みわたり、大地の永遠の設計者である水が丘を削って平原へと変えている。目の詰まった基岩には水が浸透しないため、地下水位が上昇している。川が沼地や、泥炭のぬかるみ、堰《せ》き止められた湖に変わっている。その周辺に点在する高台では、生き残った高木種が避難地《レフュジア》から広がりはじめて、いまでは疎林を作っており、そのあいだを黒ずんだ溜まり水の水路が縫うように走っている[4]。

まるで地球上の生命がリセットされたかのようだ。地衣類や藻類、苔類《たいるい》、そしてとりわけシダ類が新たな大地に広がって、植物の初期の進化を再び繰り返す。世界はこの状況を受けて、養う生き物たちを新たに選びなおす。災害後に最初に現れるのは日和見《ひよりみ》主義者で、植物の中でもシダ類がその代表格だ。栄養分の乏しい土壌にしがみついてあっという間に生長し、幅広い環境に対応できる胞子を出芽させて、ほかの植物が育たない場所で繁栄する。

世界中でシダ類の群集が急増している。風で飛ばされた一個一個の特徴的な胞子が、新たな土地への割安な投資として、荒れ果てた大地に足がかりを築き、ほかの植物が苦しむのを横目にあっという間に勝利を奪っていった。災害生物群、または先駆種と呼ばれる彼らは、世界がもっと棲みやすい場所になるように環境を変える。ときには環境を後押しして、たとえば土壌をもっと肥沃《ひよく》にしたり、適応度の低い生物種が繁栄できるような条件を生み出したりすることもある。

あるいは、成功した生物種がもっと積極的に競争を繰り広げ、速く生長するだけの種がその利点を手っ取り早く活かして資源を独り占めすることもある。そのような種はしばらくのあいだはほかの種を排除するが、いずれは、もっとゆっくり生長してリスクを避ける種に競争で敗れて死に絶える。手段はどうあれ、このようにさまざまな生物種がバトンをつないでいくことで、最終的には生態系がかつての多様性を取り戻す。

シダ類は短期間で急増し、進化上のリスクを取る者としてこれから一〇〇〇年単位で繁栄しては衰退するが、大量絶滅前の生物多様性が復活するまでにはまだ一〇〇万年近い歳月を要することとなる。地質学では時間と長さは分かちがたく絡み合っていて、岩石記録の中に見られるシダ類の大繁栄は、胞子と粘土の層としてわずか一センチメートルしか続いていない[3]。

小さな斜面の麓《ふもと》からは、シダ類の生い茂る沼地が何キロメートルも広がっているようだが、ここの比較的高い一帯はほかの植物の避難地でもある。ヌマスギの一種、オウシュウイヌスギ（グリプトストロブス・エウロパエウス）がぬかるみの縁をかたどって、ウキクサに覆われた深さ五〇センチメートルほどの水中からプールの監視員のように立ち、X脚のような根を水面からせり上げて呼吸している。

陸地ではひょろりとした若い矮小《わいしょう》種のセコイア、メタセコイア・オッキデンタリスが空に向かって伸びている。ここに生える高木のほとんどは、ヤマナラシやポプラの親戚で誇らしげに直立するポプルス・ネブラスケンシス。そのあいだには、ジャックフルーツやプラタナスの祖先であるアルトカルプス・レッシギアナが林立していて、そのアヒルの足のような形をした葉はこの気候に不思議と合っているように見える。

その葉からはこの一帯の様子をかなり多く読み取れる。養分確保と呼吸のための主要器官である葉は、肺と腸を一つにまとめたようなもので、植物体の先端に付いていて傷つきやすい。そのためさまざまな困難に見舞われる。周囲が乾燥しすぎていると、気孔から水分があっという間に空気中に逃げてしまう。C_4光合成が進化して多肉植物が誕生する以前でも、この問題に立ち向かう方法はいくつかある。たとえば葉の枚数を減らすか、または葉を小さくする。あるいは、葉から分泌されるワックスを濃くして層を分厚くし、水分の蒸発を防ぐ。

雨の多い環境では、水が溜まって葉が破れたり真菌類に感染しやすくなったりするため、葉は適応して、雨水を流すための樋《とい》を備え、その先端には、葉を破らずに水を流し出すための、水差しのような注ぎ口、「ドリップチップ」が付いている。ドリップチップを持った葉の割合を測定すれば、その土地の降水量を比較的よく推測できる。ポプルス・ネブラスケンシスはドリップチップが一つで、葉自体が雨粒のような形をしている。プラタナスの一種、プラタヌス・ライノルドシイは、葉一枚あたりドリップチップが三つだ。

まるで終了時刻を守るかのように雨が突然弱まり、木々はほっとした様子で、雨の重みから解放された枝を高くそよがせる。雨水は垂れつづけており、耐水性のワックスの一部が水とともに流れ下って土にしみ込む。葉の化学組成に応じて、そこからしたたり落ちるワックスの種類が異なるため、土の中にはかってそこに影を落としていた植物の手掛かりが残る。

球果を付ける植物よりも花を付ける植物のほうがワックスを大量に生成し、どちらのワックス分子も蘚類《せんるい》のワックス分子より長い。もっと雨の少ない環境ではワックス分子がさらに長く、乾燥した空気に水分が奪われるのを防ぐ。土壌が固まって岩石に変化してもワックスの化学組成は保たれるため、そこからかつて生育していた植物をある程度知ることができる。枯れて基岩の中に取り込まれてからも、その化学物質のまだら模様の影は長いあいだ残るのだ[8]。

命をつないだ哺乳類

湿地に浮かぶこの島を利用しているのは植物だけではない。小さな獣メソドゥマがこの生態系を支配していて、ここの生物群集の四分の三近くを占めている。前歯が長くて顎が四角く、這うように動くため、一見したところアカネズミと間違えそうだが、実は齧歯類《げっしるい》ではない。口の奥に、現代のどの哺乳類とも異なる歯が生えている。その巨大化した小臼歯は丸鋸《まるのこ》が歯茎に半分埋まったような形をしていて、まさに丸鋸のような役割を果たしている。そののこぎり状の切れ込みは波形の溝になって歯肉線のところまで伸びており、その構造ゆえこの丸い刃は木《もく》質《しつ》茎を噛み砕くのにおあつらえだ。メソドゥマを含む多丘歯類は、ジュラ紀から多様化してきた動物群の一つで、ほとんどはハツカネズミほどの大きさ、種子を食べる者から果実や植物の茎を食べる者まで、また穴を掘る者から木に登る者まで幅広い[9]。

白亜紀から知られている哺乳類のグループのうち、暁新世まで生き延びたものは多くないし、いっさい痛手をこうむっていないものは一つもない。南半球では、現代のカモノハシやハリモグラを含む単孔類がかろうじて生き残っているが、彼らはいわば進化耐久レースの選手だ。数は多くないかもしれないが、けっして多様化もしなければ繁栄もせずに現代まで何とか持ちこたえ、化石記録の中には見られないながらもつねに存在しつづける。

　有袋類の祖先で育児嚢《のう》を持った後獣類は、かつて北アメリカ一帯で繁栄していたが、いまではわずか数種しか生き残っていない。いずれは彼らも南方に分布が限られることとなる。このほかに、食虫性の変わった哺乳類のグループが二つ生き残っているようだ。三角形の鋭い大臼歯と踵《かかと》に距状突起を持った、雑多な相称歯類と、棘のないハリネズミのような姿のドリオレステス類である。相称歯類の中で唯一生き延びているのが、クロノベラテス（「時をさまよう者」）という名前のもので、中生代の動物群の中から一種だけ暁新世後期にぽつんと姿を現しており、地質学的記録の中では場違いに見える。

　イヌくらいの大きさのドリオレステス類、ペリグロテリウム（「怠けた獣」）は、暁新世初期のパタゴニアで見つかっていて、同じくドリオレステス類のネクロレステス（「墓掘り」）は、地域は同じだがもっとのちの中新世に見つかる。モグラのように鼻先が敏感で巣穴を掘るネクロレステスは、きわめて特殊化していて、どのグループに属するのかまだ確定していないが、ペリグロテリウムのほうは有胎盤哺乳類であると考える人もいる。

　どちらの種も、ドリオレステス類とみなすには四〇〇〇万年近い失われた進化史を埋める必要があり、それは確かに大きな隔たりだが、けっして埋められないほどではない。おそらく単孔類と同じく、生き延びてはいたが、生態的特徴のせいで保存されなかったのだろう[10]。

保存に関して言うと、環境にはすべて違いがある。博物館級の標本になるためには、死骸が腐敗しないうちに堆積物に覆われ、侵食や変成を免れるとともに、鑿《のみ》や錐《きり》の届かないような深さに埋められるのを避けなければならない。その点でヘルクリークの哺乳類は鳥類よりも有利である。歯を持っているからだ。エナメル質の保護層に覆われた歯は物理的にも化学的にも骨より硬く、はるかに大きな割合で保存される。

哺乳類の歯、とくに大臼歯には、咬頭《こうとう》やくぼみが特徴的なパターンで並んでいて、さまざまなタイプの隆起がそのあいだをつないだり隔てたり、周囲を取り囲んだりしている。下の大臼歯一本だけの形からでも正確に種を同定できるが、歯を使って生物種どうしの関係性を導き出すのはそこまで容易ではない。似たような餌に対する収斂《しゅうれん》適応によって、その系統に引き継がれてきた特徴がある程度上書きされてしまうからだ[11]。

有胎盤類の夜明け

多くの科や属や種にとって、暁新世は終わりではなく始まりである。世界中で復活が始まっている。そこでは必然的に、生き残った数少ない系統が多様化して、一つの種が目《もく》となり、まったく新たな生物群が出現する。硬骨魚やトカゲ、有袋類や多くのタイプの鳥類が、ニッチが空席になって機が熟した世界で多様化しはじめている[12]。

我々ヒトは、ヴィクトリア朝時代の尊大な言い回しで「真の獣」、すなわち真獣類に属する。我々に近縁である真獣類が白亜紀に多様化して、大量絶滅を生き延びたのだ。祖先は哺乳類の多くのグループと同じく食虫性で、その子孫が有胎盤哺乳類となった。白亜紀には北半球に数多くの種が棲んでいた上に、暁新世のいまでは、すでにほかの陸塊と同じくらい離れた島大陸インドでも見つかっている。

このように広く分布していながらも、真獣類の科の半数以上は完全に姿を消している。ある程度の歳月を生き延びたのは真獣類の中でも三つのグループだけだ。捕食動物が大部分を占めるキモレステス類、トビネズミに似たレプティクティス類、そして有胎盤類である。有胎盤類のうちいくつの系統が生き延びて子孫を残したのか、正確なところは分かっていないが、おおかたの研究者は一〇系統前後だと推測している。

また、大量絶滅以前には有胎盤類が一例も見つかっていないため、生き残った有胎盤類の系統がどのような形態だったのかも直接は分かっていない。時代をさかのぼって推測すると、小型で夜行性、食虫性だったとみられる。化石記録の中で有胎盤類はこれ以降の時代にしか見つからない。大激変直後のいまの時代が彼らの夜明けなのだ。

細い小川のほとりでは、シダの草むらがガサガサと音を立てて分かれ、円形のクモの巣がちぎれて、ネコくらいの大きさのほっそりした動物が三頭の子ネコを引き連れて姿を現し、水を飲みはじめる。子ウシと呼んだほうが良いのかもしれないが、判断は難しい。ウシやイヌ、サルやネコについて語るのはまだ意味がない。これらのグループはいずれもまだ存在していないが、チクシュルブ衝突による破壊から復活しつつあるこの世界で、この地域、あるいは少なくともこの時代にこの動物は誕生した。最古の有胎盤類の一つだ。

遠い過去には名前などに意味はなく、これらのグループが分かれはじめたこの時代の共通祖先のこどもの呼び方を我々の言語は持っていない。広く分布していたが大災害によって分断された動物群集、その残った群れがどこかで生きていて、生命樹の枝の上で互いに出合うことは二度とない。あの二頭のこどものバイオコノドンは兄妹だが、成長するとおそらく一方は新たな環境へと移住していく。彼らのこどもたちが出合うことはけっしてなく、それらの群集はけっして混じり合わない。

思わせぶりに言うなら、この二頭はそれぞれコウモリとウマの祖先かもしれない[*6]。コウモリとウマの系統をさかのぼっていくと、どこかの時点で祖先の群集へと合流する。有胎盤類のほとんどの目《もく》にとって、暁新世は発祥の時代なのだ[14]。

バイオコノドンなどこの時代の謎めいた哺乳類の多くが、哺乳類の系統樹のどこに当てはまるかは、明らかになっていない。この広い沼地に分け入ってその毛をまとめて引き抜き、ある程度の量のＤＮＡを抽出できれば、多くの古生物学者の夢が叶うだろう。しかし六六〇〇万年という歳月はあまりにも遠すぎて、バイオコノドンはきっと驚いて逃げてしまうだろう[15]。

いまのところは観察だけで満足して、いつかもっと良い証拠が得られることを期待するほかない。彼らの形態にはあまりにも特徴がなく、現生の多くの目《もく》と似ていながら明らかに異なるため、自信を持って分類することはできない。顔の見た目は獅子鼻の巨大ハリネズミか、マングースに近いマダガスカル島のフォッサに似ているが、それではのちの時代のグループにむりやり当てはめたことになってしまう。

言うならば、バイオコノドンは特殊化していない有胎盤類の原型であって、その生きた粘土の塊を伸ばしたりつまんだりちぎったりしてすべての有胎盤類が作られる。暁新世の哺乳類の多くの科に関しては、それはある程度真実だ。分類しようのないそれらの初期の哺乳類は、いまでは、剝がれかけた茶色のラベルの貼られた博物館の陳列棚に収められて、「顆節類《かせつ》」というごみ箱分類群にひとまとめに投げ込まれている。そのごった混ぜの中でバイオコノドンは、いわばそのごみ箱そのものに相当するアルクトキオン科（「クマにもイヌにも似ている」）に分類されている。[16]

彼らの祖先は食虫性だったが、昆虫の硬い外骨格を分解するのに必要な酵素をコードする、

＊6　「思わせぶりに」と言ったのは、生物種はもちろん、個体でなく個体群に由来するからだ。しかしその個体群の中で二頭のきょうだいが、それぞれ種分化の別々の側、互いに異なる遺伝子プールに置かれれば、彼らの生き別れが数多い系統分岐の一つとなるだろう。コウモリとウマについて言うと、これらは驚くほど近縁で、どちらも有胎盤類の中のローラシア獣類に含まれる。研究者の中には、コウモリ類と奇蹄類（ウマを含む）、食肉類を一つの緊密なグループにまとめて、ペガサス野獣類（ペガソフェラエ、「翼の生えた獰猛なウマ」）という愉快な名前を付けている者もいるが、ローラシア獣類の中の関係性を特定するのは恐ろしく難しい。バイオコノドンなどの動物は有胎盤類やローラシア獣類の放散の基点近くに位置するが、ある生物種が別のある生物種の直接の祖先であると断言するのは時代遅れだし賢明でもない。

バイオコノドンの一種

細胞の奥深くに位置する遺伝子は、スイッチがオフになっている。昆虫食に適応している動物であっても、競争を避けて、どんなに挑戦的であろうが、植物などもっと数の少ない新たな餌を試してみるほうが簡単かもしれない。昆虫を消化する酵素を使わなくなったら、それを持ちつづけるメリットはもはやない。

　キチン分解酵素を合成するための指令が親から子に伝えられる際に、それをチェックするメカニズムが働かず、進化版の伝言ゲームの中で、そこに含まれる情報は徐々に使い物にならなくなっていく。それらの遺伝子の名残はヒトやウマ、イヌやネコにも見られるが、興味深いことに、その遺伝子にぼんやりと記憶されている、昆虫を食べていた過去は、それぞれ独立に失われたらしい[17]。

　バイオコノドンのそばを一頭のメソドゥマが駆け抜けて、ヤマナラシの枝をリスのように登り、餌を探す。木質のつる植物を伝って頭を下にして降り、コウモリカズラ（コックルス・ノラベッラ）の短剣のような葉のあいだにぶら下がった黒っぽいベリーは食べようとしない。つる植物の下に身を隠す、大型の攻撃的なトガリネズミに似たもう少し大柄の動物、プロケルベルスが、警戒の声を上げて植物のあいだをちょこまかと走り回り、隠れ場所を探す。コウモリカズラの果実はメソドゥマにとって良い餌にはならない。あっという間に生長して大きな木の幹を這い上り、高さを生かして太陽光を浴びるため、果実を豊富に実らせるが、その種子本体には毒がある。その神経毒は哺乳類を麻痺させるが、鳥類にはあまり効かず、植物のほうもその耐性を利用して種子をばら撒いてもらう。

この疎林に暮らす鳥は、ウズラやシギダチョウのように地上で暮らしている。樹上で暮らす鳥にとって森林火災はまさに壊滅的だ。各科の鳥の中で何とか生き延びられるのは、地上に巣を作る者だけだろう。骨が脆《もろ》いせいで化石記録はさまざまな意味で断片的だが、暁新世から知られている最古の鳥はこの説と合致する。いずれも石で巣を作る海鳥で、西部内陸海路からアパラチアを越えた先の大西洋西岸に棲んでいる。[18]

生き残った者、生き残れなかった者

あまりにも多くの生物が絶滅する中で、樹上性のメソドゥマやプロケルベルスなど、有胎盤類の最古の仲間が生き延びられた理由は何か、それは誰にも断言できない。彼らの生活史の何らかの特徴が有効に働いたのかもしれない。小型の動物のほうが少ない食糧で生き延び、シダ類のようにあっという間に繁殖してたくさんの子を産めるし、予想のつかない環境の中では手当たり次第の方法のほうが成果を上げそうだ。若いうちに繁殖するのは適応にも有利で、各個体は短い年月だけ生き延びられれば集団内で何度も自分の子孫を残せる。

温度変化が比較的小さい穴の中で暮らしていれば、焼けつくような熱や降下物、隕石の衝突による冬のいずれからも身を守ることができて、多くの動物の生存にほぼ間違いなく寄与しただろう。ネヴァダ砂漠で盛んに核実験がおこなわれていた一九六〇年代、カンガルーネズミは最大で深さ五〇センチメートルしかない巣穴の中でも十分に身を守ることができ、核爆発をよそに生き延びて繁栄したのだった。[19]

水中生活でもおそらく身を守ることができ、カメや、サンショウウオなどの両生類も比較的うまく生き延びたが、それでもワニの親戚を含む海棲爬虫類など何種もの水棲動物が絶滅したか、または多様性をほぼ完全に失った。現代に残るワニの多様性は、白亜紀と比べて著しく低い。

白亜紀のワニは、けっして半水棲の待ち伏せ捕食者ばかりではなかった。たとえばタンザニアのパカスクスはネコのようにすばしこかったし、タラットスクス類は完全海棲で、フリッパーとサメのような尾びれを持っていた。マダガスカル島に暮らしていた植食性のシモスクスは、身体はイグアナくらいの大きさしかなく、歯が三股に分かれていてキツネのような鼻を持ち、穴を掘って暮らしていたが、その有利なライフスタイルにもかかわらず生き延びられなかった。生活史は非常に重要で、隕石衝突による一見無差別な殺戮《さつりく》ですら、その影響は生き方によってそれぞれ異なるのだ[20]。

場合によっては、数が多いだけでも十分だ。大量絶滅前、ヘルクリーク一帯の川には少なくとも一二種のサンショウウオが棲んでいた。そのうち生き残ったのはわずか四種で、その四種は大量絶滅前のサンショウウオの群集の最大九五%を占めていた。数が多かったことで、群集の激減から立ち直ることができたのだ。暁新世のいまもヘルクリークの水中にはゼラチン状の卵塊が漂っているが、それはほぼすべて一つの種のものである。

澄んでいるが酸素に乏しい水の中に多く暮らしているのは、えらがあるが空気を呼吸することもできる、アミア〔現代まで生き延びている淡水魚の一種〕など水底に棲む魚や、泥の中に潜って二枚貝を食べる、スローライフを送るサカタザメだ。淡水カメも丸太の上で身体を高く持ち上げている。別の場所では、チャンプソサウルスという捕食性のトカゲや、アリゲーターに似た大形のワニ類が、たいてい水中に潜んでは魚を捕まえている。白亜紀後期に生きていたワニ形類のうち世界中で生き残っているのは、幅広い塩分濃度に適応していて、海水と淡水の出合う汽水域の中や周辺に棲んでいる者たちである。ここでも融通さが生き延びることにつながるのだ[21]。

ウキクサのマットが敷きつめられた水面では、水生植物クエレウクシアの重なり合う丸い浮葉が穏やかに揺れ動きながら、芽を出したり花を開かせたりしようとしている。イトトンボが水面から翅と同じくらいの高さをぎこちなく飛んでいる。木々のあいだに半分身を隠しているのは、完全に植食を専門とするミマトゥタだ。長期にわたり懐胎するという有胎盤類の戦略を取り入れたもう一つの哺乳類で、大きさはフォックステリアほど、沼地からさまよい出て、地面から顔を出したショウガの根をかじっている。身体の大きさのわりに尾が長くて腹が地面に近く、首から後ろは小型のアナグマに似ていなくもなく、若干身をかがめてずんぐりしている。しかし頭はアナグマよりも丸く膨らんでいて、顎はバイオコノドンよりも長く、ものを咀嚼《そしゃく》するのに適している。

このミマトゥタを含むペリプティクス類は、このように植食生活に適応しつつある。身体を大きくするとともに、イノシシのように、森の地中深くにあるおいしい根を噛みつぶすのに理想的な、丸っこい歯を進化させている最中だ。顔には感覚毛と呼ばれるほおひげがびっしりと生えていて、それを使って下生えの中の餌を感じ取る[22]。

恐竜が姿を消したいまでは、ミマトゥタのような新たに大型化した有胎盤哺乳類が陸上最大の動物である。ミマトゥタはいわば革新者であり、トリケラトプスやパキケファロサウルスとの競争から解放された植物を食糧にしている。ショウガは動物を遠ざけるために辛味を持っているが、ミマトゥタはかまわず噛みつぶす。甲虫の幼虫も同じだ。

近くにあるゲッケイジュの葉には薄い色の線が一見でたらめに何本も走っていて、一見したところカタツムリの這った跡のようだが、よく見ると葉の内部にある。その小さなトンネルは、中に掘り進んで葉の組織を餌にする小さな幼虫の存在を示している。葉の薄い表皮は透明で、中で何がおこなわれているかを覗くことができ、幼虫は細い穴の中をくねくねと進みながら前後に頭を動かしている。絹のような毛を持ったヒロズコガの幼虫、いわゆる葉むぐりだ。葉の表面で孵《かえ》った幼虫は、四回脱皮すると葉に穴を開けて中に入る。そしてしばらく葉の内部で過ごし、さなぎになる準備が整うと絹糸で身体を包み、翅を持った小さな成虫となって外に出てくる。[23]

昆虫は化石記録にうまく残らない。小さすぎて塵のように飛ばされてしまうため、非常に細かい堆積物の中以外では保存されない。ヘルクリークでは河川系や湿地の土壌の粒子が粗すぎて昆虫は保存されないが、空気の絶たれた深みには、ぬかるみの底に沈んだ問題の葉が保存されている。それとともに、あのちっぽけな寄生者の活動の跡である、試しに掘った穴、葉脈のあいだを走るトンネル、虫こぶ、突き刺して吸った傷跡も残されている。

どのタイプの植物も攻撃を免れることはできず、ソテツやイチョウ、球果植物やシダ類の何千枚もの葉、さらにはクエレウクシアの浮葉までもが被害を受けている。半円形の特徴的な噛み跡があちこちにあり、ヘルクリークのチョウやガの存在を物語る唯一の証拠として、これから先、数々の地質学的破壊をかいくぐることになる。

しかし大量絶滅では脊椎動物だけが死んだわけではない。昆虫もまた、数が多いながらもかつてほど多様ではない。生き方のタイプ、いわゆる生態型の数は少なくなっている。宿主である植物が絶滅すると、それに寄生する幼虫は餌が取れずに後を追う。特殊化した昆虫の八五％が姿を消し、生き残ったのは広食性のものだけだ。ショウガの葉を餌にする甲虫の幼虫は好き嫌いが激しくないので、いまもここにいる。ゲッケイジュが生きているからこそヒロズコガも生き残っている。[24]

世界は終わらなかった

生態系という複雑なゲームの中では、どのプレイヤーも、すべてではないがほかのいくつかのプレイヤーとつながっていて、食物網だけでなく、競争、誰がどこに棲むか、日向と日陰、そして種内での揉め事をめぐりネットワークを形作っている。絶滅はこのネットワークの中を急激に広がり、プレイヤーどうしのつながりを断ち切って一体性を脅かす。

一本の糸が切れるとネットワークはぐらついて形を変えるが、それでも持ちこたえる。別の糸が切れてもまだ持ちこたえる。長い年月で見ると、生物種が適応するにつれてネットワークが修復され、新たな平衡状態に達して新たな関係性が築かれる。しかし一度に何本もの糸が切れると、ネットワークが崩壊して風前の灯火となり、世界はわずかに残されたもので何とかするしかなくなる。

そのため大量絶滅後には大転換が起こり、新たな生物種が現れてネットワークが自己修復されるのだ。

ミマトゥタやバイオコノドンが正確にどこで誕生したのかは完全には明らかになっていない。白亜紀後期にはその明らかな祖先は見られない。単にあまりにも急速に進化しすぎたせいで、化石記録の時間分解能では追跡できないだけなのか？　それとも、化石記録に残らなかったどこか別の場所からやって来て、すでに雑食性のニッチに半ば近づいていたものの、地質学的な空間と時間の中で散在的にしか環境が保存されなかったせいで、見つからなくなってしまっているのか？　白亜紀のどこかの発祥地でカメラに写らずに互いに袂《たもと》を分かち、地勢的にも生態的にも生息地を広げるチャンスが生まれてから、ようやくはっきりと姿を現しただけなのだろうか？

これらの謎めいた獣に関しては答えの出ていない疑問で、同じように確実に答えるのが難しい疑問はほかにも数多くある。それはまるで、生き物が死ぬと忘却の川を渡って、祖先の記憶が時間の流れで消されてしまうようなものだ。

ヘルクリークを含め暁新世初期の世界中の哺乳類は、ずっと神話さながらの魅力を放ってきた。水辺をうろつくバイオコノドンは、もともとラグナロクと呼ばれていた。この名前は北欧神話に出てくる世界の終末から取られている。三人の老婆が運命の機《はた》織り機を絶えず動かして、この世界を紡いではばらばらにするということをずっと繰り返しているという話だ[25]。

もっと最近の神話から名前が取られている生き物もいる。暁新世初期の哺乳類に、エアレンディル・ウンドミエルという名前のものがある。エアレンディルとは、J・R・R・トールキンの描くアルダの神話の中に登場する、来たる喜びを告げる朝の星となった航海者のことだ。そのもととなったアングロサクソンの詩では、この情景によって、キリストの誕生を伝える洗礼者ヨハネが表現されている。気まぐれな分類のせいで、エアレンディル・ウンドミエルと呼ばれていた種はいまでは、ここに棲むミマトゥタに近縁でおそらく子孫であるミマトゥタ属の一種とみなされている。ミマトゥタという名前自体はトールキンの描くエルフの使うシンダール語を語源としていて、意味は「夜明けの宝石」である。

これらの生物種に朝を連想させる名前が付けられたのには理由がある。暁新世初期のペリプティクス類やアルクトキオン類が現代まで続く子孫を残しているかどうかは定かでないが、彼らは哺乳類時代の生態学的な先駆者で、彼らに続いてのちにいくつもの哺乳類群が繁栄することとなる。振り返ってみれば、これらの哺乳類がその後の開拓の先駆けとして生理学的な限界を押し広げ、最終的にコウモリやクジラ、アルマジロやゾウの奇妙な形を生み出したのだと見ることができる[26]。

いまだ世界は征服されておらず、傷ついた生態網も修復されてはいない。現代に至るまで恐竜のほうが数が多いままだが（いまでも鳥類の種の数は哺乳類の二倍だ）、のちに食物連鎖の頂点におおむね座ることになるのは哺乳類である。哺乳類の歴史の中で暁新世のちょうどいま、彼らは種の数においても形態の違いにおいても、多様性の新たな高みに登りはじめている。我々にとってペリプティクス類とアルクトキオン類は、この新たな哺乳類の動物相の一部だ[25]。

チクシュルブ隕石の衝突の瞬間、霊長類やヒヨケザル、ツパイやアナウサギ、齧歯類は、まだ多様化していなかった。すべて、一つ、またはもしかしたら二つか三つの共通祖先種にまとまっていた。我々の祖先もその中にいて、彼らの遺伝コードの中には霊長類のエッセンスが含まれている。サイの親戚で史上最大の陸上哺乳類である体重一七トンのパラケラテリウムの祖先もその中にいるし、その同じ個体の子孫はのちに小型化して、最小の哺乳類であるキティブタバナコウモリとして空を飛ぶことになる。形態の幅が急速に広がって、哺乳類としてのさまざまな可能性を模索し、最終的に現代知られている数々のグループへと特殊化することになる。「汝の子孫は地上の隅々に、さらにその先に達するであろう」。まるで聖書の教えのようだ[26]。

しかしあまりにも先取りしすぎると目的論に陥ってしまう。ヘルクリークの世界は、我々が現代と呼ぶぼんやりとした未来には左右されていない。ここに棲む多くの生物種はそのような血統上の成功を収めることはない。プロケルベルスを含むキモレステス類は新たなニッチへ移動して多様化し、さらに三〇〇〇万年生き延びるが、やはり絶滅する。最後に残ったのは、漸新世初期のヨーロッパに棲んでいた、カワウソのような姿の半水棲の何種かである。メソドゥマなどの多丘歯類も、暁新世のいまは北アメリカ一帯を支配しているが、始新世後期までしか続かず、最後に北極圏に残ったエクティポドゥス属も、一億二〇〇〇万年にわたって存在しつづけた末に永遠に姿を消すこととなる。

生命に絶滅はつきものだが、大量絶滅となると稀にしか起こらず、定着した目《もく》がこれほど急速に姿を消すこともめったにない。暁新世のいま、多丘歯類やキモレステス類、ペリプティクス類はいずれも、この破壊された地球、衝撃的な偶然の出来事と急激な気候変動によって生物多様性が破壊されたこの世界を切り拓く、哺乳類のグループの一部だ。地球の自然のサイクルが完全に復活するにはあと何百万年もかかることとなる[29]。

すでに復活は始まっている。小惑星の衝突地点にすら、生命が戻ってきて豊かな生態系を築いている。のちにコロラド州となる地域、延々と同じ風景が続くこの海岸の南端にある、コラル・ブラフスと呼ばれる化石産出地には、その後の地球復活の様子が詳細に記録されている。ヘルクリークのような最初期の生物群集では、シダ類の支配する光景が広がっていて、数少ない災害生物群が生物の大多数を占めている。

しかし大量絶滅から一〇万年のうちに、哺乳類の種の数が二倍になる。三〇万年のあいだにニッチの特殊化が起こりはじめ、暁新世の頑強な新しい動物相とともに、シダ類やヤシと並ぶ新たなタイプの植物が生態系の重要な部分を占めていく。まもなくしてクルミ類の最初の高木や最初のマメが出現し、栄養豊富なそれらの種子は、植食哺乳類に、少し前の祖先がもっぱら昆虫から摂取していたたんぱく質を提供することとなる。温暖な気候が戻り、それとともに世界中の森林がもう一度息を吹き返すこととなる[30]。

北欧のラグナロクの神話も希望に満ちている。世界は火の悪魔スルトによって焼き尽くされ、神々がほぼ死に絶えるが、それでも世界は終わらない。すべての世界を結ぶトネリコの巨木、ユグドラシルのもとから光が射す。そして、生き残った二人の男女リーヴとリーヴスラシル（それぞれ「命」と「肉体の命」という意味）が、地下の隠れ処から姿を現す。新たな時代が始まり、新たな神々、新たな世界が生まれる。死の後には生が訪れ、絶滅の後には種分化が起こる。ララミディアの沼地では、あのクモが新たな糸をなびかせる。ミマトゥタは咲いたばかりの花をのんびりと食《は》む。春が来た。

7章

信号

Signals

白亜紀初期の地球

Yixian, Liaoning, China - Cretaceous

中国遼寧省、義県

白亜紀——一億二五〇〇万年前

「花々だけが我々を飾るもの、
歌だけが我々の苦しみを地上の喜びへと変える」
——ネサワルコヨトル

*

「雪に隠されたものは雪解けで姿を現す」
——スウェーデンのことわざ

遼《りょう》寧省《ねいしょう》の湖沼地帯、

噴火を続ける山々の近くで、暗い夜が白むとともに金色のさざ波が広がる。広い水面の向こう、狭い砂地で、早起きの翼竜がゆっくりと頭を下げ、そのハゲワシのような髪が滑らかな水面に映る。針のような歯をずらりと生やした口が澄みきった水と接して中に潜り、鏡のような水面にうねりを起こす。小さなエビがその歯に絡め取られて、夜のように冷たい湖から引き上げられる。空気が徐々に暖かくなる中、夜が明けるとともにコオロギの鳴き声が小さくなり、眠っていた森がにぎやかな市場へと一変する。

白亜紀前期のすがすがしい春の日、カラスほどの大きさの飛翔爬虫類、クテノカスマ類（「櫛《くし》のような顎」）の一種であるこの翼竜は、やるべきことに集中するあまり、見てくれなど気にしていない。混み合う前に湖岸にたどり着こうと、朝早くにやって来た。このベイピアオプテルスは、クテノカスマ類の例に漏れず、現代のフラミンゴのくちばしやヒゲクジラのひげとほぼ同じように、その櫛のような歯をふるいとして使って餌を濾し取る。四肢で水辺に立ち、両方の翼をしっかりと折りたたんで、邪魔にならないよう、そして薄い飛膜から体温が奪われないようにしている。

鳥と比べて頭が大きく、鼻面が長く、胴体に比べて一見不釣り合いで、それがかなり長い首の上に載っており、そもそも水の上に浮かぶことはほとんどない。泳ぎはうまく、餌はほとんど水中から取るが、頭が重すぎてアヒルのように優雅に水面を滑っていくことはできない。代わりに前かがみになって口を水に浸し、翼の根元から三分の一ほどに付いている両手に体重を預ける。そこから先の翼の部分は胴体にしっかりと沿わせ、飛膜を支える第四指をスキーのストックのように後ろに向ける。そこから踵《かかと》の付着部にかけて皮膜が垂れ下がり、水かきのある足に覆いかぶさっている[1]。

木の枝が折れて皮膚にこすれる音は、巨大なティタノサウルス類の群れが去っていった証拠だ。四合屯《しごうとん》湖の周辺一帯には球果植物の森が広がっていて、古代のイトスギ一〇〇〇本が雪の季節にも深緑色を保ち、膝丈の下生えの中にしっかりと立ってまっすぐに天を突いている。地響きを立てながら通り抜けていくティタノサウルス類の群れが空き地を作り、その開けた空間ではシダ類や細長いトクサなどの若い植物が育つ。

白亜紀の光景は、古代の地球、鳥類以外の恐竜の全盛期のシンボルといえる。恐竜はもちろんこのあたりに棲む最大の生き物だ。中でもこれまでで最大の陸上動物の一つが、竜脚類であるティタノサウルス類、ドンベイティタンである。その太くて長い筋肉質の首は高さ一七メートルを超え、おとなの体重は何トンにも達する。ティタノサウルス類は放浪する群れで暮らしていて、巨体を維持するために新鮮な食糧源を探して動き回り、季節の変わり目には地域から地域へ移動する[2]。

彼らは歩幅が広く、固い地面に三日月形の足跡を残す。歩きながら首を高く持ち上げ、少し伸ばすだけで高い木の枝に届く。広く信じられているのと違って、後肢で立ち上がることはない。背骨が柔軟で、前肢を同時に地面から安定して持ち上げることができないため、代わりに片肢ずつ前方に振り動かす。

スピードが上がってくると、足取りが突然、側対歩《そくたいほ》に変わる。左の前後の肢《あし》を振り動かしてから右の前後の肢を振り動かすという動きの繰り返しだ。正面から見ると、まるでゴリラのごとく、げんこつで歩いているように見える。ある意味そのとおりで、ドンベイティタンなどのティタノサウルス類の前肢には指がない。翼竜では長く強くなって翼に変わっているのと同じ骨が、竜脚類では小さくなってほぼ完全に失われており、せいぜい痕跡程度だ。代わりにドンベイティタンは、鉤爪《かぎづめ》も指もないげんこつ足で歩く。

　竜脚類恐竜は大型植食動物だが、単にゾウなどの動物の爬虫類バージョンではない。大型植食動物はいずれも大食漢でなければならず、必然的にゾウと似た特徴もいくつか持っている。白亜紀初期の体重三〇トンの竜脚類は、灌木層や樹冠の栄養分に富んだ植物質を毎日少なくとも六〇キログラムは平らげる必要があったようだ。しかし共通していない特徴も多く、その多くは生理機能に由来する。竜脚類はゾウに比べて骨が非常に軽く、さらに背骨のまわりに大きな気嚢があって、その特徴があれほどの大型化に役立っているようだ。

　中には、多くの哺乳類よりも目につく派手な装飾をまとっている者もいる。南アメリカのディクラエオサウルス類は、首の後ろ側に大きな棘がずらりと生えていて、ケラチン質のそのとげとげのたてがみはディスプレイと防御の両方に役立っていると考えられる。サルタサウルスなどいくつかの竜脚類は、うろこのような皮膚で身を守っている。しかし恐竜は哺乳類と違って色覚にも優れており、そのため多くの竜脚類が水玉模様や縞模様のような大胆な模様をして、目を惹くような視覚信号を仲間に送っている。

四合屯湖はにぎやかな隊商宿のような場所で、日中のざわめきは夜になってもほとんど鎮まらない。豊かな湖で、カメや翼竜が水棲のトカゲやアミア、ヤツメウナギやカタツムリ、甲殻類と場所取り合戦を繰り広げている。なだらかな高地に点在する湖は、陸上の生物にとって飲み水の主要な源だ。

雪が融けたイトスギの森の中、去っていった群れのあとに、大きさは倒木ほど、重さ二〇トンのティタノサウルス類の死骸が横たわっている。冷たく剝き出しで悪臭を放つその死骸には、死肉をあさった跡やひっかき傷、裂け目が付いていて、その周囲には、大きさがライオンほどで二足歩行をする獣脚類の捕食者からこぼれ落ちた、折れた羽毛や歯が散らばっている。恐竜の一グループである獣脚類には、たとえばティラノサウルス類や、ヴェロキラプトルなどのドロマエオサウルス類、そして鳥類が含まれる[5]。

最初の「花」

早朝の薄明かりが広がって、夜のリズムが雑多な音とともに変わり、鳥や昆虫が鳴きはじめる。鳴鳥が登場するのは始新世のオーストラリアでのことなので、夜明けのコーラスにはまだ、枝に留まる鳥のメロディアスで複雑な旋律は含まれていない。昆虫のチッチッという鳴き声は、コオロギが初めて翅鞘《ししょう》をこすり合わせた三畳紀以来、世界中の大地の特徴となっている。いくつものグループの昆虫が固い外骨格を楽器に改造し、幼い子供が手すりに沿わせて棒を走らせるのと同じように、うねのある「やすり器」と滑らかな「摩擦器」をこすり合わせて摩擦音を立てるようになった。

ジュラ紀までには多くのグループでこの工夫が互いに独立に進化して、洗練されていった。当時の何種かのキリギリスは、耳障りなギーギーという音でなく、単一の純音で歌っていたことが知られている。コオロギもキリギリスも、バッタも甲虫も、それぞれわずかに異なる方法で鳴く。白亜紀には、コオロギやバッタなどの甲高い鳴き声に混じって、カミキリムシの優しい鳴き声が響いている。辺りはこうしたディスプレイ行動で活気づいており、昆虫たちが交尾相手を見つけようと、自分の生殖能力や居場所を周囲に宣伝している。混み合った生態系で交尾を成功させる最善の方法だ。日が昇るとあらゆる生き物が、誰にでも聞こえるよう大きくはっきりと、または同種のメンバーにだけ伝わるよう暗号にして、信号を発しはじめる。

一か月前、朝には近くの地面は霜で覆われていたが、湖は地熱で温められて凍ってはいなかった。いまでは春の兆しが至るところに見られる。世界が冬の眠りから目覚めると、すべての動物、すべての植物が、まるでしばらく休んだ末に世間話を始めて、再び付き合いはじめたかのようだ。背の高いイトスギのあいだにはもっと低い木々や灌木が生えている。ソテツの放射状に広がる葉が低木層を埋め、コケで覆われたイチョウが芽吹いて、新たな葉がトランペットの口のように高らかに伸びる。イチイのくすんだ赤色の球果や、組まれた足場のように絡み合った低いブラシ状のグネツム類（マオウの仲間）も見られる。

これらの植物はすべて裸子植物で、その名のとおり特殊化した葉の表面に種子が剝き出しになっており、白亜紀のいまより一億八〇〇〇万年前から陸上を支配してきたグループである。

多くの裸子植物では、種子を載せた葉が変形してできた球果が、濃い緑色の針葉を背景に黄色やピンクで目立ち、甲虫やシリアゲムシ、カゲロウを惹きつけている[7]。

樹皮が縞模様に剝がれて赤い傷が付き、黄色い樹液をしたたらせる古いイトスギが、危ういほど水辺のそばに生えている。水面の上にだらしなく覆いかぶさっていて、垂れ下がった枝が風に揺れて水面を優しく撫でている。

イトスギの影になった水面からは、長くて先の尖った豆のさやとブラシのような黄色い花糸の束を付けた細い茎が、空中に向かって何本も伸びている。水中ではくすんだ緑色のかぼそい葉がそよぎ、水上の茎ほどは成熟していない若い茎が、先端を丸めたまま水面に向かって伸びている。この控えめな水生植物は実は性革命の一翼を担っていて、のちに地球の生態系の姿を永遠に変えることとなる。地球上で最初の花を付けているのだ。

水中からスイレンのように顔を出すその花は両性具有であり、ほとんどの裸子植物と違って一本の茎に雄の組織と雌の組織の両方を備えている。黄色い毛は花粉に覆われたおしべ。その上にあるめしべの心皮の中では、種子が成長して、長さわずか二センチメートルほどのマメのようなさやになる。この頃の花はまだ派手派手しくはなく、花びらもない。花びらのない花なんて考えると奇妙だが、現代でもそのように進化した植物は多く、オーストラリアのブラシノキやアネモネ科の多くの種のような明るい色のものから、イネ科植物の目立たない花までいろいろある。

深さ三〇センチメートルほどの水底で育つこの植物、アルカエフルクトゥスは、ひょろひょろした茎を水面に浮かべるために、葉の根元に小さな気胞を持っている。花だけは授粉のために水面から出ている。四合屯湖の周辺では何種類もの水生植物がこの新奇な方法で種子を作っており、確証はないが、花を付ける植物は淡水中で誕生したのだろうと考えられている。アルカエフルクトゥスとその仲間が四合屯湖で育ってから間もなくして、最初のスイレンやマツモが地球の裏側、のちにポルトガルやスペインとなる地域でも見られることとなる。

種子が果肉を付けて栄養豊富になると、植物は脊椎動物を利用して分布を広げはじめる。すでに被子植物の種の約四分の一が、多丘歯目や爬虫類、あるいはおそらく鳥類を利用して種子を撒き散らしはじめている。[8]

色とりどりのディスプレイ

小鳥がイトスギの針葉に止まって鳴いたり、あてどもなく飛んで枝のあいだに入ったり出たりしている。カケスのような冠羽と喉元の黒いまだら模様、大きく広げた翼で華麗に着飾った上に、最後の駄目押しとして、短い尾から非常に長い飾り羽根が二本伸びている。まるで空が子供用の凧で埋め尽くされているかのようだ。この鳥はコンフキウソルニス・サンクトゥス（「聖なる孔子の鳥」）、尾羽は完全に装飾的な二つの役割を果たしている。

一つめはディスプレイとしてである。雄のほうがふつう身体が大きくて尾羽が長く、そのディスプレイは繁殖力が高いことを示しており、装飾的な尾羽を持たない雌の見ている前でダンスでアピールする。そのリボンのような尾羽は見とれるほど細くてほとんど重さがなく、中央に円筒形の「羽軸」を持ったほとんどの羽根と違って断面が半円形、目が粗くて軽く、クモの糸ほどの厚さしかない。幅は一センチメートル、長さは二〇センチメートル以上にもなるが、厚さはもっとも薄いところでわずか三マイクロメートル、霧の細かい水滴よりも細い。早朝の日の光が透けて、薄い組織で赤っぽくなるため、一羽一羽の鳥が煙をたなびかせているかのようだ。

尾羽の二つめの目的は、捕食者から逃れるための目くらましである。ダチョウほどの大きさの獣脚類である、巨大なドロマエオサウルス類のシノカッリオプテリクス（「中国の小さな翼」）は、いつも小鳥を餌にしている。あの細い尾羽は簡単に外れるので、シノカッリオプテリクスの顎につかまれても置いて逃げることができる。しかし羽根を奪うのは捕食者だけではない。イトスギの幹の傷口に付いたねばねばの樹液から尾羽が一本突き出していて、それは不器用なコンフキウソルニスがその木にしがみついたときに置いていった一張羅だ[9]。

ベイピアオプテルスのようなクテノカスマ類の翼竜はフラミンゴのように濾過《ろか》摂食に特化しているが、それに対してコンフキウソルニスは日和見《ひよりみ》主義だ。ときには水中にダイブして、銀色に輝くウルフフィンという魚を捕っている姿が見られる。その魚は名前の印象と違ってハヤに似ており、うろこは光り輝く卵形をしている。コンフキウソルニスはまた、水面や空中にいる昆虫を捕まえることもある。

空飛ぶ捕食者を警戒するカエルが、土から半分顔を出したイトスギの根のあいだに身を隠しながら、ガーガーと求愛の鳴き声を上げている。交尾相手に自分の存在をアピールしたら、捕食者にもアピールすることになってしまうが、たいていの時期は見つかりたくないものだ。しかし繁殖期にはリスクを冒して鳴く以外になく、おそらくそれを埋め合わせるようにそれ以外の時期には用心する。春の雰囲気が漂っていて、カエルが歌ったりコンフキウソルニスが踊ったりと、湖畔はディスプレイに絶好の場所だ。[10]

露で光り輝くシダが巨大な肢に払いのけられてカサカサと音を立てる。驚いた翼竜は飛び立とうと、身をかがめてから、翼を使って棒高跳びをするように身体を前方に突き出し、全身で風を捕らえる。そして湖の上を低く飛んでから高く上昇するが、たてがみは警戒でまだ逆立ったままだ。巨大な肢の持ち主は、体高がアジアゾウほど、体長約八メートルのユティランヌス（「美しい羽毛を持った暴君」）。もっと時代が後でもっと有名なティラノサウルスと同じく凶暴な捕食動物で、二本足で立ち、尾と胴体でシーソーのようにバランスを取る。手は小さくて指が三本あり、胴体に沿わせている。

六〇〇〇万年近く後の白亜紀末期に温暖なヘルクリークで暮らすティラノサウルスと違って、純粋に北国の生き物で、ここ義県《ぎけん》の涼しい夏と厳しい冬に適応している。ここでは冬のあいだじゅう雪が降り、森の周囲にそびえる火山の山頂はこれから何か月も雪をかぶったままで、大型恐竜にとっても体温を逃さない羽毛のコートが欠かせない。そのコートに光が当たって茶色と白のまだら模様になり、身体の輪郭が分かりづらくなって、最大の捕食動物ですらカムフラージュになる。

大型の恐竜はさしてやかましい動物ではなく、発声器官は鳥よりもずっと単純なので、鳴鳥と違って声を複雑に震わせることはできない。一般的に大型の動物はさほど声を出さず、息を吐いてシューという音を立てたり、翼を打ち鳴らしたり、顎をカチカチ言わせたりする者が多い。ワニ類および、ダチョウやヒクイドリのような現代の大型恐竜は、口を閉じたまま低いうなり声を上げるものであって、ユティランヌスも同様に喉を膨らませたりしぼませたりして低い音を立てる。しかし現代のワニ類と鳥類はそれぞれ喉頭《こうとう》と鳴管《めいかん》という別々の器官で音を出しており、両グループで発声が互いに独立に進化したように思われる。白亜紀の恐竜がどのようにして音を出していたのか正確には分かっていないが、鳥類以外の恐竜に鳴管はいっさい見つかっていない。

一方、少なくとも視覚的なディスプレイへのこだわりは、恐竜のあいだで現代まで続くこととなり、鳥類のように多様で緻密、そして強烈な色や形を持った脊椎動物は恐竜のほかにいない。それどころか、鳥類からトカゲまで広義の爬虫類は、ヒトには見えない、紫外線で蛍光を発する色の模様を持っている。その特徴は先祖代々受け継がれているようで、翼竜や恐竜を含め鳥類以外の主竜類のディスプレイはヒトの可視スペクトルよりも広い範囲におよんでいるらしい。

ユティランヌス自慢のファッションは、目の上にある一対の飾り羽根で、横断する色の帯によって黒い目を隠すカムフラージュだと思われる。色を使って身を隠す恐竜はほかにもいる。トリケラトプスの初期の親戚で大きさはイヌくらい、羽根ペンのような尾と、くちばしおよび襟毛を持つ被食恐竜のプシッタコサウルスは、住処にしている混み合った森の中で身を隠す必要がある。背中が黒っぽくて腹側が白っぽいため、光が上からしか当たらない場所では、影によってその配色が打ち消されてコントラストがなくなり、立体感が失われてほとんど見えなくなる。

　しかしよく見れば、後肢の内側の白っぽい部分に特徴的な黒い横縞が認められる。オカピの縞模様のようにカムフラージュの役割もあるが、おそらくそれに加えて、シマウマの縞模様のように、飛翔昆虫が近距離で着地距離を判断しづらいようにすることで、昆虫に噛まれるのを防ぐ役割もあるのだろう。プシッタコサウルスの内股は皮膚が薄くてうろこもないため、そのままだと無防備だ。夏の暑さがやって来ると、森はアブやブヨ、カなどの刺す昆虫であふれかえることになる[11]。

　ユティランヌスはここでは餌を取らない。湖の中に何歩か足を踏み入れて、つねに目を光らせながら水面から口で水を大量にすくい取り、頭を持ち上げて全部飲み込むのだ。それを何度か繰り返すと、すでに太陽は地平線からずいぶん高くまで昇っている。日が高くなるにつれて、木々のあいだから何かが顔を出し、森の中央にある、コケに覆われた静かな湖に別の生き物がやって来る。

　甲羅が平たくて首と尾の長いカメ、オルドセミスが水面に円を描く一方で、湖の上におせかえるように群がる昆虫の雲のあいだを小型の翼竜が飛び交い、空中で昆虫をくわえている。ここでは、キラキラと光る虹色のトンボが、飛びながらジカバチやアブを捕まえている。あそこでは、血のように赤いカタツムリの群れが、浅瀬の上にかぶさる植物からまるでベリーのようにぶら下がっている。頭上では、スズメほどの大きさのエオエナンティオルニス（「夜明けの逆の鳥」）がイチョウの枝のあいだで昆虫を探し回り、翼竜モガノプテルスが幅七メートルの翼を気怠そうに羽ばたかせている。[12]

擬態する昆虫たち

落ち葉から樹冠の上の空に至るまで、どこもかしこも生命にあふれている。冬のあいだほとんど眠っていた無脊椎動物も、いまでは完全に目覚めて動き回っている。落ちた小枝のあいだを走り回っているのはゴキブリで、朽ちた木材や樹皮の狭い割れ目に、けっして見つからないよう卵を産む。木の幹の割れ目に詰め込まれているのは、焦げ茶色で豆のさやのように隆起のある、革のように堅い小さなカプセル。六〇個から七〇個のゴキブリの卵が入っていて、等間隔に膨らんでいる。その卵嚢《らんのう》は防御のためだが、白亜紀の遼寧省のゴキブリには宿敵がいる。

空中をブンブン飛び回っているその宿敵とは、腰が細くくびれていて、高速で飛んでいると二つの身体がつながっているように見える小さなヤセバチ、クレテヴァニアだ。ほかの動物の体内で繁殖する寄生生物で、宿主は必ず命を落とす。具体的に言うと、雌がゴキブリの卵嚢を見つけて、ゴキブリの卵一個一個の中に注射器のような産卵管を突き刺し、自分の卵を一個ずつ産む。生まれたゴキブリを養うはずだった栄養分は、さらにたくさんのヤセバチが育つのに回されてしまう。

このような関係性は驚くほど安定で、ヤセバチと、四合屯湖に棲むもう一つの寄生バチであるヒメバチは、これから一億年ほどにわたって同じ生態学的役割を担いつづけることとなる。同じことが、次々に新たな宿主に適応していくヒルやアブ、カにも当てはまる。アブ（ウマアブ）が誕生したのはウマよりも七〇〇〇万年ほど昔のことだ[11]。

白亜紀の植物や脊椎動物は現代の我々が見慣れているものと大きく違うが、昆虫など小型の無脊椎動物の多くはかなり見慣れた姿だ。ゴキブリやハチは黒と黄色、または黒と赤のはっきりした模様をしていて、危険や毒、あるいは単に食べてもまずいことを警告している。このような色をしているのは、自分に注目してもらいたい生き物であって、鳥の顎でうっかり嚙みつぶされそうになったときに、自分は餌に適さないことを知らせようとしている。黒と黄色の組み合わせはコントラストが強く、色覚のない動物にとっても葉の緑の中で目立ち、その危険性を知らない動物すらも遠ざける。その効果は綿々と続いていて、恐竜がハチにちょっかいを出すのを思い留まらせるのと同じ信号が、現代の行楽客をも一度見させる。昆虫の警戒色が発する共通の視覚言語は、一億年以上にわたって使われつづけているのだ[12]。

もっと大きな獣脚類の羽毛のコートにも、竜脚類のうろこと同じくさまざまな色の模様があしらわれている。恐竜のファッション界の中でも真のはみ出し者が、ナマケモノに似た大きな恐竜ベイピアオサウルスである。テリジノサウルス類（「刈るトカゲ」）の一種で、完全に成長してもダチョウより少し小さい。テリジノサウルス類の例に漏れず、もっとも目立つ特徴は、草刈り鎌のような鉤爪を持った長い前肢である。

ベイピアオサウルスは最古のテリジノサウルス類の一種で、のちの時代の種は鉤爪をさらに極端に伸ばし、たとえばテリジノサウルスの鉤爪は最大五〇センチメートルもの長さになる。この鉤爪は正確に言うと武器ではなく、巨大な地上生ナマケモノやゴリラと同じ食餌スタイルに適応したものであって、普段はこれを使って植物をつかみ取り、長い腕で口に運ぶ。ベイピアオサウルスは羽毛が密集して生えていて、見た目は飾り房のようだ。短くて白っぽいふわふわした羽毛の下毛が全身を覆っているが、頭と首のあたりには長さ数センチメートルの太くて堅い茶色の羽毛が一面に生えており、ヤマアラシの棘に少し似ている[15]。

緑色の蘚類《せんるい》に覆われてつやつやした年老いたソテツのそばにやって来たベイピアオサウルスは、身をかがめてざらざらの樹皮に脇腹をこすりつけ、だれ気味のふわふわのコートからほつれた古い羽毛を何本か掻き落とす。鳥類を含むマニラプトル類は、トカゲやほかの多くの恐竜のグループと違って、広い範囲の皮膚を一度に脱皮させることはない。羽毛に引っかかってしまうからだ。代わりに哺乳類と同じく狭い範囲ごとに少しずつ脱皮し、皮膚はたえず成長しては、ふけとなって剝がれ落ちる。遼寧省の冬は寒いが、夏には暖かくなって、余計な羽毛は邪魔になる[16]。

獣脚類のふわふわした羽毛から不意打ちを食らって、ソテツの中に隠れていたカゲロウが一斉に飛び出す。その翅一枚一枚がソテツの葉にそっくりだ。昆虫もまた他者を欺くための信号を備えており、多くの場合、住処である植物の一部に擬態している。そのような隠れ術の達人が、ナナフシの仲間だ。ソテツの根元から生える若芽にたかる初期のナナフシは、細長い胴体と翅に黒っぽい縞模様が走っていて、葉脈のあるソテツの葉に擬態している。ナナフシ科の昆虫はジュラ紀の頃から植物の茎や枝に擬態していて、白亜紀のいまでは葉や花にも擬態するようになっている。四合屯湖の裸子植物を住処にしており、丸見えなのに見つからない。[17]

しかし昆虫にとっての外見の選択肢は、擬態だけではない。ここのカゲロウはチョウと同じくらい数が多くて身体が大きく、色もとりどりだ。専門家の鑑定眼と、地球上にまだチョウは現れていないという知識を持っていない人にとって、白亜紀にひらひらと飛ぶアミメカゲロウ類は、二一世紀のチョウと見分けがつかないかもしれない。なんといってもカゲロウにしては翅が異常に幅広だし、オレグランマという種などは、捕食されるリスクに対してのちにチョウが見出すのと同じ解決策に収斂《しゅうれん》している。目玉模様だ。

明るい色に囲まれたその黒っぽい円は休んでいるときには隠れているが、驚くとあらわになり、食べようとしている者は二度見をして攻撃を一瞬思い留まる。定説によると、目玉などの模様は捕食者にとっての敵に擬態しているのであって、たとえばチョウはタカの目に擬態して鳴鳥を怖じ気づかせているのだという。短命なオレグランマの翅の上に保存されているのは、鳥類以外の恐竜のぎょろりとした目を映した最後の姿なのかもしれない。[18]

のちに夏が来ると、カゲロウは湖面の上で舞い踊り、まるで空中に留まる術を身につけていないかのように上昇下降を繰り返して、水面とその下に潜む魚をじらしはじめる。しかしいまは葉の裏側から孵《かえ》ったばかりで、小さな幼虫は卵を内側から切り開くためのギザギザの刃を持っている。すでに孵った幼虫は、カゲロウ特有のカムフラージュを発達させはじめていて、見つけるのが非常に難しい。

オレグランマ・イッレケブロサ

いくつかのカゲロウのグループは単に周囲に似せるだけでなく、俗に「ゴミ虫」と呼ばれる者として一生をスタートさせる。周囲から、シダの胞子や砂粒、脱ぎ捨てられた昆虫の外骨格などいろいろなものを集めて、背中の上に積み上げていくのだ。そのゴミの山が幼虫の身体にまとわりついて、林床を覆う完全に無害のゴミの塊とほとんど見分けがつかなくなる。[10]

植物が密生していて真菌類や蘚類が覆い尽くしている。帯から離れると、空気はひんやりして林冠はまばらになる。開けた場所を好む小型の二足歩行恐竜シノサウロプテリクスが、頭と尾を低く水平に保ちながらこそこそと歩いている。数メートル進んでは立ち止まり、本能的に尾を上げ下げする。見た目はセピア色のサイレント映画によく出てくる囚人のようで、尾は赤褐色と白の縞模様、目のところには盗賊のマスクのような模様がある。縞模様は身体の輪郭を分かりにくくさせるとともに、捕食性の獣脚類の目立つ尾と目に擬態している。さらに驚くことに、黒っぽい背中と白っぽい下腹には立体感を弱める効果があり、開けた場所でも身を隠すのに役立っている。

グネツム類の一種であるプログネテッラの灌木が揺れ、この恐竜の関心を惹きつける。中では、毛皮に覆われたアレチネズミくらいの大きさの動物ザンゲオテリウムが、枝の下に身を隠して縮こまり、恐竜に身体の側面を向けて警戒の鳴き声を上げている。見た目ほど無防備ではない。踵からはケラチン質の鋭い棘が突き出していて、正確に蹴りを入れれば毒を注入してシノサウロプテリクスに怪我を負わせることができるが、死にまでは至らない。

有袋類と有胎盤類を含む獣類はこの構造体を失っているが、雄のカモノハシやハリモグラにはは現代でも毒針があるので、おそらくザンゲオテリウムなど獣類以外の哺乳類はみな毒針を持っているのだろう。敵に見つかったザンゲオテリウムは強固な防御姿勢を取っており、小枝に囲まれてうまく身を守っている。先手を打てなかったシノサウロプテリクスは、チャンスを逃したことに気づき、身を隠すザンゲオテリウムをあきらめて藪の中に姿を消して、別の小動物を探しにいく。[20]

色を感知する能力

シノサウロプテリクスにとってもっとも安心できるのは、隠れ場所がたくさんあって、下草の中から空き地に素早く駆け出せるような、木漏れ日が射すもっと開けた地面だ。さらに北、陸家屯《りくかとん》のもっと深い森林地帯では、大きい目をしたトロオドン類など、森で狩りをする敏捷な獣脚類との競争がさらに激しい。夜になると捕食性の哺乳類も姿を現し、中でもアナグマくらいの大きさがある白亜紀最大の肉食哺乳類、レペノマムスは、恐竜の赤ん坊を捕まえて殺すことが知られている。[21]

哺乳類の中には日中に起きている者もいるが、四合屯湖に日が落ちると完全に哺乳類の世界になる。夜行性という生態はあまり選ばれることがなく、その点で白亜紀の哺乳類は脊椎動物の中でも稀な存在だ。夜間に本格的に活動する動物はほかにほとんどおらず、おそらく何種かの小型捕食恐竜だけだろう。トカゲや両生類など、外部の熱源に頼って深部体温を維持する変温動物は、眠って体温を下げ、活動しなくなる。

しかし哺乳類とその仲間は違う。ペルム紀までさかのぼっても、哺乳類の遠い親戚で捕食性のディメトロドンは夜行性だったようで、それ以来、哺乳類はおそらく何度か独立に、暗闇生活の達人へと変化してきた。大きい目は弱い光にうまく適応しており、色の区別よりも光を集めるのに秀でている。初期の四足獣は四つの色を知覚できたようで、目の中に色を感知する色素が四種類ある。現代でもほとんどの四足獣は四色型色覚だが、哺乳類の多くは一部の色を感知できない[22]。

夜の世界で餌を探し回る際には色を見分ける必要はなく、微かな光に注意を向けさえすればいいので、使われないこれらの色素は劣化したか失われたかしている。有袋類を含む後獣類は色素を一種類失っていて三色型色覚だが、有胎盤類を含む真獣類では知覚できる色が二色にまで減っている。現代でもほぼすべての有胎盤哺乳類が二色型色覚で、赤い光を感知する細胞と青い光を感知する細胞しか持っていない。

有胎盤哺乳類の中でも昼行性の二つのグループ、狭鼻猿類（ヒトを含むアフリカやユーラシア由来のサル）と、ホエザルの一種は、熟した果実と未熟な果実を見分ける必要があるために、赤色を感知する色素が重複して変化し、緑色を感知する色素を取り戻している。赤色色素と緑色色素を司るＤＮＡ配列が互いに似ていて、Ｘ染色体の上で互いに隣り合っているため、複製エラーによって赤緑色覚異常が頻繁に起こる。ヒトの男性のうち約八％が何らかの二色型色覚で、この割合はほかの狭鼻猿類よりもはるかに高い。

鳥類は電磁波スペクトルの紫外線領域に少し入ったところまで見ることができるので、それに比べれば我々哺乳類はみな色覚異常と言える。現代の我々の生態、我々の劣った色覚は、夜の世界に分け入った我々の祖先が視覚をあきらめて嗅覚に頼った結果なのだ[23]。

自分では熱を生み出せない動物にとって、素早く動くためには日光浴が欠かせない。ヤモリに似た小さなリウシュサウルス（「ヤナギのトカゲ」）が、岩の狭い裂け目から飛び出して、太陽で温められた石の上で身体を広げ、日光の熱を吸収する。背中は白っぽくてカムフラージュが施されており、腹側は黒っぽくて、一見したところ棘が生えているようだが、その警戒標識は見かけ倒しだ。恐れずに噛みついた捕食者なら気づくとおり、その棘は単なる光のトリックで、ただの警戒色である。棘模様の中央が濃い色で、両側が薄い色になっているため、あたかも鋭く尖っているように見え、捕食者に疑いを抱かせている隙にトカゲは逃げ出す[24]。

朽ちた植物を積み上げた山がずらりと並んでいるのは、竜脚類の巣のしるしだ。ドンベイティタンのこどもはおとなに比べてかなり小さく、発育中の卵はマスクメロンのような大きさと形で、最大四〇個ほどある。かつて恐竜はカメのような軟らかい卵を産んでいたが、時代とともにいくつかの科がカルシウムを多く含むもっと硬い卵殻をそれぞれ独立に進化させてきた。

体高一七メートルの巨体の群れの中では、アヒルほどの大きさのこどもは踏み潰される恐れがある。また、餌となる植物が再び伸びるのを待ってはいられないので、群れが同じ場所に長く留まることもできない。そこでおとなは放浪生活を送り、産んだ卵には巨大な後肢で土を掛けて、巣を植物で覆う。植物の腐敗によって発生する熱で卵を温めるのだ。巣はとくにヘビに襲われやすいが、いくつもの巣に卵が大量にあるため、かなりの数の卵が孵る。孵ったこどもたちはあっという間に成長して一緒に平原を歩き、十分に大きくなるとおとなの群れに合流する。

ここに棲むトカゲも同じだ。小川が湖に流れ込んでいる場所では、蘚類に覆われた重い巨石の上に、濡れそぼった緑色のワニトカゲの群れが乗っている。しかしおとなは一頭もおらず、一番年上は二歳か三歳、一番年下は孵ってから一年にも満たない。身体の大きさを生かせないため、群れを作って群集の恩恵を受ける。監視の目が多ければ多いほど早期に危険を察知する確率が上がり、全員が岩の隙間に逃げ込むことができる。おとなになるまでは、集団でいるのがもっとも生き延びる確率が高いのだ[25]。

無責任な親ばかりではない。土でできた要塞のような円形の巣には楕円形の青い卵が並んでいて、まるで砂の指輪にトルコ石をあしらったかのようだ。巣のまわりでは、シチメンチョウくらいの大きさの濃灰色の恐竜カウディプテリクスが、腕から生やしたけばけばしい羽毛をパッと開き、尾の先端にある白黒の縞模様の羽毛を扇のように広げて立て、ダンスのように頭を上げ下げする。

明るい色の卵を守るその雄は、次の雌がやって来て、儀式めいた求愛ダンスを一緒に踊ってくれるのを待っている。すでに受精している卵は尖ったほうを下にして円形に並べられており、母親によって土に半分埋められている。カウディプテリクスの巣は共有式で、一頭の雄が何頭もの雌の卵を守る。卵のまだら模様は母親ごとに違っていて、父親にとっても目印になる。プロトポルフィリンとビリルビンという複雑な色素を生成して、濃い青緑色の卵を産める雌は、健康体であって生殖能力も高いはずなので、父親はそうした卵から産まれたこどもは無事育つだろうと期待できる。このカウディプテリクスを含むオヴィラプトロサウルス類の親はそもそも子育てをするが、卵が明るい色をしているほど父親はより手を掛けたくなる。交尾後に性選択が起こるという数少ない例の一つだ。卵が産み落とされると、カウディプテリクスの父親は円の中央に腰を下ろし、卵の上にかがみ込んで翼で卵を覆い、孵るまで温めつづける。[26]

火山灰は優秀な保管庫

温帯林と湖、そして灌木地からなるこの生態系全体は、食物連鎖の頂点から底辺に至るまでさまざまな生き物の暮らす、活気に満ちた大都市のようだ。昆虫や鳥が、革新的な被子植物を含めさまざまな植物の授粉を助ける。グネツム類のプログネテッラなどそれ以外の植物は、托《たく》柄《へい》と呼ばれる部分を水中に沈め、水の流れで種子をばら撒く。たびたび雨が降り、夏が暖かく冬が寒いおかげで、非常に多様な生命が生きている。[27]

この多様性を支える高い一次生産力は、この一帯の火山性土壌が肥沃《ひよく》な上に、たびたび起こる噴火によって窒素分の豊富な火山灰が絶えず補給されていることによる。しかし北方の地にあるこの生命の源は、同時に死を招きかねない。四合屯湖はクレーターの中にあって、いまのところ活動を休止している崩れかけた低い火山のカルデラを満たしている。

広大な火山地帯で、四合屯湖は深く、面積は約二〇平方キロメートル。周辺ではいまでも噴火が起こっていて、火砕流が流れてきたり、あるいはもっと不気味に、一酸化炭素や塩化水素、二酸化硫黄などの密度の高いガスが漂ってきたりする。いずれのガスも有毒だし、山裾を下ってきてすりばち状の地形に溜まり、空気を追い出してしまう。この見えないガスの雲に捕らえられた生き物は、水生生物の大半を含め残らず窒息してしまうのだ。[28]
湖に流されてきた死骸が沈み、火山灰が飛んできて堆積すると、生物群集全体が細かいシルトの中に記憶され、驚くような形で保存されることとなる。

このような湖は堆積速度が非常に遅く、水底に沈んだ細かいシルトが一ミリメートル堆積するのに二年から五年かかる。四合屯湖の湖底では腐敗がほとんど起こらないため、骨や軟骨から羽毛や毛、さらには、体色を生み出す色素の入った細胞内の小さな袋、メラノソーム一個一個に至るまでが、非常に細かい火山灰の中に保存される。赤や黒のメラニンを含んだメラノソームの形状から、それらの生物の体色も読み取れる。発音器官や、羽毛の玉虫色などの模様も残され、死んでからも長いあいだ警戒信号やカムフラージュ、交尾のためのディスプレイを見せつけるのだ。[29]

たいていの化石記録ではこのたぐいの情報はかなり不完全で、行動も読み取れないし、生物種どうしの相互関係を再現するのも難しい。しかし四合屯湖を含め、中国東北部の義県累層《るいそう》の化石産出地では、生き生きした多様な生物、その喧噪《けんそう》や色、争いの様子が、金色のシルト岩のキャンバスから飛び出してくるかのようだ。神話の神々のように、白亜紀の四合屯湖の風景も、この歳月を完全な形で残すことになる。[30]

この世界はこの上なく細かいところまで保存され、儚い鳴き声や不意の羽ばたきが石になって永遠に残る。コンフキウソルニスやアミメカゲロウと同じく、初めて咲いた花々や赤ん坊トカゲの群れも石の中から姿を現し、彼らはまるで再び歌ったり花開いたりするチャンスをじっと待っているかのようだ。

8章

土台

Foundation

ジュラ紀のヨーロッパ群島

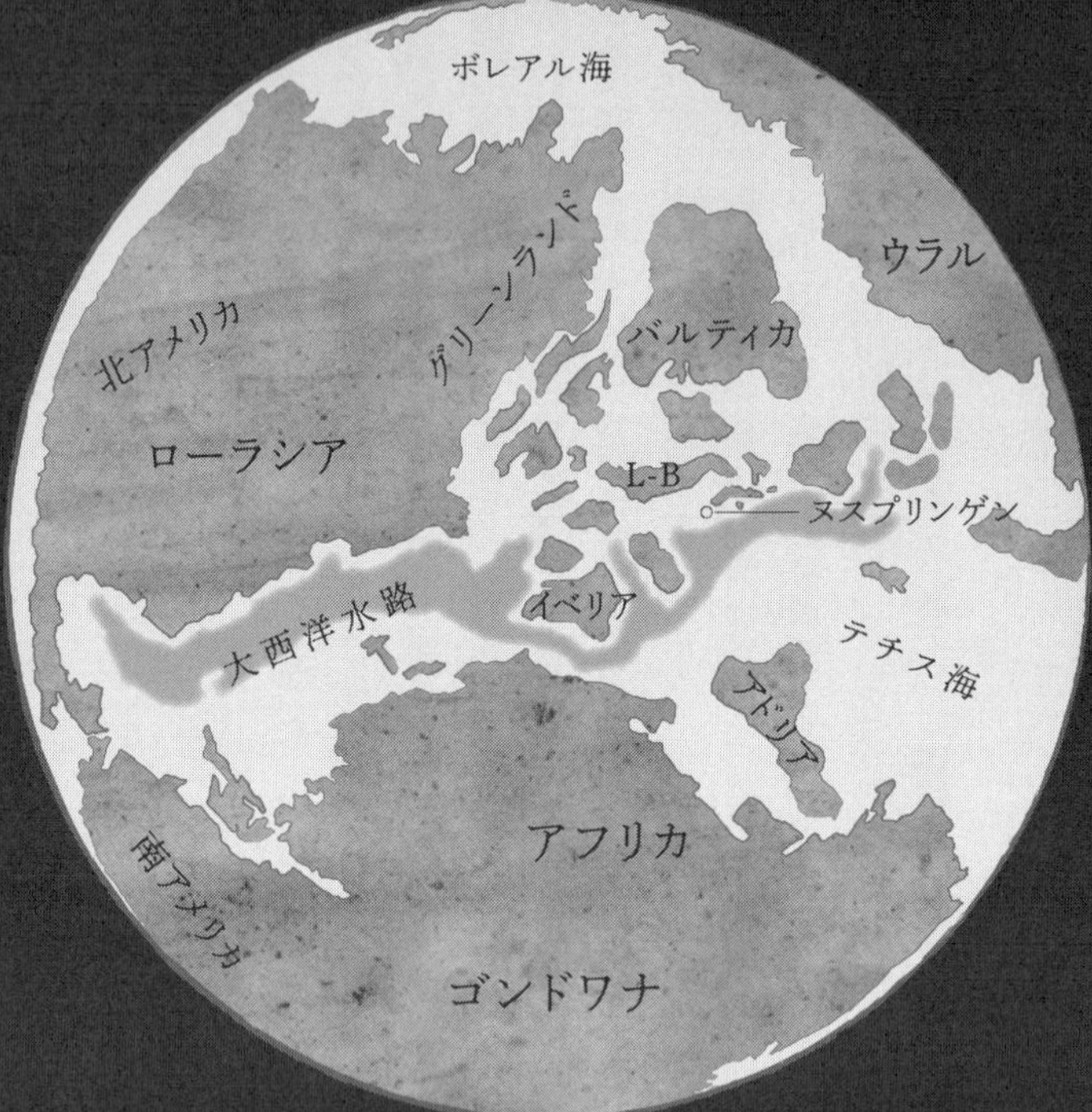

L-B ロンドン=ブラバント
カイメンのリーフ

Swabia, Germany - Jurassic

ドイツ、シュヴァーベン

ジュラ紀——一億五五〇〇万年前

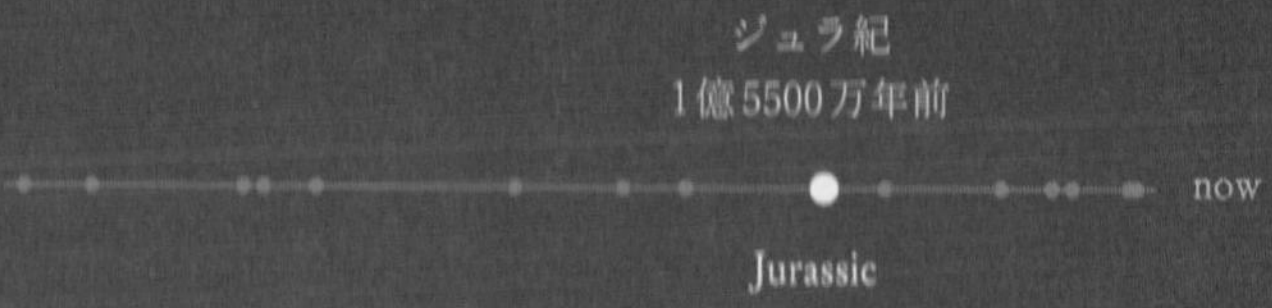

「旅をしなくても海は見つかる。
古代の海水面の痕跡が至るところにあるからだ」
――レイチェル・カーソン『われらをめぐる海』

＊

「波風の
ありもあらずも
何かせん
一葉の舟の
憂き世なりけり」
――樋口一葉

波頭が気まぐれに

現れては消え、空中にでたらめに光の点を撒き散らす。温かい海水に反射した空は目もくらむように明るく、何キロメートルも先の海岸線はほとんど見えない。あちこちで小さな白い身体が空から真っ逆さまに落ちてきて、海に突っ込むたびにすさまじい水しぶきを上げる。しぶきが収まってからしばらく経つと、毛羽立った輝く頭と、先端がケラチン質で針のような歯を生やした大口が深みから浮かび上がってくる。口の中はたいてい空っぽだが、顎で小さな魚を捕まえたまま水面から出てくることもある。

その動物、ラムフォリンクスは海に棲む翼竜で、熱帯のヨーロッパの入り江や断崖で多様化した、互いに近縁ないくつかの種のうちの一つである。それらの海域でラムフォリンクスの祖先が誕生し、その系統が何百万年もかけて進化して成功を重ねてきた。身体の大部分を沈めて水面に浮かびながら頭を振り、顎にくわえた魚を、尾びれがだらりとするまで振り回す。首を上げて一瞬口を開き、魚を丸ごと飲み込んで喉を膨らませる。

そして水面から身体を持ち上げ、濡れた翼を広げる。長くて頑丈な飛行用の指にしてはたいしたものだ。しばし待ってから翼を羽ばたかせて、ちょうど波頭に来たタイミングで浮かび上がり、高度を稼いで再びダイブする。水中では、飛び込んだほかのラムフォリンクスが水かきの付いた足で水をかき分け、魚の群れを追いかける。魚たちはパニックになってばらばらに分かれ、翼竜だけでなく、下を泳ぐ者からも襲われる。

別の方向から追い立てられでもしなければ、魚の群れが海面に上がって自ら危険に身をさらすはずはない。下からやって来る捕食者たちに取り囲まれて群れはパニックに陥り、密集した集団、いわば餌玉になって、死の空中へと追い立てられる。素早く動く影は、爬虫類である魚竜の存在にはそぐわない。ラムフォリンクスと同じく、海での生活に適応した陸上生物だが、ラムフォリンクスと違って波の下で暮らしている。

海水位が上昇して世界中の大陸縁辺部が沈んだこの海の世界、それによってもたらされたチャンスに乗じて、多くの四足獣が陸上生活を捨てて海に進出した。現代では完全に海棲の四足獣は数少ない。完全に海中生活を受け入れているのは、クジラや、互いに近縁のマナティーとジュゴン、そしてウミヘビくらいだ。海に暮らすそれ以外の四足獣のグループは、海鳥からアザラシ、イリエワニからホッキョクグマ、ウミイグアナ、さらにはウミガメに至るまで、繁殖の際には陸上に戻るしかないライフスタイルを送っている[2]。

中生代のいまは、もっとずっと数多いグループの爬虫類が完全に海で暮らしている。もっとも有名なのは魚に似た魚竜や首の長い首長竜だが、そのほかにもいる。熱帯の島々のあいだに広がる外洋を巡りながら、ラグーンや入り江に忍び込んでくるのは、シャチほどの大きさで滑らかな皮膚を持つワニ、ゲオサウルスだ。外洋での生活によって身体が変化していて、ワニ類であるようにはほぼ見えない。肢《あし》はフリッパーになっていて、硬い骨でできた鎧は脱ぎ捨てられているし、尾にはサメのような垂直のひれまで付いている。

一方、プレウロサウルスは、現生種の中でもっとも近縁なのはニュージーランドに棲むムカシトカゲだが、姿はウミヘビに似ていて、胴体はくねくねと長く、尾はひれのように平らにな

ランフォリンクス・ムエンステリ

っていて、短い肢は流線形の胴体の側面に強く押しつけられた形になっている。多くの海棲爬虫類を狩るプリオサウルスは、首長竜の首を短くして頭を大きくしたような姿で、動くものなら何でも餌にしているようだ。ヨーロッパの海に暮らす海棲爬虫類は、ある者は硬い餌を食べ、ある者は大きな獲物を狩り、またある者はすばしこい魚やイカなどを餌にするというように、それぞれ異なる食糧に適応することで互いに共存している。

　このように多様な生物が棲んではいるものの、ジュラ紀は海棲爬虫類にとって復活の時代である。彼らに深刻な影響を与えたのは謎めいた三畳紀＝ジュラ紀大量絶滅で、その原因については激しい論争が繰り広げられている。最有力の説によると、マグマが地表に上昇して、まるでソーダの缶から泡がはじけるように二酸化硫黄や二酸化炭素が放出されたせいで、暴走的な気候変動が起こったのだという。その後の海洋酸性化が一段落したいまは、海棲爬虫類の幅広い形態と多様な生き方が今後一億年をかけて回復していく真っ最中だ[3]。

ヨーロッパアルプスの過去

　かつて地球上に広がっていた絶滅した世界の中でいち早く再生したのが、翼竜や海棲爬虫類の世界、ジュラ紀のヨーロッパの海や島々の世界だ。一七八四年に記された翼竜の化石に関する初の記述では、翼の生えた指を長いパドルのように使って泳ぐ動物であると解釈された。当時の科学界ではまだ生物の絶滅が実際の現象として受け入れられていなかったため、翼竜は現生生物で、未探検の隔絶した環境に分布が限られているとされた。そして辻褄合わせとして、深海に棲む現代の生き物だと決めつけられた。

一九世紀に入ると、メアリー・アニングがイングランド・ドーセット州の海岸の崖錐《がいすい》〔崖から崩れ落ちて麓に半円錐状に積もった岩屑〕からさらに数多くの絶滅海棲生物を発見したこともあって、絶滅が実際の現象であることを示す証拠が積み上がっていった。魚竜や首長竜が現代の海洋生物と似ても似つかず、それでいて頻繁に見つかることから、科学者たちは、現代とは異質な動物相に満ちた過去の姿を思い描くようになった。

ライムリージスの町にあるアニングの白壁の化石ショップ、その奥の部屋でのちに丹念に磨き上げられることとなる死んだ生物たちは、ジュラ紀のいまではすでに北方の海底に埋められて、四〇〇〇万年にわたりその上に砂やシルトがゆっくりと堆積しているが、彼らの子孫はまさにいま、魚の群れに突っ込んでは噛みつこうとしている。無数の魚の身体が作る、光揺らめく鏡のような表面が、攻撃によってたわんだりひるがえったり、ドーナツ形に変わったり全体で向きを変えたりする。身を守るのは数と混乱だけで、捕食者がいずれ腹一杯になるのを待ち望む。海面に追い詰められたらそう長くは持たない。上と下から攻撃され、最終的に全滅は避けられない[4]。

ジュラ紀のヨーロッパは群島である。現代のジャマイカほどの大きさの島が並んでいて、そのあいだには温かくて浅い海が広がっており、水没した大陸縁辺部があちこちで深い海溝へと落ち込んでいる。大陸規模の陸地で一番近いのは、水没していないユーラシアの西海岸。ジュラ紀の世界は、温暖な気候が極地まで広がる完全な温室状態によって築かれている。海水位が上昇を続け、海洋動物が住処にできる海底の面積が広がり、世界中で種数に富んだ海洋生物群集が次々に生まれている[5]。

ヨーロッパ群島がとりわけ豊かなのは、海の交差点としての立場のおかげである。アジアとアパラチアに挟まれた大陸縁辺部に広がる細長くて浅い内陸海に、細長い陸塊が何本も並んでいる。細かい白砂の海岸が広がり、塩水の静かなラグーンはリーフで縁取られている。球果植物の森が海の際まで迫り、潮の出入りする滑らかな干潟でようやく途切れている。マシフサントラルなどいくつかの島は平坦で、かつての山頂は一億年以上をかけて侵食されてしまっている。地殻活動やリーフの隆起によって高くなりつつある島もある。

南に目を向けると、ヨーロッパとアフリカを隔てる温暖多湿のテチス海に、島大陸アドリアが横たわっている。東のほうではテチス海がアジアの南岸沿いでもっとも広くなり、ギリシアからチベットやその先まで伸びる海溝が、北のローラシアの世界と南のゴンドワナの陸塊を隔てている。北に目を向けると、海が狭くなってバルティカの陸塊の左右で二本の水路に分かれ、その先はもっと冷涼で雨の少ないボレアル海につながっている。

西では、のちに北アメリカとなる陸塊がすでにゴンドワナから分裂しつつあって、拡大を続ける細い水路が生まれている。いまはテチス海から細く伸びているにすぎないが、いずれは十分に大きくなって、大西洋という独自の名前を持つこととなる。ジュラ紀のヨーロッパの内海は、ところによっては現代の大陸棚よりも深く、水深約一〇〇〇メートルまで切れ込んでいる。しかしほとんどの海域は水深一〇〇メートルにも満たず、非常に多様な動物が棲んでいる[6]。

大西洋水路、テチス海、およびボレアル海につながる「ヴァイキング水路」という、三つの海洋系の出合うヨーロッパは、深層海流にとって関門になっている。メキシコ湾流が現代の北ヨーロッパを温暖にしているように、海流は世界中の気温差を均《なら》すフィードバックシステムとして作用する。

ジュラ紀のいまより約一五〇〇万年前、この三つの海はもっとずっと温かかった。しかしバルティカ周辺の海峡が狭くて浅かったため、活発な地殻活動によって、テチス海とボレアル海をつなぐ水路が、のちに北海となる場所に隆起した浅瀬によって閉じてしまった。南から北へ温かい海水が流れるルートが絶たれたことで、ボレアル海は孤立して冷たく凍りつき、ジュラ紀中期の地球は一時的に氷室《ひむろ》状態へ突入した。

しかしいまではこれらの大陸が再び分かれて海流が生じはじめている。現代から一億五〇〇〇万年前のジュラ紀後期のヨーロッパ、陸上は温室状態で植物が生い茂り、海では温かい海水と冷たい海水が出合って渦を巻いている。ボレアル海では熱帯の空気と極地の空気が混じり合って、北ヨーロッパに荒れた天気をもたらしている。

殻を持ったプランクトンなどの無脊椎動物が育っては死に、その炭酸カルシウムの殻が海底に堆積していく。のちに海水位が下がってテチス海溝がアフリカをヨーロッパのほうへ引き寄せるにつれ、カルシウムに富んだその海底が隆起して、スイスとドイツにまたがるジュラ山脈にそびえる石灰岩となる。そしてそこを源流とするヨーロッパの二本の大河、ドナウ川とライン川が、地質活動によって隆起した古代の海底に流路を刻むこととなる。

ほとんどの地質時代はその名前を介してある地点と結びつけられており、ドイツ南部とスイスの山並みがジュラ紀といういまの地質時代の基準地点になっている。オーストリアのチロル地方の山中に、金色のキャップを付けた杭が打ち込まれている。地質学者がある特定の時代に相当する地点に立てたもので、下の三畳紀と上のジュラ紀を分け隔てるくっきりとした境界線を指し示している。ヨーロッパアルプスはこの時代の始まりを告げる「ゴールデンスパイク」で、そこに広がる海はまさにジュラ紀のウォーターパークだ[8]。

海底に広がるガラス建築

荒々しい活動が繰り広げられる海面からそう離れていないところには、静寂の世界が広がっており、深く暗い海底にはきらきらと光る結晶性の構造物がそびえている。ガラス繊維を編んだ白く輝く網からなる、凍りついたレース編みのようなけば立った管が、高さ何十メートルにも折り重なっているのだ。管の上にまた別の管が乗っていて、中には融けたろうそくのようにこぶの付いたものもあり、まるで礼拝用の祭壇が四方八方に広がる濃青色の霞の中に溶け込んでいるかのようだ。

移動することはないが、それらは動物で、先代の骨格の上に成長する。ジュラ紀のリーフの作り手、ガラスカイメンだ。カイメンは、少なくとも組織に関してはもっとも単純な動物の一つである。二枚の組織層だけからなり、一方の層をなす細胞が鞭毛《べんもう》と呼ばれる毛のような構造体を激しく振り動かして、身体の中心部に水を吸い込み、その水柱から生物の残骸を濾《こ》し取って餌にする。一番上にある大孔と呼ばれる排水口からその水を吐き出して、全体でジェットエンジンのように作用するとともに、中に何かが詰まったことも感知できる。

その管状の身体を支えているのは骨片と呼ばれる微小な構造体で、おもにカルシウムやケイ素、あるいはコラーゲンを改質したスポンジンと呼ばれる物質からなり、形は気取らないハート形から、流れ星や槍、四つ爪アンカーや鉄菱に似たとげとげの形までさまざまだ。一個一個の細胞はある程度独立していて、一体のカイメンは個体とコロニーの境界線上に位置する。ミキサーに掛けても再び集合し、形は違うが一つの生物、れっきとしたカイメンに戻る。

ガラスカイメンはさらに一歩先を行っている。支持組織を形作る細胞が互いに融合して、細胞内の流動体、いわゆる原形質が細胞から細胞へと流れるようになっている。ガラスカイメンはまさに単細胞生物に近い存在で、「合胞体《ごうほうたい》」と呼ばれるものを形作っており、その働きは非常に複雑な一個の細胞とほとんど見分けがつかない。細胞どうしが連結しているため、身体中に電気信号を送って、刺激に対して素早く効果的に反応したり、身体を通過させる水の流速を変えたりできる。神経系を持たない生物にしては目を見張る能力だ。

ガラスカイメンの奇妙さはこれだけでは終わらない。骨格はケイ素からできており、海底に固着するための網目状の支持構造の部品である、四つまたは六つの棘を持った骨片はかなり巨大だ。ある種の作る星形のケイ酸塩の結晶は、たった一個で長さ三メートルにも達する。リーフを形作る種は、骨片どうしを噛み合わせて、何十年も持ちこたえる頑丈な足場を築く。

その融合した骨格は実は死んだガラスカイメンの死骸であって、それが積み重なったものが、未来の世代が根を下ろすための完璧な踏み台となる。コロニーを作る生物の理想型だ。単純な水濾過《ろか》装置で水柱からほかの生物の残骸を濾し取って餌にするため、光を必要とする藻類と共生関係にあるサンゴと違い、海面近くで生きる必要はない[10]。

ジュラ紀後期の地球の気温は、気候学者が予測する二一世紀末の気温の中でも楽観的な値に近く、産業革命前に比べて二℃高い程度である。極地は氷でなく森林に覆われていて、赤道近くには広大な砂漠が広がっているが、高山にはまだ氷河が見られる。ヨーロッパ群島にはサンゴ礁も点在しているが、ほかの海域のもっと急斜面の海底のほうが多く見られる。さらに稀だがヨーロッパの隅々にひっそりとそびえているのが、カキの築いたリーフ、祖先たちの殻を足場とした貝の山だ。しかしこの時代を支配しているのは、高い水温と酸性度の高い海水にも耐えられる骨片の骨格を持った、カイメンのリーフである[11]。

ガラスカイメン（六方海綿類）は澄んだ水を必要とする。海水を濾し取るカイメンの身体には、小孔と呼ばれる微小な孔がたくさん開いている。重さ一キログラムのカイメンが一日に吸い込むことのできる水の量は、電気ポンプ付きの一般的なシャワーを上回る二万四〇〇〇リットルに達し、水中の細菌がほぼ残らず餌として濾し取られる。水に泥が混じっていると小孔が詰まってしまうため、ほとんどのカイメンは詰まりを防ぐために、必要に応じて小孔を閉じることができる。しかしガラスカイメンはそれができない[12]。

このようにガラスカイメンは微粒子に対して繊細なため、河口の濁った水から遠く離れた静かな海域で暮らす必要がある。サンゴは嵐の影響がおよばない深さの穏やかな浅瀬で育つが、カイメンは暗い場所で大きく育ち、高さは数十メートル、数キロメートル四方に広がる。最初は円形の対称的な小さいコロニーだが、それが何千年もかけて、とぐろを巻いたりしわが寄ったりした小山へと成長する。

最初にそのコロニーを作った個体の骨片はまだそこにあり、軟らかい海底に沈んで堆積物に埋もれてはいるが、海底に比べると固いままで、新たなカイメンが育つためのしっかりした土台となる。ときには築山のような塚になったり、高さ三〇メートルの絶壁の上からせり出したりすることもある。コロニーが成長して別のコロニーと出合うと、合体して大都市圏のようになる。その背の高い「バイオハーム（塊状生礁《かいじょうせいしょう》）」は多様性に富んだ場所で、のちにスイスとドイツの国境地帯となるこの場所の海底では、約四〇種のカイメンが一緒に暮らして成長している[13]。

バイオハームはあっという間に大きくなる。一〇〇年で最大七メートルも高くなって、もとの起伏や地形に沿って海底一帯に広がる。卓越した海流は東から西へ、テチス海からヨーロッパ群島を通って大西洋水路へと流れている。バイオハームの下流側には静かな水域が影のようにできる。そうした場所のほうが容易に定着して成長できるため、リーフは細長い線状に形成され、一つ一つの小山が防風林のように海底流を遮る。まるで都市のように成長し、そこにさまざまな生物が群がって、裂け目やくぼみで繁栄する。

カイメンが非常に効率的にかき集めた栄養分は最終的にほかの生物の餌になるため、リーフは多様な生物の暮らす大都市となってテチス海の北岸を縁取る。東はポーランドから西はオクラホマ州まで、全長約七〇〇〇キロメートルにわたって海底を覆う。グレートバリアリーフの三倍の長さに達するこのケイ素質の構造物は、これまでに生物が作った中で最大のものである[14]。カイメンの祭壇の上方では、ラッカーを塗ったようにつやつやした、畝《うね》のあるぐるぐる巻きの物体が上昇下降したり、ちょっとしたスピードでさっと動いたりしている。渦巻型の殻からは触手が恥ずかしそうに顔を覗かせている。その動物、アンモナイトは、無脊椎動物の化石の中でもおそらくもっとも有名で、中生代の海を象徴する生き物だ。

　初期のアンモナイトのほとんどはかなり小さく、直径は数ミリメートルから数センチメートル程度だが、のちにはかなり大きいものも現れる。白亜紀後期、アンモナイトがチクシュルブ衝突〔第6章〕の数多い犠牲者の一つとなる直前には、パラプゾシア・セッペンラデンシスという種の中で知られている最大の個体は、殻の直径が約三・五メートルにも達する。しかしアンモナイトはその進化史の大半を通して、そのような巨大怪獣ではなく、タコやイカ、オウムガイを含む軟体動物のグループ、頭足類の中でも、殻を持ったありふれた多様な生物群である[15]。

　アンモナイトの殻は見事な芸術作品だ。成長するとともに、海水中から集めたカルシウムイオンと炭酸イオンから炭酸カルシウムを作って分泌し、畝のある硬い殻を作ることで、開口部に新たな小部屋を付け足していく。そのすべすべの内側が隠れ処になる。小部屋が一つ前の小部屋とつながる角度、および作られる小部屋の大きさは種によって異なるが、いずれも対数らせんを描いていて、単純なルールからとても異様な形が作られる。典型的な「スネークストーン」の形、すなわち平面上にきつく巻かれた渦巻形がもっとも一般的だが、カタツムリのようにらせん形に巻かれたものもあるし、のちの白亜紀には、渦巻がほどけて一回ごとに別々に巻かれた異常な形のものまで出現する。中でももっとも奇妙なのが全長二メートルのペーパークリップのような形のもので、開口部からゆっくりと振り広げるその腕は、滑稽さという概念を全否定しているかのようだ。

アンモナイトの真の美しさは内側の細かいところに見られる。成長中の小部屋の中、炭酸カルシウムが分泌されている場所を見ると、殻の構造様式がよく分かる。各小部屋はその手前の小部屋と入り組んだ縫合線でつながっていて、その複雑なフラクタル状の継ぎ目が美しい真珠層の中で際立っている。[16]

海底地震

くぐもった轟きが水中を何度か伝わり、数秒間にわたってリーフが前後に揺れ動く。アンモナイトは頭足類の例に漏れず、孵化直後の短期間を除いて音を聞くことはできないが、圧力を感知する器官は持っている。液体と毛で満たされた、平衡胞と呼ばれるいくつかの小さな袋が圧力でゆがむことで、低周波音に伴うわずかな動きを感知することができる。いまは衝撃波が海中を伝わるとともに、平衡胞が海面の盛り上がりを捕らえる。

大陸と大陸の出合う場所で、プレートどうしの押し合いによって蓄積された応力が解放され、沈み込み地震によってまるで海底が沸騰したかのようだ。震動で舞い上がった白い堆積物が煙のように広がる。リーフの基部は掻き回されて何も見えなくなる。震央は何キロメートルも離れているようだが、その影響は遠くでも感じられる。地震波がヨーロッパの海域をほとんど誰にも気づかれずに通過していくが、やがて海底が陸地に向かってせり上がる。津波が発生して熱帯の島々に容赦なく押し寄せ、破壊を引き起こす。津波は深い海域のほうがスピードが速いが、ヨーロッパの浅い炭酸塩鉱物の岩棚はさほど深くはない[17]。

海面ではラムフォリンクスが、指で支えられた翼で空中に浮かび上がる。上空から見ると、濃い緑に覆われたヨーロッパの島々が日の沈む海に浮かんでいる。イスパニョーラ島ほどの広さがある古代の高地、マシフサントラルの島が、太陽を背にした西の地平線上にシルエットでかろうじて見え、その海岸沿いに広がる静かなラグーンでは日中の焼けるような暑さが和らぐ。カリブ諸島と同じように生物が密集した活気ある群島で、熱帯雨林の中や、海と陸に挟まれた熱い砂浜の上で生命が繁栄している。

ジュラ地方のもっと小さな島の干潟では、棘のように突き出したマングローブの根のあいだを、ディプロドクスに似た竜脚類の家族が巨体で歩いている。竜脚類のような図体の大きい動物にとっては、森の中を歩くよりも浜辺を突っ切るほうがたやすい。それと同時に、誰かに見つかる可能性も高まる。前に進んでは慎重に後ずさりするのを繰り返しながらその竜脚類を追い立てているのは、ジュラ紀最大の捕食動物、獣脚類のメガロサウルスだ。由緒ある三種の恐竜のうちの一つで、一八四二年にその三種をもとに恐竜類という生物群が定義された。

恐竜の中でもメガロサウルス類は、身体の大きな捕食動物となった最初のグループである。のちのティラノサウルスよりもほっそりしていて鼻面が長いが、基本的な身体のつくりは同じで、腕が小さく、二本の強力な後肢で歩く。浜辺をさまよいながら、海岸線に打ち上げられたサメや魚竜、大型の魚やワニ類など動物の死骸をあさる。しかし竜脚類の群れに遭遇すると、その群れの中の若くて弱い個体は魅力的なターゲットになる。

スイスの小島には捕食者アロサウルスや、三日月形の鉤爪《かぎづめ》を持った小さなドロマエオサウルスの親戚が棲んでおり、ロンドン＝ブラバント〔現代のベルギーとオランダにまたがる地域〕やイベリアの暗い森ではステゴサウルスが歩き回っている。しかしここの浜辺はラムフォリンクスが飛び回る場所ではない。飛び上がった翼竜はたいてい北に数キロメートル進んでいく。カモメのように空中に漂い、必要なときだけ羽ばたいて急上昇し、海岸に野生生物があふれる小島の一つ、ヌスプリンゲンに向けて短い距離を飛行する。[18]

ヌスプリンゲンでは空気に塩と石の味がする。深くて澄みきったラグーンを取り囲む、波の崩れるカイメンのリーフは、地殻の隆起によって最初に海面から姿を現したアルプスの一部である。小島の東端にあるこのラグーンは二股の入り江になっていて、島はソテツや、ナギモドキに近縁のひょろ長いナンヨウスギ類、あるいはウォレミマツやチリマツで覆われている。乾燥していてものが燃えやすく、夏の気候が地中海に似ているため、高温でたびたび森林火災が発生する。

ナンヨウスギの枝から落ちて浜辺の上のほうに転がっている、樹脂の多いネバネバの球果は、砂と言っていいほど細かい貝殻の破片をまとっている。貝殻でできた真っ白な砂浜が、干潮時には、ヨウ素の香りを発する海藻に覆われて黒くなり、それを過ぎるとごく淡い青に変わる。

満潮時でも海藻の縁取りが遠くまで広がることはなく、海岸線からすぐ先で海底が水深一〇〇メートルを超す暗い深みへと落ち込んでいる。海底では流れのない水が酸素不足になっているが、ラグーンの大部分は多様な生き物にとっての静かな安息地だ。

しかし今回の海底地震によってその静寂が乱され、環礁の縁が揺れて、露出したリーフの一部が崩れ、巨石が深みに落ちていった。小さな地震ではあったが、津波がやって来た方向と反対側ですら、砂浜に軟体動物や腕足動物などの沿岸生物が散乱している。最終的にヌスプリンゲンの静けさは、シュヴァーベン・ジュラ地方全体の海底が突然隆起して、ヨーロッパ一帯が震動しながら陸地になり、この島が崩れることで永遠に失われる[19]。

翼竜が吐き出した塊

着陸したラムフォリンクスの長い尾は、砂浜を歩くのには邪魔にならない。翼を慎重に畳み、人差し指で直立して歩く。ヌスプリンゲンはさほど大きい島ではなく、少なくともいまのところは、ラムフォリンクスと、さらに変わった二つの種からなる、翼竜の小さな群集しか養えない。初期の翼竜の基本的な生態はラムフォリンクスに近いが、ジュラ紀末になると、翼竜類の中でも新しい目《もく》が古いタイプにほぼ完全に取って代わることとなる。その翼竜の未来の系統に属していて、すらっとした新しい見た目をしているのが、プテロダクティルスとキクノラムフスである。これらの翼指竜は尾が非常に短くて手が長く、ときに派手なとさかを持っていて、何とも前衛的な姿だ[20]。

何羽ものキクノラムフスが、波で打ち上げられた残骸のあいだを夢中で歩きながら、とりわけ魅力的な甲殻類をめぐって口喧嘩をしている。長い前肢で身体を支えて直立しながら、頭を素早く振り動かしているが、まだ誰も一撃を決められない。

キクノラムフスは、ヌスプリンゲンに棲む三種の翼竜の中でもとりわけ変わっている。クテノカスマ類に属するが、その象徴である針のような歯は失っていて、上下の顎の前のほうに何本かわずかに残っているだけだ。その切り株のような歯で、気取った風ににやけている。上顎と下顎の骨はきちんと噛み合わず、くるみ割りのような丸い隙間ができる。その見苦しい隙間を覆う堅い板がなかったら、顎は石炭ばさみのように見えただろう。獲物をくわえて勝ち誇ったキクノラムフスは、その不運な獲物をこの隙間でしっかりと捕らえ、骨と板で噛み砕く。

若いラムフォリンクス（翼竜の若い個体は俗に「フラップリング」と呼ばれる）は、はるばるリーフまでやって来ることはない。小さすぎて自分では魚を捕まえられないし、多くの脊椎動物と同じく親にもあまり面倒を見てもらえない。そのため少なくとも一部の種は、孵《かえ》ったときにはすでに翼と背骨を持っていて、すぐに自力で飛ぶことができる。顔が短くて歯もほとんど生えていないフラップリングは自分で餌を探すしかないが、海上に出ようとはせず、昆虫を敏捷に捕まえる。

やがて成長すると、家族とともに漁場に出掛けるようになる。その頃には顔が成熟して長くなり、甲虫を噛み砕いていた小さな顎も、スパイクの並んだ魚取り機へと成長している。飛行の安定に役立っていると考えられる尾羽の特徴的な羽板も、年齢を表していると見ることができる。生まれたときは楕円形だが、やがてダイヤモンド形や凧形に変わり、最終的には逆三角形になる。

孵ったばかりのこどもから完全な成体になるまでの成長は翼竜よりも鳥類のほうが速く、一年も経たずにおとなの大きさになって、そこで突然成長が止まる。しかしラムフォリンクスはゆっくりと連続的に成長しつづけ、幼体から成体へと徐々に変化していく。そのため完全な大きさになるまでに少なくとも三年はかかるが、そのほとんどの期間を通して飛ぶことができ、鳥類よりも爬虫類のパターンに近い[22]。

辺りが暗くなりはじめて、魚取りをしていた群れの最後のメンバーが島に戻ってくる。水面近くに潜むイカのような姿のプレシオテウティスを最後に一匹捕まえようとしたのか、ラグーンの水面近くまでぞんざいに急降下するが、まるで間違いに気づいたかのようにあわてて急停止する。しかし後の祭り、水しぶきの中に巨大な黒い塊が見える。翼の先端が死に物狂いで海面を叩くが、やがて再び静寂が支配する。おとなの翼竜ですら、島から離れるのにはリスクが伴う。ヌスプリンゲンやゾルンホーフェンのラグーンには、大きくて重い甲冑魚《かっちゅうぎょ》、アスピドリンクスが、尖った鼻先が見えないように潜んでいる。尾びれを振って勢いよく空中に飛び上がり、通り過ぎる翼竜の翼に嚙みつこうと待ち構えている[23]。

そのためラムフォリンクスなどの群れにとっては、陸上に残って木に留まっているほうがはるかに安全だ。完全に地上で暮らすこともできるが、それでも垂直な場所や、翼指竜のように浜辺をさまよっているほうが居心地が良い。この島の昼行性の住民たちが眠りに就いても、地上にはその跡が残されている。満潮線に沿って残る足跡だ。指が放射状に広がっていて水かきの付いたラムフォリンクスの足跡は、両手を左右に付けながら歩く翼指竜の足跡とは対照的である。ここには、まず後ろ足を地面に付けて鉤爪を砂に突き刺してから、何回かスキップして停止したその軽快な着陸の跡が残っている。あそこには、現代のものとほとんど変わらないカブトガニが甲羅を引きずった跡に加え、捕食者の吐き出した軟体動物ベレムナイトのくちばしや殻の破片が見られる[24]。

ラムフォリンクスの顎から逃れた頭足類プレシオテウティスもまた、食事のことを考えている。冷静沈着なタコの親戚だが、積極的な捕食動物だ。高速で泳いで小さなアンモナイトを追いかけ、吸盤のある腕で捕まえる。尖った顎で殻に噛みついて小さな穴を開け、そこからこじ開けて真珠層の小部屋の中から軟らかい部分を取り出す。アンモナイトの身体は飲み込まれて消化されるが、捕食者にとっては一つ問題がある。アンモナイトの頭部には、石灰質の硬い顎《が》器《き》が二個入っている。プレシオテウティスを含む鞘形類《しょうけいるい》の胃の中はヒトと違ってアルカリ性なので、それを化学的に分解するのは不可能だ。一番簡単なのは入れたところから外に出すことで、そのためその硬い残骸は再び吐き出され、粘液で覆われたねばねばの塊として海底に沈む。

化石化した吐瀉《としゃ》物は「生痕化石」の一種とされ、リガージテライトという特別な呼び名がある〔「リガージテイト」とは「吐く」という意味〕。生痕化石とは、巣穴や足跡、排泄物など、行動の跡、つまり身体以外の何かが化石化したもののことである。蠕虫《ぜんちゅう》のように細長くて、海底に落ちると渦巻状になるアンモナイトの排泄物は、ジュラ地方を形作る石灰岩の中からもっとも多く見つかる化石の一つである。[25]

海を漂う楽園

ラグーンの入口では、一本の丸太が波に漂って、あてどのない漕ぎボートのようにゆっくりと揺れている。幹の太いナンヨウスギ類の球果植物のもので、分厚い樹皮によって海の猛威から守られている。波とともにうねるその幹の表面からは、メドゥーサの髪の毛のような色とりどりの光り輝く茎が生えていて、幹の下に垂れている。水中を覗くと、その茎の先端に付いた、羽根でできたパラシュート形の構造物が閉じたり開いたりしながら、ハンカチを巻いたような口に餌を運んでいる。

このセイロクリヌスを含むウミユリ類は、ヒトデやウニと同じ棘皮《きょくひ》動物で、水中を漂うプランクトンや生物の残骸を待ち構えて食べる。この丸太には一五匹ほど付着していて、水の流れの抵抗がもっとも小さい場所に、スペースシャトルの着陸用パラシュートのようにたなびいている。茎はカルシウムの硬いリングが積み重なってできていて、その茎に支えられた羽根飾りが海水をきれいにする。[26]

漂う丸太もリーフと同じく、不毛な海の中で島のように多様な生態系を育む。最大でも一ないし二ノットの速さでしか移動しないため、生き物がヒッチハイクするのはけっして難しくない。この流木の楽園では、セイロクリヌスとともに、さまざまな種類の軟体動物や、もっと積極的に泳ぐ動物が生きている。小魚がこの航海中の生物群集を手頃な食糧源として追いかけ、貝類や甲殻類、棘皮動物が水中から栄養分を濾し取って作った身体が魚の餌になる。丸太は大海原のまっただ中で完全に孤立しているが、漂っている限り繁栄した生物群集を養うことができる[27]。

丸太に乗ったウミユリやそこにたかる者たちのコロニーは非常に長寿で、中には二〇年ほど続いているものもあり、それに応じてウミユリも大きい。セイロクリヌスの茎は最大で長さ二〇メートル、おとなのナガスクジラと同じくらいにも達し、冠の直径も一メートルはある。現代の丸太生物群集は最長でも六年ほどしか続かないし、棘皮動物の中で最大であるヒトデ（丸太に乗ることはない）でもさしわたしは一メートルほどだ。丸太は最終的に、新たな入植者の重みで沈むか、または長いあいだ水に浸かってばらばらになる。カキが棲みついていると、樹皮の割れ目が塞がれて内部への水の浸透が遅くなるため、生態系は長く持ちこたえる。

このような大きな丸太なら、たとえ割れ目が塞がれていなくても現代では二年は持つはずだが、ここに付着したおとなのウミユリは優に一〇歳に達している。その一因が、ジュラ紀の海には木材に穴を開ける捕食者がいなかったことである。帆船時代に船乗りたちを苦しめるフナクイムシが出現するのは、白亜紀になってからだ。その出現によってこのような生き方は不可能となり、まったく同じ形では二度と再現されない。現代では、丸太がかつてと同じくらい長いあいだ漂うことはないのだ[28]。

セイロクリヌスのコロニーはヨーロッパから遠く離れた日本でも見つかっているが、このナンヨウスギの丸太はおそらくもっと近い地域に生えていたもので、東方の島々か、またはアジアの西海岸から漂流してきたものだろう。ヨーロッパ群島の西部に位置する島々はまるで植物園のようで、多様な森林が広がっており、近くの陸地と近縁の木は一本もない。一方、もっと大きい東方のアジア大陸陸塊には、おもにナンヨウスギからなる広大な森林が広がっていて、海上に漂う丸太のほとんどはそこからやって来る。その周辺の島々の生物群集は互いによく似ていて、東方の森林からやって来たさまざまな種を含んでいる。

これら二つの生物群系を分け隔てるように見えない線が走っており、その海上の境界線によって生物の移住が妨げられ、それぞれの生物群系の違いが維持されている。現代の世界において、この手の見えない境界線としてもっとも有名な例が、自然選択の共同発見者、アルフレッド・ラッセル・ウォレスによって記録されたものだ。ウォレスはインドネシア諸島に滞在中、ボルネオ島やバリ島よりも東の島々にはオーストラリア特有の生物種が暮らしているのに、それより西の島々にはアジアに典型的な生物が暮らしていることに気づいた。

このような分かれ方は、最終氷期極大期に陸塊がどのようにつながっていたかを反映している。ボルネオ島やスマトラ島、ジャワ島やバリ島は陸橋でアジアとつながっていたが、ニューギニア島など東方の島々はオーストラリアとつながっていたのだ。この「ウォレス線」のほかにも、地勢史と生態系を重ね合わせて生物地理区どうしを分け隔てる、見えない境界線が何本も存在する。現代においてこのような境界線の役割を果たす地理的特徴は、ヒマラヤ山脈や北アフリカの砂漠地帯などいくつもある。ジュラ紀のヨーロッパの島々も、現代のインドネシアとまったく同じように二つに分断されているのだ。[29]

これらの海が作る世界は、出合いと分断の場所である。翼竜は海と空の境界で狩ったり狩られたりする。分かれはじめた大陸のまわりを世界の海流が流れている。大量絶滅による地球規模の変化から生物の多様性が復活しつつある。ジュラ紀の生き物としてもっとも有名なのは、恐竜や首長竜、魚竜だ。最初に「恐竜」の定義に使われた三つの属、イグアノドン類とメガロサウルス類、ヒラエオサウルス類が闊歩《かっぽ》していたこの場所で、過去の生物の謎解きが始まった。しかし彼らも、安定した生態学的土台がなかったら存在できなかったはずだ。ヨーロッパ群島の多様性は海底から徐々に築かれたのだ。

カイメンやサンゴの繁栄によって、その残骸の上にさまざまなリーフや島が作られる。新たに生まれた不毛の島に生命が降り立って棲みつき、東と西、北と南を結びつけてきた。太陽光と、かつてのリーフを作るミネラル質の骨格をもとにして、樹木が育つ。死んでウミユリやカキに乗っ取られた木は、世界の海流に乗る。生態系の中には、完全に孤立した存在などひとつもない。どんな場所でもどんな時代でも、生命は生命の上に築かれるのだ。

9
章

偶然

Contingency

三畳紀の地球

Madygen, Kyrgyzstan - Triassic

キルギス、マディゲン
三畳紀——二億二五〇〇万年前

三畳紀
2億2500万年前

now

Triassic

「私の住む山を
誰も知らない。
白い雲のあいだに
永遠の完全なる静寂が広がっている」
——寒山（J・P・シートン訳）

＊

「これらの秘密がこれほど長年にわたって守られてきて、
ようやく我々が見つけられるようになったというのは、
何とも驚くことではないでしょうか！」
——オーヴィル・ライトからジョージ・スプラットへの手紙、1903年

イチョウの仲間である

バイエラの木陰は涼しく、そのリボンのような葉が午後の日差しを逆三角形にかたどって輝き、山中の峡谷の両側には森で覆われた険しい斜面がそびえている。谷底の林冠には、ほかでは見られない特徴の手掛かりが認められる。遠くに目をやると、木立ちの途切れたところに大きな湖が広がっており、周囲より色の濃い植物の描くギザギザの線が、この谷を刻んだ細い川のルートをたどっている。地面には蘚類《せんるい》が生え、分厚い黒土が柔らかくてかぐわしいカーペットを作っている。

現代人が聞く限り、この森の静けさは不気味で不自然だ。鳴鳥は一羽もいない。鳥類はまだ出現していないからだ。聞こえるのは風と水、そして昆虫の翅が空気を乱す音だけ。現代人にとってこの森は深くて異質だ。現代の世界でもっとも密生していてもっとも多様な森にすら、何千年にもわたって人の手が入った痕跡が見られるが、この森は完全に手つかずで、あらゆる表面が地衣類やシダ類、蘚類に委ねられ、倒れて朽ちた太い幹の残骸のあいだから木々がそびえている[1]。

この豊かな地面は長年にわたって落ち葉が朽ちたことでできあがっているが、花を付ける植物の誕生以前であるため、そこから生える植物はあまり馴染みがない。中央アジアのこの森林は、イチョウ類やシダ種子類、ソテツや、葉の色の濃い球果植物のポドザミテスからなる。落葉広葉樹で枝を大きく広げるポドザミテスは大地を覆い、ところによっては林冠を支配して、それ以外のほとんどの木が高く育たないほどだ。そう遠くない昔に中国から広がって、ローソシア東部の温暖な地域一帯によく見られる単一林を作っている。三畳紀のいま、キルギスでは、マディゲンの低山の斜面一帯でサラサラと音を立てている[2]。

球果植物の中でも、針葉でなく、葉脈のある広葉を持ったものは、現代では稀な存在である。例外的に多様化して現代でも被子植物と共存しているものは、ナンヨウスギの仲間であるカウリや、マキ、ナギなどに限られる。しかし三畳紀のマディゲンではありふれた植物で、それより数が多いのは小さいシダ種子類くらいだ。ここではポドザミテスの開けた樹冠から光が射し込み、山地に何とか足場を築いた下層の植物を養っている[3]。

盆地と山地からなるこの一帯には、木々の覆いかぶさるこの険しい谷だけでなく、何本もの谷が互いに平行に走っており、緩やかなカーブを描く峡谷から、けっして越えられない深い裂け目までさまざまだ。小川の流れ込む水たまりがあふれてしばしば滝を作り、激しく流れ落ちるその水が川となって氾濫原をゆっくりと流れ、最終的には鏡のように滑らかなジャイリャウ湖に注ぎ込む。ジャイリャウ湖は面積が約五平方キロメートルしかないが、森に覆われた高さ数百メートルの斜面に挟まれて魅力的な湖面を見せている。霧の向こうでは、湖から水が流れ出して再び勢いづき、雲に覆われたギザギザの地平線の向こう、約六〇〇キロメートル先の海岸を目指して進んでいく。

ところどころに山頂がまるで浮かんでいるかのように顔を出し、白い蒸気が森の中の窪地を覆い隠したり、平らな湖畔にたなびいたりしている。湿度が高すぎず、年間を通して降水量が比較的一定で、夏は暖かく冬は雪が降るという気候は、安定した多様な生態系の形成にとって理想的だ。ところどころにある断崖を除いて森が一面に広がり、地面には豊かな生物の残骸が散らばっている。腐植によじ登る細長い甲虫ナガヒラタムシは、朽ちて軟らかくなった木質《もくしつ》や、それを腐敗させた真菌類を分解するスペシャリストだ。

この地では昆虫全体が非常に多様である。三畳紀に生きていたことが知られている昆虫一〇六科のうち、マディゲンでは九六科が見つかっていて、種の数はこれまでに五〇〇を超え、その中には地球史上最初のゾウムシやハサミムシも含まれる。ここに生える植物の多くは、昆虫に食べられるのを強固な守りで防いでいる。ソテツの毛のような葉は、昆虫に食べられないよう進化したと考えられている。しかし昆虫の群集が餌を食べるのと同じく、その昆虫を餌にする者もたくさんいる[4]。

上流で侵食されて流れ下ってきた、あちこちに転がる玉石くらいの大きさの石灰岩の塊は、この一帯がかつて海だったことを思い起こさせる。中には殻の化石の跡が認められるものもある。三畳紀のいまから優に一億年以上昔の石炭紀の海に暮らしていた、絶えて久しい生物の渦巻のような形だ。多くの山地と同じくこの山脈も深海から隆起したもので、それは一億年以上昔のことだが、大地の様子はいまだに古代の歴史によって偶然で決まっている。

紙のように薄い層となって谷の急斜面のそばのがれ場に散らばっている、壊れやすくて剝がれやすい黒っぽい頁岩《けつがん》は、海底の軟らかい泥が乱されることなく石化したものだ。風化して表面がざらざらになった、白っぽくて分厚い石灰岩の地層は、デボン紀や石炭紀に、のちに太平洋となる海域から西に伸びるトルキスタン海に暮らしていた、海洋生物の小さな殻が圧縮されたものだ。

玄武岩の岩棚は、地殻運動によって海洋底が別のプレートの下に引きずり込まれ、隆起したその海底がペルム紀と三畳紀を通して侵食されてきたことを物語っている。時折発生する洪水によって川から打ち上げられる、山中の渓流にあった古代の石は、うっかり乗ると沈んでしまいそうなくらい深くて柔らかい蘚類や、キラキラと光るのっぺりとした苔類《たいるい》、渦巻状にしだれるシダなど、水しぶきを好む植物によってあっという間に覆われてしまう[5]。

不意に、見間違えようのない一筋の影がさっと現れたかと思うと、すぐに消える。その主竜形類、シャロヴィプテリクス・ミラビリスは、ほぼマディゲンにしか棲んでいない。垂直な木の幹にしがみついてじっとしていると目立たず、ほかの多くの種と同じような形で茶色っぽい緑色だが、滑空姿勢を取って明るい空を背景にすると、姿を消してからもその残像は、まるで時が止まったかのようにしばらく残る。

四肢を大きく広げて、後肢と尾のあいだに薄い皮膜をぴんと張っており、それよりも小さい二枚目の皮膜が前肢につながっている。飛行中の三角形の外形は、操縦も利く驚くほど効率的な滑空姿勢で、これと同じ形の翼が現代の戦闘機からコンコルドまでさまざまな航空機に採用されている。シャロヴィプテリクスの装備は現代の滑空動物に比べてもハイテクだ。揚力を得るにはかなり急角度の姿勢を取って胸に風を浴びる必要があるが、膝をわずかに動かすだけでデルタ形の主翼の形を変えられるため、高い精度で飛行方向を調節できる[6]。

目の前を通り過ぎた直後にその飛行経路は木の幹にぶつかり、シャロヴィプテリクスは幹に

シャロヴィプテリクス・ミラビリス

しがみつく。幼い子供が親にすがりつくように、肢《あし》を木に巻きつけ、膝を外側に曲げる。飛行中の優雅さと比べると、木にしがみついたその姿はかなりみすぼらしく、皮膜は畳まれて、四肢は壊れかけのデッキチェアのように四方に投げ出されている。空中であれほど役に立ってい た膝をカエルのジャンプのような形で突き出し、足先を胴体の近くに引き上げて木につかまっている。腹はわずかに窪んでいて、枝にさらにきつく抱きつけるようになっている。[7]

シャロヴィプテリクスはほぼ唯一無二の種だが、*7 三畳紀の実験的な時代にはさらに多くの遠い親戚たちも空を飛んでいる。世界中で爬虫類のいくつもの種が、ちょうつがい式に動く非常に長い肋骨に支えられたパラグライダーで飛行している。本当の意味の飛翔動物が昆虫だけであるこの時代、これらの滑空動物は脊椎動物の革新的進化の最前線に立っている。そう遠くないのちに、主竜類のさらに多くの系統が空へ進出することとなる。最初は翼竜、続いて少なくとも三つのグループの恐竜だ。三畳紀のいまより約一億七〇〇〇万年後の暁新世後期から始新世初期には、哺乳類もコウモリとして飛行することとなる。[8]

もっとも奇妙な獣たち

実は三畳紀には、鳥類や、花を付ける植物と同じく、哺乳類もほぼ存在していない。ヒトやカモノハシ、ウォンバットやマナティーなどの祖先である、この時代の哺乳類の種類は、誰に尋ねるかによって違ってくるが、この時点から生命誕生のときにさかのぼるまで世界中でせいぜい一種ないし数種である。初期の哺乳類であるアデロバシレウス（あるいは少なくともそれときわめて近い種）がこの同時代に生きているが、住処は遠く離れた、のちにテキサス州となる場所である。

三畳紀に博物学者がいたとしても、おそらくそれを二度見することはなく、もしかしたら内耳の中に奇妙な骨があるのには気づくかもしれないが、それ以外については小型の変わったキノドン類〔哺乳類の祖先とされる〕だと片付けてしまうことだろう。振り返ってみると、キノドン類はいわば哺乳類の進化の踏み石と言える。というのも、現代の我々が哺乳類特有であると考えるいくつもの特徴を持っているからだ。そんなキノドン類が、三畳紀直後の壊滅的な大量絶滅ののちに、暁新世の哺乳類と同じく多様化する。[7]

マディゲンに暮らすキノドン類のマディサウルスは、形態的にかなり保守的ではあるものの、多くの点で哺乳類に似ている。まず、硬口蓋によって鼻と口が隔てられている。歯も、嚙み切るための切歯と、突き刺すための犬歯、すり潰すための小臼歯および大臼歯とに分化していて、哺乳類以外のほとんどの脊椎動物の特徴である、ずらりと並んだ紋切り型の歯とは違っている。また、毛皮に覆われた皮膚には皮脂腺がある。卵を産むが、カモノハシやハリモグラと違って、孵《かえ》った子に乳を与えることはないようだ。キノドン類の進化の中でも乳腺は、マディサウルス

*7　いまのところシャロヴィプテリクス科には二つの種しか含まれておらず、そのいずれもが後肢を使って滑空する。うち一種がシャロヴィプテリクス・ミラビリスで、キルギスのマディゲンに棲んでいる。もう一種のオジメク・ヴォランスは三畳紀のポーランドに棲んでいて、もう少し身体が大きく、同じように肢が長くて骨が軽い。

につながった段階よりも後の段階で発達したらしく、おそらく最初は殻の薄い卵が乾燥するのを防ぐための手段だったと思われる[10]。

滑空するシャロヴィプテリクスや、キノドン類の奇妙で目新しい生理的特徴など、形態に関するさまざまな実験が世界中で進められている。脊椎動物を専門とする古生物学者に、もっとも奇妙な獣が生きていた地質時代はどれかと尋ねたら、圧倒的大多数が三畳紀に一票を投じるだろう。キノドン類のさまざまな革新的特徴はヒトにも受け継がれているが、三畳紀が独特なのは、これほど幅広い形態が存在していて、その多くが現代では残っていないことだ。

それがもっともよく当てはまるのが主竜類とその一族で、シャロヴィプテリクスもその中の一つである。現代、主竜類には、鳥類からワニ類までが含まれる。しかし過去には、明らかに異質な恐竜を除いてもなお、その多様性はもっとずっと大きかった。主竜類には翼竜も含まれ、三畳紀には、形態や生理の限界を攻めたさまざまな形態の主竜類が生態系の頂点に登りはじめている[11]。

のちにヨーロッパとなる地域には、タニストロフェウス類と呼ばれる半水棲の主竜類が暮らしている。このグループに属する動物の多くは巨大で、体長は最大で五から六メートル、いずれも水辺に棲んでいる。イカや魚を捕り、それに使う首は体長の半分、最大で三メートルはあって、目立たない採餌器官と、獲物に警戒されそうな巨大な胴体とができるだけ離れるようになっている。浅い泥水の中で、素早く泳ぐ獲物を待ち伏せしていたかと思うと、突然横から頭突きし、カエルのように水底を蹴って身体を前方に送り出す。首長竜や魚竜と違って足で陸上を移動できるようだし、骨盤がしっかりしていることから見て、歩く釣り竿のような形から予想されるよりも身体の後ろのほうで体重を支えているらしい[12]。

この森に暮らす三畳紀の奇妙な爬虫類はシャロヴィプテリクスだけではない。動物の活動の跡が至るところに残っていて、土手を必死でよじ登った足跡がシダ種子類のほうへつながっている。木の幹を覆う蘚類を引っ掻いた跡は、マディゲンの奇妙な進化を物語るもう一つの爬虫類、ドレパノサウルス類の存在を示している。どこか上のほうに棲んでいる、大きさはリスくらいで木に登るこの爬虫類は、この地で誕生した。ドレパノサウルス類はのちに北半球一帯に広がることとなるが、その中で知られている最古のものが、キルギズサウルス・ブカンケンユイである。イグアナのように皮膚がしわしわで、喉袋が垂れ下がっており、けっして優美な動物とは言えない。ドレパノサウルス類はさまざまな点で三畳紀バージョンのカメレオンといえる。

キルギズサウルスは、短くて華奢な三角形の顔に小さな歯がずらりと並んでいて、それで昆虫を捕まえる。もっと大型の種はネコくらいの大きさがあるが、キルギズサウルスはドレパノサウルス類としてはかなり平均的な大きさで、樹上生活に適応している。ドレパノサウルス類は手足の指が左右に分かれていて、枝をしっかりとつかむことができる。いくつかの種では長い尾が横に平たくなっていて、ものをつかめる五本目の肢として機能する上に、末端の脊柱が変形して鉤爪《かぎづめ》になっており、樹冠で滑りやすい樹皮をさらにしっかりとつかめるようになっている。ドレパノサウルス類の一種であるドレパノサウルスは、親指の鉤爪が巨大で、ほかの指をすべて束ねたくらいの大きさがあり、おそらくそれを使って樹皮を剝がし、その下にいる生き物を食べていると思われる[13]。

川を下流へとたどると石灰岩の玉石が姿を消し、泥の土手をえぐる砂利敷の曲がりくねった川筋に変わる。あふれた水が年中湿った地面に溜まるようになる。ここでは土と植物が混じって泥炭になりはじめており、それがさらに水分を吸い込んでどんどん凝集し、まだ固結していない石炭へと変化していく。水は石灰岩を溶かし込みながらミネラル分を増やし、酸素を減らしていく。けっして急ぐことのない年老いた川が、待ち受ける湖へと注ぎ込む。湖底では蠕《ぜん》虫《ちゅう》が枝分かれした複雑な穴を泥の中に掘り、太陽のぬくもりが届く限りの深さを住処にしている[14]。

サメの棲む湖

その湖は上空からだとかなりはっきりと見えるが、湖岸からだと覆い隠されている。トクサの一種ネオカラマイトが、浅い水に覆われた粘土から高さ二メートルの壁のようにそびえている。茎は太くて棘があり、タケのように節《ふし》に分かれていて、そのつなぎ目から葉が伸びている。そのトクサの壁の向こう、水深が深くなっているところでは、黄緑色のウキゴケがカーペットのように密集して漂っていて、表面張力で水面は盛り上がっているが、ウキゴケ自体が水面に顔を出している場所はほとんどない。

水中は森のようになっていて、この地に暮らす数百種の昆虫の幼虫や、最古のサンショウウオであるトリアッスルスの卵塊の隠し場所になっている。静かに波が打ち寄せる湖岸では、湿った蘚類も昆虫の繁殖場所になっている。一〇〇〇匹ほどの群れをなすジェアンロゲリウムというエビは、厚い鎧に覆われた大きい頭を持ち、リンゴを半分に切ったような形をしている。その鎧の前方から生えた龍のようなほおひげを振り動かして、周囲の様子を感知する。身体をくねらせてぎこちなく泳ぐため、脚が裏側に隠れているとオタマジャクシにそっくりに見え、現代の近縁種は俗にタッドポール・シュリンプ（オタマジャクシエビ）と呼ばれているくらいだ。川から流れ込む生物の残骸や、静かな水面に産み落とされたハエの卵を追いかけるこのエビは、中央アジアの固有種である。[15]

春は川が増水して餌が豊富にあるが、状況が厳しくなるとジェアンロゲリウムは、泳ぐ節足動物とだけでなく、動かない生物群体とのあいだでも食糧をめぐる競争にさらされる。そのコロニーは一見したところ何かの海藻に覆われた石のように見えるが、実は外肛動物（コケムシ）と呼ばれる動物が作ったものだ。一つのコロニーを作るミクロな個体はすべて、湖底に最初に定着した個体のクローンで、雌雄同体である。サンゴやガラスカイメンのようなほかの群体動物と違って骨格が石化しておらず、ゼリー状のたんぱく質でできているため、コロニーはかなりぶよぶよした手触りだ。

大陸性気候のマディゲンでは冬は寒くなって、気候条件の変動が激しい。いまは夏の真っ盛りで、外肛動物はそのチャンスを活かす。休止芽《が》と呼ばれる、キチン質で守られた特別な細胞塊を作って周囲にばら撒くのだ。厳しい冬に備えたいわば保険証書である。湖が凍ったり水位が下がりすぎたりするとコロニーは死んでしまうが、休止芽は生きつづけ、状況が良くなると成長しはじめる。淡水湖の目につかないところに形成されるこの微小生息環境は、植物から頂点の捕食者にまで至る生態系全体の多様性を維持する上で、すさまじく重要な役割を担っている[16]。

水面に広がるさざ波は、まさにそのような捕食者が通り過ぎた証拠だ。ジャイリャウ湖で知られている最大の動物で、体長はカワウソくらい、前の時代からの生き残りである。マディゲンは山中の隔絶された地なので、すべての脊椎動物を含め多くの動物が固有種で、世界中のほかのどの地域でも知られていない。それ以外の動物は別の地域に棲む者と比較的近縁だが、この動物マディゲネルペトンの場合は、いずれの近縁種も長くは生き延びられなかった。

現代、世界中の四足脊椎動物は二つのグループに分けられる。一つは、四足獣の祖先と同じくいまだに水中に卵を産む両生類。もう一つは、殻を持った卵の中か、または子宮の中で、発生中の胚が何枚かの膜に覆われている、有羊膜類である。

両生類とも有羊膜類とも同じくらいの親戚関係であるマディゲネルペトンは、クロニオスクス類（「時間のワニ」）の一種である。連結した何枚もの鱗板《りんばん》が背中を覆っていて、三〇〇〇万年前からアジアの河川でワニのような生活を送ってきたが、もはや風前の灯火だ。しかしワニのようなライフスタイル自体は成功して、巨大両生類がクロニオスクス類からバトンを引き継ごうとしている。その一つであるマストドンサウルスは、サンショウウオに似た体長六メートルの動物で、頭蓋骨が平たくてほぼ完全な三角形をしており、下の歯の中でももっとも大きい円錐形の鋭い二本が、鼻面の先端に開いた特別な穴から千枚通しのように突き出している。

三畳紀のもう一つの主竜類のグループである植竜類は、現代のワニ類と非常に似た外見で、もしも鼻孔が鼻面のずっと後ろのほうに開いていなかったら、二つのグループをいともたやすく混同してしまいそうだ[17]。

マディゲネルペトンは水中生活にとくに適応している。ずらりと連結した鱗板の鎧は、膝のプロテクターのように祖先のものより柔軟で、背中をしなやかに曲げることができる。この鎧の重みで水中に低く横たわることができ、ワニのような形の小さな頭を水面からかろうじて出す。漂う水藻がこぶのあるでこぼこの背中に絡みついていて、そこから小さな目と鼻孔が覗いている。

クロニオスクス類はせっかく多様化しはじめたちょうどその頃にペルム紀末の大量絶滅に襲われ、その芽が摘み取られてしまった。生き延びた者もいまで何とか持ちこたえてきたにすぎず、マディゲネルペトンが最後まで残った種だと考えられている。例のマディゲネルペトンはウキゴケの中に静かに姿を消す[18]。

湖の底、水面の連中が気にならないような深さには、シーラカンスやハイギョだけでなく、これほど内陸の山岳湖にしては驚きの生き物も棲んでいる。サメだ。水面でいくら待っていても一匹も見られないだろうが、レモンを細長くしたように両端の尖った、革のように堅いらせん形の卵嚢《らんのう》が、ときどき湖岸に打ち上げられる。海から遠く離れた高山の山中でサメの卵嚢が見つかるなんて、海洋底でアイベックスの死骸が見つかるようなものだ。実際のところ、ジャイリャウ湖でサメの卵嚢が発見されるまで、卵を産むことが知られていたサメは、ここは計り知れないほど異なる海中世界に棲む者だけだった。

ここマディゲンには卵を産むサメが二種類いて、その中でも数が多いのが、それぞれのひれの前縁に曲がった長い特徴的な棘を持つヒボドゥス類である。マディゲンのヒボドゥス類はサメの中でも小型で泳ぎが遅く、ホオジロザメよりもトラザメに似ている。[19]

ヒボドゥス類の繁殖方法は長いあいだ謎で、かなり異なるほかのサメのグループに関する知識からでは推測しようがなかった。そんな状況が、ジャイリャウ湖で卵嚢が見つかったことで一変した。少なくとも一種のヒボドゥス類にとって、中央アジアの山岳湖は、こどもが成長し、おとなが群がってつがう場所だったのだ。

浅い水域では、水中から生えるトクサの茎のあいだでサメの赤ん坊が孵って、スローライフをスタートさせる。成長するにつれて湖岸から離れ、もっと深いところで暮らしはじめる。そこから先どこへ行くかはまったく分かっていない。多くのヒボドゥス類は淡水中で一生を過ごすが、それ以外は海棲である。ジャイリャウ湖は海からあまりにも遠いため、もっとも単純に解釈すると、おとなは水面からはるかに離れた湖のもっと深いところで、川からの流出物や舞い上がる堆積物を避けて暮らしているのだろうと考えられる。もっと可能性は低いがもう一つの解釈として、このヒボドゥス類、フェルガナヤリザメは、ベニザケと同じように、海から内陸の安全な繁殖地まではるばる旅をするのかもしれない。[20]

ハエのアクロバット飛行

必ず視界に入ってくるもの、というより、ジャイリャウ湖の湖岸を歩いていておそらく一番避けられないものが、ブヨである。マディゲンには、ドレパノサウルスやシャロヴィプテリクスから、魚やジェアンロゲリウムまで数多くの食虫動物が棲んでいるが、それでも、真のハエ類、すなわち身軽な双翅類《そうしるい》は、多様で大きな群集を作っている。巧みな飛行術で攻撃をかいくぐる、最近多様化したばかりの厄介な生き物だ。

古代の昆虫は翅が四枚あり、チョウから甲虫、コオロギからハチまでほぼすべてのグループがその古代の制約条件に縛られている。ショウジョウバエやイエバエ、カなどの双翅類は、この制約条件を受け入れた上で、そこにひねりを加えている。後翅はもはや揚力を発生させることはなく、平均棍《へいきんこん》と呼ばれる棍棒形の棒に変形している。水平のちょうつがいを介して胴体とつながっていて、飛行中に激しく振動させている。

飛行方向がちょうつがいの向きと違う方向に変わると、振動している平均棍が根元から折れ曲がって、ジャイロスコープのように作用する。そしてその動きを感知して飛翔筋が自動的に働き、体勢を調節する。このため、ハエはほかのどんな昆虫よりもはるかに大胆な曲芸飛行をすることができ、シャロヴィプテリクスの開いた顎や、振り回される新聞紙などの危険から、きりもみ状態でコントロールを失うことなく素早く身をかわすことができる。

地上を見ると、マディゲンの落ち葉の中に一番多く見つかる昆虫はゴキブリだが、昆虫学者にとってこの地での夢は、バッタの親戚と考えられている謎の昆虫、オオバッタ類との出合いである。うまく擬態していて、シダの葉のあいだで銅像のようにじっとしている。ペルム紀にロシアで進化したもので、世界の多くの地域では見つかっていないものの、マディゲンにはいくつもの属が棲んでいる。

姿や振る舞いはカマキリに似ているが、大きさは現代のカマキリやバッタをはるかに上回る。現代の昆虫の中で翅幅がもっとも大きいのはナンベイオオヤガで、二八センチメートルに達する。しかしオオバッタ類はそれよりもさらに大きい。いまここにいる、ギガティタンというそっけない名前が付けられた昆虫は、一枚の翅の長さが二五センチメートルにもなる。四本の肢で立ち、ジャンプすることはできない。代わりに前肢を上げ、そこから伸びる鋭い棘で獲物を捕まえる。しかし現代のバッタのように鳴くことはできる。翅と並んで摩擦器とやすり器を持っており、それをこすり合わせることでウシガエルのような低音で鳴くのだ。[22]

この森にはギガティタンに大きさで負ける四足獣が何種か棲んでいて、その中には、ジャイリャウ湖周辺でおそらくもっとも奇妙な住民も含まれる。ロンギスクアマ・インシグニス（「目立つ長いうろこ」）と呼ばれるその動物は、やはりトカゲに似た風変わりな爬虫類で、主竜類にも近縁のようだ。

体長が一五センチメートルしかないこのユニークな小動物は、ものを握れる手足で木に登るが、比喩としても文字どおりとしても抜きん出ているのは、背筋から生えているアイスホッケーのスティックのような非常に巨大なうろこだ。背骨に沿って五、六本以上突き出していて、高さは体長と同じくらいに達する。何のためにあるのかはよく分かっていないが、細すぎて何か力学的なメリットはなさそうなので、ディスプレイまたはカムフラージュに役立っているというのが一般的な見解だ。ただし一体しか見つかっておらず、しかも状態があまり良くない。森の中で奇妙な動物を見たという報告では決まってそうだが、一つめの例で浮かび上がってきた疑問を解決するにはさらに多くの目撃例を集めるしかない。

破壊を乗り越えた先に

マディゲンの森や湖は、「おごり高ぶるな」という大事な教訓を古代から与えてくれている。ロンギスクアマのように解釈が非常に難しい動物、シャロヴィプテリクスやフェルガナヤリザメのように現代の近縁種と大きく異なる生活を送る動物、あるいはマディサウルスやマディゲネルペトンのように非常に局所的にしか分布していない動物のことを考えると、かつて地球上に暮らしていた生命のうちどれだけ多くがいまだに未知であるのかを思い知らされる。マディゲンは一つのデータ点にすぎず、まだ比較対象がほとんどない。この生物群集はどれだけユニークなのか？　シャロヴィプテリクスはその翼でどれだけ遠くまで分布を広げたのか？　内陸のほかの地域には、その地特有のどんな驚きが待っているのか？　それは分からない。

　マディゲンを含むフェルガナ盆地一帯は、さまざまな偶然から紡ぎ出されるストーリーを語っている。四足獣の基本的な身体構造の枠組みから多数のバリエーションが生まれているが、いずれも祖先の制約に基づいて組み立てられている。進化とは、制約条件の中で適応して、その制約条件を破る術《すべ》を編み出すプロセスだ。三畳紀に初めて出現した、双翅類の翅が変形した平均棍や、シャロヴィプテリクスとその近縁種の伸びた皮膜など、古い構造体を新たな用途に使うことで、動物が動き回る方法も変わっていく。それどころか、進化上の難題に対する巧妙な解決法は生命樹の至るところに見て取れる。三畳紀は変化と実験の時代、現代の目から見るとまるで「何でもあり」の時代だ。

おそらくその一因は、ペルム紀と三畳紀の境界で起こった大量絶滅の後遺症だろう。地球史上最悪のその大量絶滅によって、生命の九五％が姿を消した。大量絶滅後には新たな生物種の出現スピードが上がって、一時的に絶滅の頻度が下がるようだ。物寂しかった三畳紀初期の世界の風景も、マディゲンの時代までには満たされて、再び生命が見事に繁栄している。ジュラ紀が始まると、のちに中生代を代表することとなる生物が生態上の支配的な立場をある程度占めるようになって、荒々しい実験の日々は終わることになる。[24]

ペルム紀と三畳紀を通して、マディゲン周辺の地域は中程度の高さの典型的な山地であり、隆起のスピードが遅く、侵食によって山頂の高さはこれまでほぼ一定に保たれてきた。しかしこのあと沈降を始め、二億年近くのちの漸新世には再び海中に没することとなる。

ありえないような話だが、トルキスタンの山地の北の山裾に隠された現代のマディゲンの地は、三畳紀の地勢を再現したような姿をしている。同じ古生代の海底から隆起した、北は天山山脈から南はギッサール＝アライ山脈にまでわたる山地が窪んで、広大なフェルガナ盆地が広がっており、そこはキルギスとウズベキスタン、タジキスタンの国境地帯となっている。現代の植物群落は半乾燥ステップで、イネ科植物に覆われているため、人々は昔から遊牧生活を送ってきた。

生物の歴史と人類の歴史を分け隔てるものは何もない。どんな生き物も生物学的進化の産物であって、祖先の生き方から影響を受けている。形態的な影響としては、たとえば脊椎動物はさまざまな方法で肢を使うが、いずれも制約条件に縛られている。あるいは、更新世の開けたマンモス・ステップを移動するというように、地勢的な影響もある。

三畳紀の初め、主要な大陸プレートはすべてつながっていて、超大陸パンゲアを形成していた。陸上の生物群集どうしを分け隔てる大きな障壁が存在しなかったため、ペルム紀＝三畳紀の大量絶滅による混乱が落ち着いて、深海に再び酸素が吸収され、森林火災が収まると、多く生き残った生物が比較的容易に世界中に広がって同質の動物相を作り、のちになってようやくそれが各地で固有の動物となった。それに対して、白亜紀末の大量絶滅の際には各大陸が海で隔てられていたため、世界各地に残された動物相は互いにそこまでは似ていなかった。

古生物学上のさまざまな偶然は、残された地質学的記録にも当てはまる。マディゲンの内陸の生態系がここまで詳細に保存されること自体、幸運の中の幸運だ。一般に内陸の生態系が広がっているのは、堆積物が堆積するような場所ではない。雨風と植物の根の作用とが相まって、岩石が形成されるどころか、露出した岩石が風化していくような場所だ。

記録されている陸上生物の歴史は、河川や海岸、三角州や河口といった、水の流れのある場所の歴史におおむね等しい。湖が保存されることはめったにないため、湖の化石記録は「メガバイアス」と呼ばれてきた。数えるほどの孤立したケースでしかデータが得られず、長期的な分析ができないということだ。陸上で堆積物が形成されるときには、詳細な様子はほぼ保存されない。しかしマディゲンでは驚くほど良く保存されていて、地球の生態学的歴史の中でほとんどの海洋化石産出地よりも明瞭な位置づけがされている。

ジャイリャウ湖周辺の氾濫原を昆虫の群れが飛び交っていた証拠があまりにも大量に残されていて、これまでに二万点を超す標本を収集したある研究者はこの累層《るいそう》について、「いくつかの岩層には肉眼で見るのが難しい小さな翅が文字どおりタイルのように敷きつめられている」と言っている。我々は保存されるような生き物しか知ることはできないが、マディゲンはいっときその制約条件を破って、ほかではけっして知りようのない事柄をくっきりと見せてくれている。[26]

いま存在しているものは、かつて存在していたものからしか生まれようがない。三畳紀の場合、かつて存在していたものはことごとく破壊されてしまった。ほぼあらゆる生き物が姿を消すという事態に直面して、ほとんどなす術はなかったが、それでも進化は偶然の不運を打ち破る力を発揮して、進化上の抜け穴を見つけ、残された者から新しい多様な驚異の数々を生み出した。

絶滅と種分化はたいてい並行して進む。三畳紀の奇妙な生物たちが生きていた時代には、生態上の選択肢が広がって、新たな形態のさまざまな生き物が生まれた。信じられないほど長い首で待ち伏せをするタニストロフェウス、鉤爪の付いた尾をぐるぐる巻きにしたドレパノサウルス、そして宙返り飛行をするハエ。湖畔からそびえる斜面の上のほうでは、シャロヴィプテリクスが幹の表面で体勢を変える。そしてキックして空中に飛び出し、未知の世界へと去っていく。

10
章

季節

Seasons

ペルム紀のパンゲアとテチス海

Moradi, Niger
- Permian

ニジェール、モラディ

ペルム紀——二億五三〇〇万年前

ペルム紀
2億5300万年前

now

Permian

「こんな雨は涙のように心落ち着かせる」
——メアリー・ハンター・オースティン『雨の少ない地』

＊

「水があふれてきて足下が浮かび、くるぶしの深さで空中に漂う」
——レイチェル・ミード『エーア湖』

風が変わった。

植物のまばらな砂地に北風が吹いて、砂丘にぶつかり、ケイ酸塩の鋭い破片を空中に激しく巻き上げる。あたり一面がよく見えない。塩の平原には、一息つける場所も、刺すような赤い強風から隠れられる場所もない。ゴルゴノプスの雌が地面からようやく身体を持ち上げて、背中に積もった砂を振り落とし、もう一歩踏み出す。絶え間なく積もってくる砂に抗うのは骨が折れるが、砂嵐はしょっちゅうやって来て、耐えなければならないのは今回が最初ではない。年老いて傷だらけの分厚い皮膚がある程度の防御にはなるが、完璧な守りとはいえない。

いつ雨期が来てもおかしくはなく、それを告げるように北風が戻ってきたが、砂嵐が収まるまではさすらいながら待つほかない。顎が腫れ上がり、脚を引きずっている。仕留めようとしたブノステゴスの一撃を食らって脚を折って以来、以前のようには身体が利かなくなっている。傷は治っているし、骨折箇所に血液が流れて、あっという間に組織が修復されている。活動的な温血動物の手際の良い生理現象の結果だ。しかし新たな骨が成長してこぶになり、外から見れば骨はつながっているが、以前に比べたら弱くなっている。

砂だらけのモラディで捕食者の頂点に立つゴルゴノプス類の動物にとって、このような怪我はときにおおごとになるが、珍しいことではない。だが顎が腫れるのはもっと珍しい。長くて鋭い左の犬歯がぐらぐらしているのは、新たな歯が生えてきているからだろうか。哺乳類のように切歯と犬歯、臼歯が分化している一方で、現代の爬虫類のように絶えず歯が生え替わっている。

ゴルゴノプスは活動的な捕食者で、獲物を捕らえるには上下の犬歯が対になって機能しなければならない。そこで、左右の犬歯が上下まとめて交互に生え替わる。しかしこの雌の右の犬歯はいま生え替わっている最中なので、左の犬歯がぐらぐらなのには何か別の理由がある。もっと切羽詰まった事態、細胞分裂のアクシデントだ。顎の骨の中に歯牙腫《しがしゅ》というがん性の腫瘍ができていて、犬歯の歯根を押し上げているのだ。腫瘍の中には小さな歯がいくつも詰まっていて、それが大きくなるにつれてそばの歯根を徐々に冒していく。彼女は口を閉じて不快そうに顎を動かしている。もうすぐ嵐は去る[2]。

　嵐が収まってきたかと思うと、激しい稲光でアイル山地の頂が一瞬明るくなり、彼女ははっとする。頭を前にかしげて、吹き飛ばされる砂の中を、ブルドッグとテリアの交配種のような鼻先越しにじっと見つめる。指を大きく広げた足の下には、干上がった湖底が広がっている。そのさしわたしは八〇メートルほど、四方八方がまったく同じ様子で、白い粘土の上に、結晶化した石膏の畝《うね》で区切られた不規則な幾何学図形が敷きつめられている。

　毎年この湖は、新たな水で深く満たされる。そして毎年完全に干上がって、固くなった泥のわずかな起伏だけが水の痕跡として残る。東の山々から川が流れ込んでいるときでも、外に水が流れ出すことはない。多少の水は土壌に染み込むが、ほとんどは蒸発して、乾燥した熱い大気に吸い上げられる。ここは水の終着点、流れ込むが出ていくことのないいわゆるプラヤ湖、巨大な山塊の中の窪地だ[3]。

　沿岸の島々を除いて世界中のほぼすべての陸地が合体し、たった一つの超大陸、パンゲアになっている。北極点も陸地、南極点も陸地で、そのあいだに、冷たい大地、温暖な土地、じめじめした森、そして赤道周辺の西方と内陸に広がる赤い砂漠が帯状に連続している。水が循環するには海から雲や雨がもたらされなければならないため、超大陸の大地の大部分が海から遠く離れた内陸になると、乾燥した中央部には雨がめったにやって来ない。しかしやって来たときには膨大な量になる。

パンゲアはおおよそCの字のような形の大きなカップ状で、赤道を挟むように東に口を開けており、そこでは初期のテチス海が形成されつつある。その海の東には、一年じゅう雨の多い熱帯の大きな群島、のちに中国南部と東南アジアになる大陸塊が横たわっていて、パンサラッサ海の侵入を防ぐバリアの役割を果たしている。パンサラッサ海は地球の残りの部分を覆う巨大な大洋で、太平洋と大西洋を足し合わせたよりも大きく、半球以上の面積を占めている。北と南から大きな陸塊に、西と東からバリアに挟まれた湾状のテチス海は、カリブ海を広げて深くしたようなものだ。現代のカリブ海周辺に暮らす人たちなら身に染みて知っているとおり、このような地形は嵐に見舞われやすい。

北半球の夏には、パンゲア北部の大地が温められ、冬のさなかの南部は冷やされる。そのあいだに広がる、熱を蓄えた海は、おおよそ一定の温度を保つ。東を島々に囲われたテチス海には強い海流がほとんど流れていないため、海面水温三〇℃という温かい水塊がこの海の中に作られて、季節の変化とともに南北に移動する。温かい水塊の広がる場所では気圧が低くなって、気温の低い半球のほうから空気が吸い込まれて上昇し、テチス海から蒸発した水分を新たに含んで、夏であるパンゲアの反対側の沿岸に雨を降らす。その風の通り道における降水量は、八月のピーク時には一平方メートルあたり一日最大八リットルに上ると推計されている。パンゲアは巨大モンスーンの大地なのだ。[5]

モラディはパンゲアの南側、赤道を取り囲む降雨帯に属する青々とした熱帯地域のすぐ南に位置する。南方に広がる乾ききった砂漠帯の北端だ。その境界線に位置する上に、もっとも近い海から約二〇〇〇キロメートル離れており、二つの意味で極端な地点だ。砂漠とじめじめした熱帯地方とに挟まれたこの大地は、温暖で極端に乾燥しており、一年のうち短い期間だけすさまじい雨が降る。地球の南半球側が太陽のほうを向くと、東にそびえるアイル山地に激しい雨が降り、その水が滑りやすい急斜面を流れ下って、扇状に泥を押し広げながらこのティム・メルソイ盆地の干上がった大地を満たし、ゆっくりと蛇行しながら分岐と合流をいつまでも繰り返す水路のネットワークを形作る。[6]

プラヤ湖の白い平原から離れると、大地はわずかに高くなり、レス（黄土）で覆われた赤褐色の平地へと変わる。ところどころに球果植物の小さな灌木、ヴォルチアが群生している。砂嵐が激しく吹きつけたため、リボンのような長い葉と、いずれ新しい枝になるはずだった棘だらけの短枝はちぎれて散乱し、降り積もった砂に半分埋もれている。この球果植物ヴォルチアは、ティム・メルソイ盆地の枝分かれする河川に沿って点在して生えており、モラディの動物たちに隠れ処と日陰を提供している。[7]

有羊膜類の進出

ゴルゴノプス類はペルム紀後期の捕食動物の中でも飛び抜けて大きく、中でも最大のルビジア類はパンゲアの中でもアフリカ地域にしか見られない。ディノゴルゴンなど何種かのルビジア類は、頭部がホッキョクグマよりも大きく、胴体もそれに見合う大きさだ。眉弓が突き出していて、尾が太くて短く、長い牙を二本生やしていて、下顎がシア・カーン〔ディズニー映画の『ジャングル・ブック』に出てくるトラ〕のようにごつく、威光を放っている。砂の上をゆったりと歩くゴルゴノプスの全体的な印象は、大型のネコ科動物とオオトカゲを足して二で割ったようだ。足はものをつかむのに適していて、大型のネコ科動物のように、もがき回る大きな獲物をしっかりと捕まえることができるが、体毛が生えていないし、四肢が少し外側に広がっている。

砂漠に暮らす捕食動物であるモラディのルビジア類にとって大きな問題は、いかにして水分を調達するかだ。水を湛《たた》える涼しい日陰の水たまりが年間を通していくつかあり、そこには、必要となれば空気を呼吸できるハイギョや、淡水性の二枚貝バラエオムテッラの小さな群集が、一息つけるまで何とか生き延びている。夏のあいだゴルゴノプスは、もちろんそうした水たまりからも飲み水を補給するが、おそらく砂漠に暮らすほかの大型捕食動物と同じく、水分のほとんどは獲物の肉や血から得ているのだろう[8]。

モラディに棲む被食者の中でもっとも大きいのが、ブノステゴス・アコカネンシス〔「アコカンのこぶ頭」〕という名前の、鈍感そうな魅力的な見た目の動物だ。その小さな群れが、干上がった二本の川の跡に挟まれた木立ちの近くに集まっている。川岸を走る獣道は、彼らがひっきりなしに踏みしめてきたことで、これ以上凹まないくらいに固くなっている。胴体はバイソンほどの大きさで、毛がなくてずんぐりしており、尾は太くて短く、足は鋤《すき》のような形だ。名前の由来であるこぶは骨でできている。鼻面の正面に二つか三つあって、頭部の上の後ろの隅にもっと大きいものが一つずつ、さらに両目の上に一つずつある。背中のほうにたどっていくとさらに武装していて、皮骨板と呼ばれる骨の隆起がゴルゴノプスの攻撃から身を守っている。

身体の大きさも強みで、この動物を含むパレイアサウルス類はいずれもあっという間に成長しておとなの大きさになる。モラディに棲むほかの大型四足類と比べて、ブノステゴスは文字どおり頭一つ出ている。トカゲと違って四肢が大の字に広がってはおらず、真下に伸びていて、胴体の位置が高い。肢《あし》を真下に下ろして歩く（直立歩行する）最古の四足類の一つだ[9]。

このような大地に暮らす大型動物にとって、直立歩行に適応しているのは都合が良い。植食動物が生き延びるのに十分な量の水と食糧を得るには、残された水源や食糧源のあいだを効率的に移動する必要がある。胴体の重さが四肢のあいだでなく真上にかかれば、歩くのに要するエネルギーが少なくて済む。乾燥した開けた土地では、一頭の動物の行動範囲は一般的に広く、食糧源や水源が互いに遠く離れていることが多い。そのためこのような動物は近縁種よりも直立した姿勢になる傾向があるし、身体の大きさに比例してエネルギー効率も上がる。

ブノステゴスはこの姿勢を取り入れた最初の動物だが、直立歩行するすべての四足類がその子孫というわけではない。恐竜は後肢で直立して、歩行中は前肢をだらりとさせているし、大型哺乳類は四本すべての肢をまっすぐに下ろしているが、いずれもブノステゴスのかなり遠い

ブノステゴス・アコカネンシス

親戚にすぎない。恐竜も哺乳類も「有羊膜類」に含まれ、この名前は、殻を持った卵を進化させたこれらの動物を両生類と区別するために付けられた。しかしそれぞれ、有羊膜類の系統樹の最初のほうで分かれた別々の系統に属する[10]。

有羊膜類が陸上を支配しはじめたのはこのペルム紀のことである。この時代には新たな現象として、比較的乾燥した気候、あるいは少なくとも極端な季節変動が始まった。その前の石炭紀に、両生類のあるグループが巧妙な形態の卵を進化させた。魚類の子孫である彼らの卵の内部は、祖先のものと同様、海と同じくアルカリ性で塩分の高い化学的環境になっていた。発生とDNA複製に関わるたんぱく質は水中環境で働くよう適応していて、一度乾燥すると機能しなくなる。両生類は水から上がることはできるものの、幼いうちは溜まり水がないと生き延びられない。

一方、有羊膜類という名前は、卵一個一個を何枚かの膜でくるんで密封することで、初めてこの問題を解決した生物種の子孫を指す。一番外側には、物理的に守るための殻がある。胚が発生するのは、羊膜と絨毛膜《じゅうもう》と呼ばれる二層の袋の中。一番内側の尿膜が胚にとってのいわば肺として作用し、多孔質の殻から入ってきた酸素を胚に送って呼吸を続けられるようにするとともに、呼吸で生じた廃棄物の保管場所として機能する。これらの保護膜によって、たとえ周囲が乾燥しきっていても、発生中の卵の内部の化学的環境が保たれる[11]。

石炭紀末からペルム紀初めにかけての三〇〇〇万年のあいだに、地球の気候は比較的湿潤な状態から極端な乾燥状態へと切り変わった。乾燥した新たな世界が完全に定着した頃には、有羊膜類がその本領を発揮していた。一時的な渇水に備えたバックアップ機能だったこのメカニズムのおかげで、新たなニッチを切り拓いて内陸に新たな群集を築くことができたのだ。卵を産むための新鮮な水を見つけなければならないという制約から解放された彼らは、それまで進出できなかったパンゲア大陸の砂漠や高地に棲みついた。すでに昆虫やクモ形類、真菌類や植物が、乾燥に耐えられる種子や胞子、卵を各自携えて進出していた場所に、ついに脊椎動物がたどり着いたのだ。

現代では有羊膜類以外の四足類は、カエルやサンショウウオ、および穴の中に暮らしていて目が見えないアシナシイモリなど、いわゆる平滑両生類だけだ。ヒトを含めそれ以外の四足類はすべて、有羊膜類の中の一種である。我々にとって羊膜は、出産時にあふれ出る「水」の入った袋、発生中の自分自身を守るために「人」人が作るミニチュアの海の入れ物として馴染み深い。絨毛膜と尿膜は一体となって、あの胎盤を作る。我々もいまだに古代の生態的特徴の名残を持ちつづけている。ヒトの細胞ももっとも基本的な化学的環境の制約条件を破ることはできず、我々の身体は祖先たちが陸上に上がるのを可能にした発生時の抜け道を受け継いでいるのだ[12]。

植物を消化する方法

モラディの動物の中で我々にもっとも近縁であるゴルゴノプスも、群れをなすブノステゴスと同じく柔らかい殻を持った卵を産む。しかし意外なことに、ここには辛抱強い両生類も何種か暮らしている。河床の中央を走る砂利敷きの水路を見回っているのは、大きさと基本的な体つきが何となく大きなワニに似た動物だ。頭蓋骨から小さな目がワニよりも高く突き出していて、小さな火口丘のように盛り上がった鼻孔は鼻先でなく鼻面の中央付近に付いており、二本の長い下顎の犬歯が異様にも上顎を貫いている。

その動物、ニゲルペトンは分椎類《ぶんついるい》の一種で、有羊膜類よりも現代の両生類に近いが、現代の小さな両生類よりもはるかに大きい。現代の中国や日本の限られた川に棲むオオサンショウウオですら体長一八〇センチメートルまでしか成長しないが、ニゲルペトンはそれよりも六〇センチメートルほど大きい。ニゲルペトンと、モラディィに棲むもう一種の分椎類で近縁であるサハラステガは、卵を産むためにいまだ水辺から離れられないが、それでもれっきとした陸生動物である。[13]

モラディィの湿った砂漠の生態系でおそらく一番居心地良く暮らしているのは、ここで初めて発見された動物、モラディィサウルス（「モラディィのトカゲ」）だろう。実はトカゲではなく、初期の有羊膜類のもう一つのグループで、現代には近縁種が残っていない、カプトリヌス類（「捕まえる鼻」）の一種である。モラディィサウルスなどのカプトリヌス類を含め、初期の有羊膜類は、繊維質の多い植物を食べることに適応して、食性を大きく変化させた。

植物の繊維はおもにセルロースという炭水化物でできていて、この分子を分解できる唯一の酵素を脊椎動物は生成することができない。たとえばヒトはセルロースをいっさい分解できないため、植物質を食べたときにはでんぷんや糖などほかの炭水化物からエネルギーを得る。その結果、おもに果実や、穀粒および木の実を含む種子、そしてジャガイモやカブなどの塊茎を食べる。ホウレンソウやキャベツ、セロリなどの葉や茎を食べるのは、エネルギーを得るためではなく、ビタミンやミネラル、難消化性のセルロース繊維など、別の栄養分を摂取するためである。

エネルギー源があるのに利用できない場合、最善の方策は、サンゴが光合成をおこなう藻類と共生するように、そのエネルギー源を利用できる微生物と協力することである。セルロースに富んだ食事でもまさにそのような協力関係が必要で、ブノステゴスなどのパレイアサウルス類は、細菌で満たした樽のような胃の中でセルロースを発酵させる。モラディサウルスに似たもっと小型のカプトリヌス類などは、最大[illegible]列に並んだ歯で植物を切り刻むことで、その発酵プロセスを加速させる。この新たな生態によって別の系統にも進化の可能性が開かれた。三畳紀初期に生きていた別の単弓類〔有羊膜類のうち哺乳類の祖先を含むグループ〕の糞の中には、植食動物の消化器の中からしか見つかっていない特有の寄生虫の卵が保存されている[14]。

乾季の終わり

河床では、熱でゆらぐ木々の影に代わって黒っぽい水面が広がり、砂からあぶくが立つ。数日前にモンスーンがアイル山地を襲って以来、この盆地に雨水が流れ込みつづけている。いま、その流れの先端がようやくたどり着いて、かつての川が沈殿させた塩を溶かし込み、葉脈のある細い葉を空っぽの湖へと運んでいく。水路が水で満たされたいまとなっては、この川が流れていないときもあるなんて考えるのは不可能に近い。河床が突然黒く見えなくなって、いつ終わるともなく水が流れてくるのだから。

　湖に流れ込んだ水は、まるで白いキャンバスに黒い絵の具で木を描くように、平らな湖底に枝分かれしながら広がり、もっとも低い場所をゆっくりと探していく。黒い枝が広がったり合流したりするにつれ、剝き出しだったプラヤ湖の粘土が水を吸って膨らんでいく。地中の結晶が水を吸収し、地面のひび割れが塞がっていく。

　流れが遅くなる場所に山からの土が溜まり、湖はどんどん塩分が減って澄んでいく。再び水で満たされたことで、去年の湖岸はもはや途切れ途切れでギザギザになり、水平線の上だ。岸辺に生える、乾燥を好む植物が湖面に覆いかぶさり、毛のように細い植物が水面から突き出している。

　日の光を浴びた水面は空を完璧に映し出し、かつて湖底だったところは、いまでは大気の塊を上下ひっくり返したように見える。数百キロメートル上流の山中では、耳をつんざくような豪雨が葉に打ち付けて、根を地面から浮かせているに違いない。しかし砂嵐の端に位置するこの地は静かだ。

　くさび形の頭をした小さなモラディサウルスがよたよたと歩いている。その短い胴体がさらに短い肢を一歩ごとに振り動かし、左右に身体をひねって歩幅を稼ぎながら、ぬかるんだ泥の中に足をねじ込む。水中に入ると、水面に浮かびながら、だらりと垂れた肢で水を掻く。尾は途中で突然切れていて、まるで木の切り株から生える若枝のように、そこからもっと小さくて細い尾が伸びている。若いカプトリヌス類は現代のイグアナのように、捕食者に尾をつかまれるとその尾が切れ、やがて再び生えてくる。[15]

二か月にわたって川に水が流れ込み、塩の平原は完全に水没している。ブノステゴスが湖にやって来て転げ回り、重い身体を水浸しの地面に深く沈める。球果植物は地下水面から離れないよう主根を深く伸ばし、青々と茂っている。残った水たまりで何とか生き延びていた軟体動物は、表に出て繁殖するチャンスをつかんでいる。トカゲに似た小さな爬虫類があちこちを駆け回っている。再び水で満たされた川の蛇行部や、水を湛えた湖のほとりには、モラディに暮らす動物たちがやって来てがぶがぶと水を飲んでいる。

上流から流れてきた植物の切れ端が集まって水路の端に引っかかったり、ときどき水面が盛り上がって低湿地に打ち上げられたりする。モラディにはゆっくりと生長する植物が一年中生えているが、この流出物から察するに、上流はもっと植物の生い茂った環境のようだ。同じく上流から運ばれてくるのが、侵食された砂の土手から流され、水中で転げ回って角が取れた、ブノステゴスやモラディサウルスの骨である。

乾燥した土地では腐敗はゆっくり進む。これらの動物が死んでからおそらく五年か一〇年ほど経っているだろう。その間に腐敗によって骨格が一本一本の骨へとばらばらになり、皮膚が乾燥して堅いシート状になって、風で飛ばされてきた砂がまとわりついている。砂嵐によって骨にはひっかき傷ができ、表面は化学的に変質して表層が結晶性になっている。川が戻ってきてくねくねと流れ出すと、まだ化石化していなかったその骨は再び流れに飲み込まれ、新たな土手に再び埋められる。生きた動物から化石へとまっすぐな道でつながることはめったにないのだ。

しかしときにはきわめて単純な道になることもある。蛇行する川は土手や砂州を侵食するが、その一方で動物の巣穴を塞ぐこともある。モラディでは、おそらく夏の日中の暑さを避けて巣穴の中で心地よく身を寄せ合っていた四頭の若いモラディサウルスが、その巣穴が水没したことで、あふれる水に飲み込まれてあっという間に埋められ、悲惨な姿で保存されている。川が増水したいままでは、その流れから水を飲もうとするどんな動物にも新たなリスクが降りかかる。

蛇行部の砂州に骨などの軽い漂着物が溜まっている地点では、川が広く深くなっており、アイル山地から押し流されたもっと大きい瓦礫や巨大な丸太が運ばれてくることもある。そんな蛇行部の一つでは、長さ二五メートルの、倒木ほぼ丸ごとの丸太に、木の破片が次々と引っかかってつかえ、天然のダムができはじめている。一〇〇キロメートルにおよぶ旅路のあいだに脆《もろ》い枝が次々に折れて、太い幹だけになっている。その丸太の断面には年輪がほとんど見られない。今年のモンスーンで倒れた木々は連続的に生長しており、一年を通して絶えず雨が降っていたことが分かる。その丸太が流れを遮って、雨期の川の流れを減速させ、完全に流れが止まると小動物のための隠れ処となる。[16]

つかえた流木は川の生態系に大きな影響を与えることが多い。鉄砲水がそこに押し寄せると、でこぼこの障壁を乗り越えようとして激しい乱流になり、持っていたエネルギーを大幅に失って流れが遅くなる。こうして流木に邪魔されて川は穏やかになり、下流側の被害が小さくなる。

上流側では氾濫原に水があふれて一時的な水たまりを作る。モラディで年間を通して両生類が生きつづけられるのは、もしかしたらそのおかげかもしれない。このように勾配が緩くて水の流れが穏やかな場所では、つかえた流木は地質学的特徴にはほとんど影響を与えないが、もっと幅の広い河川系では、つかえた流木の規模と影響がもっとはるかに大きくなることもある。

有史以来最大の流木のつかえは、ミシシッピ川沿い、現在のルイジアナ州にあったカド族の土地に一〇〇〇年近くにわたって存在しつづけていた。それはグレート・ラフトと呼ばれており、あるときには全長二五〇キロメートルほどにも達して、水中で木の幹がゆっくりと腐敗しながら絶えず移ろうカーペットをなしていた。地元の民話や農耕にとっても重要で、洪水によって栄養分に富んだ水がもたらされたり、作物を育てるためのシルトが溜まったりしていた。もしも船の往来のために爆破されていなかったら、現代でもそこに存在していただろう。しかしひとたび失われると、下流で氾濫が起こるようになり、さらにいくつものダムを建設せざるをえなくなって、この地域の水の流れが変化してしまった。

モラディの生態系は、ペルム紀の中でもかなり珍しいたぐいのものだ。我々はどうしても、過去のある一時代には世界中が同じような光景だったとイメージしたくなってしまう。しかし地球全体が雪の世界ばかりだったり、砂漠の世界や森の世界ばかりだったりすることなどはけっしてない。多様性、地方性がつねに存在している。世界中どこであっても、各生物種の分布は、過去の変遷と気候への耐性の組み合わせに応じて決まる。モラディは暑さと乾燥度がかなり激しいため、そこに暮らす生き物は、たとえば南アフリカのカルー高原や東ヨーロッパに見られるペルム紀のほかの生態系とは異なる。これらの化石産出地では、再現された気候は温暖で、冬は寒くて夏は暖かく、モラディとはまったく異なる生物種が見られる。

ゴルゴノプスを含む獣弓類《じゅうきゅうるい》は世界中に分布していて、生態面で非常に多様だ。たとえばロシアに棲む獣弓類で外見はサルに似ているスミニアは、親指とほかの指を向かい合わせにできる最初の動物で、しかも木に登る最初の脊椎動物である[18]。モラディがほかの地域と異なるのは、舌のような形の特徴的な葉を持つシダ種子類の一種、グロッソプテリスが生育していないことに由来するのだろう。グロッソプテリスの森はパンゲア南部を支配していて、別の獣弓類のグループ、ディキノドン類が好んで餌にする。モラディではこの植物が生えていないおかげで、パレイアサウルス類やカプトリヌス類などそれ以外の植食動物が繁栄できたのだ[19]。

大絶滅の足音

極端な季節変化はどんな生物群集にも試練を与える。更新世のイクピクパクに暮らしていたウマが冬に成長しなくなるのとまさに同じように、ブノステゴスも乾季になるたびに成長を止める。肢には成長線が刻まれ、その一本一本に、成長が阻害されて渇水を耐え抜いた時期が記録されている。しかし過酷な生き方でありながら、乾季を耐え抜く砂漠の生物群集は驚くほど多様であることが多い。

現代のナミビアでは、高さ数百メートルもの砂丘のあいだを一本の川が流れている。低地に広がる粘土と塩の平原に水が溜まり、ソーサスフレイという名のそのプラヤ湖は、モラディの湿った砂漠に似た、現代ではめったに見られない場所だ。ナミブ砂漠では、雨水は数年に一度、砂丘のあいだを流れるだけなので、ソーサスフレイはほとんどのあいだ干上がったままだ。とはいえ地下水は豊富で、主根が長さ六〇メートルにも達するキャメル・ソーンという木が砂の奥深くにまで根を伸ばして、塩分濃度の高い水を吸い上げており、年間を通してその吸水スピードは変化しない。またその木は、トカゲや哺乳類の繁栄した群集も支えている。

ソーサスフレイに近い別のプラヤ湖は、その水源すらも絶たれると何が起こるのかを物語っている。そのプラヤ湖、デッドフレイはナミビアの人気観光地の一つで、雲一つない真っ青な空の下、鉄錆色の砂漠と白っぽい粘土の大地が広がり、そこに枯れた真っ黒なキャメル・ソーンの木が立っているという異様な光景だ。数百年前に川の流路上に砂丘が移動してきて、川を断ち切ってしまった。それ以来キャメル・ソーンの木は、失われた生態系を記憶したまま、日焼けして痩せこけた記念碑として立ちつづけており、極度な乾燥のために朽ちることがない。

モラディもまた、もしも毎年洪水が起こらず、アイル山地に雨が降らず、モンスーンがやって来ることがなく、大陸の形が違っていたら、やはり完全に不毛の地になっていたことだろう。

しかし頼りになる雨ですら、来たる変化を防ぐことはできない。モラディの化石記録は現代から二億五二〇〇万年前まで続いたところで突然途切れ、そこから一五〇〇万年にわたって抜け落ちている。失われているのは記録だけではない。パンゲア大陸に高温の風が吹き荒れ、北極のほうから前代未聞の爆風が広がろうとしている。シベリアが噴火しそうなのだ。

のちに噴火が起こると、四〇〇万立方キロメートル、現代の地中海を埋め尽くすほどの溶岩が噴き出して、オーストラリアほどの広さの地域を埋め尽くすこととなる。形成されて間もない炭層がその噴火によって引き裂かれ、地球はろうそくのような姿に変わって、石炭灰や有毒な金属が陸地の上空を漂い、川が死の泥水へと一変する。海から酸素が泡となって湧き上がり、細菌が繁殖して有毒な硫化水素を生成する。不快な匂いの硫化水素は海や空に充満する。地球上の全生物種の九五％が絶滅し、のちにこの事件は「グレート・ダイイング（大絶滅）」と呼ばれることとなる。[21]

　モラディの上空が暗くなって、巨大モンスーンがかまわず吹きつづけるが、アイル山地から流れてくる水は、ヒ素やクロム、モリブデンが混じっていて飲めない。生命の源が断たれ、砂漠に打ち捨てられた骨は嵐の中に沈んでいく。

11
章

燃料

Fuel

石炭紀の地球

Mazon Creek, Illinois, USA - Carboniferous

アメリカ合衆国イリノイ州、
メゾン・クリーク
石炭紀——三億九〇〇万年前

石炭紀
3億900万年前

now

Carboniferous

「多数に深裂した葉を持つメドゥロサを見て、
ロボク類の枝のあいだから薔薇色の夕日を眺めた」
―― E・マリオン・デルフ＝スミス博士『植物の夢』

＊

「世界の半分を占め
未知の花々で飾られ
気候のない
この未探検の領域では、
すべての季節が失われている」
―― ジャン＝ジョゼフ・ラベアリヴェロ『夜からの翻訳』（ロバート・ツィラー訳）

身体に堪える湿気と、気力を掻き立てる暑さ。通り抜けられそうにないぬかるんだ茂みが、波一つない真っ平らな黒い水の中へ沈んでいく。堂々とまっすぐに伸びるトクサや木生《もくせい》シダの小枝が屹立し、日光を求めて互いにかき分けている。空気には中毒作用がある。地球上の大量の植物体が大気を酸素で満たしていて、大気中の酸素濃度は現代より五〇%も高い。パンゲアの西海岸では、植物に覆われた熱帯の沼地を一本の川が流れ、巨大な緑海にシルトの砂州がくさび状に伸びている。現代のイリノイ州グランディー郡の広大なコーンベルトの風景とは似ても似つかない。現代、この地点では、イリノイ川が雄大なミシシッピ川を目指して単一農法の農地の中を流れはじめているが、石炭紀のいまは、名もない川が海に流れ込み、アレゲーニー山脈の高地を侵食してできた土砂を堆積させて豊かな三角州を作っている。

泥炭地に身を寄せ合って茂みを作っている木々は、互いに一メートルも離れておらず、高さは一〇メートルでほぼ揃っている。幹はワニのような緑色、ダイヤモンド形の組織がうろこのように重なり合っている。どのうろこも上下のものに対してわずかに横にずれていて、全体ではらせん状のモザイク模様を作っており、暗い樹上に向かってらせん階段が伸びているように見える。根元から五メートルくらいまでは何の模様もないつやつやしたうろこだが、半分より上では、一枚一枚のうろこからブラシの毛のような細長くて黒っぽい葉が一本ずつ生えていて、それが隣の木の葉と絡み合い、流れのない浅い水にまだら状の影を落としている。下のほうのうろこから落ちた細い葉が、その影のあいだに浮かんでいる。

現代の広葉樹林と違って光を遮ることはないが、光を捕らえるという点で効率が悪いことはない。まばらな林冠から射し込む光も無駄なく利用される。この木、リンボク類（レピドデンドロン類）は、ダイヤモンド模様の幹の表面でも至るところで光合成をおこなっていて、樹皮全体で空気と太陽光を新たな植物質に変えることができるのだ[2]。

早朝、このボトルブラシのような樹冠の下に届く光のほとんどは、横のほうから射し込む。木が生えておらずに空が開けている水深の深い場所で、低い太陽からの光が反射している。涼しい木蔭とは対照的に、石炭紀のイリノイ州を照らす熱帯の太陽は白くてまぶしい。朽ちたリンボク類の幹や黒くなったシダ類の茎の腐敗臭が水から漂い、水辺の軟らかい地面は倒れた丸太の重みで沈んでいる。

向こうにはリンボク類の木立ちがもう一つあるが、そちらの木々は一本のポール状ではない。先端で二股に分かれ、それがさらに二股に分かれて隙間を埋め、小さな林冠全体に広がっている。水に浸かった土の上で幹はあちこちに傾いているが、それでも高さは揃っており、水面から三〇メートルほどの高さの林冠は、細かい模様が施されたねじれた柱と深緑色の屋根からなるヴェネツィアのテント市場のようだ。太くて何となく絡み合っているだけなのに、一つの木立ちの中では木の高さがかなりきれいに揃っている。

ブラシのような若木のあいだに苗木は一本も混じっていない。どれも完全に成長した成木で、まるで幾何学好きの気真面目な庭師が植えたかのようだ。もちろん意図的な植樹計画ではないし、土壌の質や日光の量が場所によって違うからでもない。これらの木はすべて同じ種で、そ

レピドデンドロンの一種

れぞれの木立ちの中ではすべての木がまったく同じ年齢である。隣り合った木々は互いに同年齢の集団に属し、文字どおり一緒に生長してきたのだ[3]。

密生しているのにはれっきとした理由がある。リンボク類はいわば植物工学の世界の先駆者で、頑丈な樹皮を持った最初の植物だが、内部はあまり木質《もくしつ》化していない。我々のイメージする堅くて詰まった真の木質はほとんど見られない。ここに多く生えていて、しかもほとんど木質だけでできているのは、裸子植物だけである。リンボク類では真の木質は幹の中心部にごく少量しか見られない。代わりに内部はほぼスポンジ状で、いかにも草本植物を思わせる軽い組織でできている。樹皮は強く、リンボク類がこれほど高く生長できるのはひとえにそのおかげだか、中が堅い木質でできている場合に比べたら頑丈ではない。そのためかなり不安定なはずだが、地中で起こっていることのおかげでそうとも限らない。

大気と根のつながり

リンボク類の根は、あちこちに穴が開いていることからスティグマリアと呼ばれ〔スティグマとは小さな傷跡の意味〕、泥炭化しはじめた土の中で隣の木の根に巻きついてきつく絡み合う。そうして、浅い場所に連続した板状の根板が作られ、そのしっかりした土台によって地中ですべての木が支えられる。その根板は驚くほど目が詰まっている。主根から小さな支根が何本も生えていて、水を吸収する表面積が非常に大きく、面積一平方メートルの地中に二万六〇〇〇本近い支根が伸びている。一本の木が倒れると近くの木も容易に巻き添えになるが、この強い根系のおかげで強風による倒壊はほとんどない。木々が互いに支え合って安定しているのだ。

この浅い地中の根板が世界を変えようとしている。根が存在するおもな理由は、植物を地面に固定することや、水と栄養分を吸収することかもしれないが、根のおよぼす影響は、個体よりもはるかに広い範囲におよぶ。根は地勢を変える役割も果たし、地面に文字どおりほかの生物のための穴を開けるため、さまざまな生物が関わり合うこの地中世界は「根圏」と呼ばれている。根系は、穴を掘り進めることで岩石を風化させて徐々に砂に変えるとともに、腐植を保持する。根が張っていなかったら、植物の破片が風で吹き飛ばされたり雨で流されたりしてしまうため、土壌は形成されない。

また、根によって地面が堅く締まっていなかったら、雨水が合流して広く緩やかな川になり、植物の生えていない大地をシート上に流れて、土手を削り取りながらまっすぐなルートを進んでしまう。たえず変化する何百本もの水路や氾濫原、三日月湖からなる、自然に蛇行する河川系は、何千本もの木が大地にしっかりと根ざして流れに抗い、川を迂回させることで作られている。川の流路は植物が決めるのだ。

根は地中に掘り進んでいくものだが、葉と同じく大気の化学組成も変化させる。ナトリウム・カルシウム・カリウムなどアルカリ金属のケイ酸塩に富んだ砂岩の中に根がひっきりなしに伸びていき、共生する微生物や真菌類の助けを借りてそれらのミネラルを取り込んでは水の中に放出する。溶けた金属イオンが入り組んだ新たな水路に流れ出せば、川はアルカリ性に傾くはずだが、同じく水に溶け込んでいる二酸化炭素がそれらの金属イオンと反応して、その変化を和らげる。この緩衝作用が続くことで、大気中からさらに多くの二酸化炭素が水中に溶け込む。

根によるケイ酸塩の風化が大気におよぼす影響は非常に強く、現代でも、タケのように風化作用の強い植物の栽培促進が炭素捕捉の重要な手段として提案されている。地質学的なタイムスケールとなると、当然ながらこの変化はすさまじく大きい。一億一〇〇〇万年前のデボン紀初めから石炭紀のいままでに、大気中の二酸化炭素濃度は約四〇〇〇ｐｐｍも下がっている。この値は、現代の大気中に存在する二酸化炭素の総量の一〇倍にも相当する。ひとえにそれは、根が地中に伸びることで引き起こされてきたのだ。[5]

森林火災のリスク

大気に起こった変化はそれだけではない。メゾン・クリークでは以前よりも雨が多くなっている。アレゲーニー山脈の隆起によって風が変化して、険しさを増す斜面を大量の雨水が流れ下るようになった。侵食の激しい川が何本も作られ、メゾン・クリークで熱帯の海に流れ込む川はミルクティーのような茶色になって、台地の川岸から押し流されたシダ種子類などの植物の破片を運んでくる。入り江には一日二回、穏やかな上げ潮が押し寄せ、季節によっては洪水が襲う。メゾン・クリークは真の沼地で、一年じゅう水に浸かっているところもあれば、朽ちた枝や葉に覆われてじめじめしたまま水上に出ているところもある。[6]

洪水が押し寄せると大地は掻き乱される。水没していたところが顔を出し、陸地だったところが押し流される。水辺では、生物群集が入れ替わり立ち替わり回復すること、いわゆる生態遷移がつねに進んでいる。軟らかい泥の地面が洪水に見舞われると、最初にリンボク類の根が広がって地面が安定し、川を流れてきた泥状のシルトが集まる。まっすぐに伸びるリンボク類はあまり影を落とさないので、その周囲にはほかの植物種も育つことができる。

同じリンボク類でも種によって湿気への耐性が異なり、レピドデンドロンは幹に水が打ち寄せていても平気で育つが、ほかに水辺を好む種もあれば、湿っているが水はけの良い地面を好む種もある。レピドデンドロンの幹のまわりには、背の高いトクサ、ロボク類が育つ。根茎と呼ばれる水平に伸びた茎を土の中に張るが、水中はたいてい酸素が乏しい。それを克服するために、根茎におそらく一分あたり最大七〇リットルもの空気を送り込んで効率的に機能させている。

リンボク類やトクサの先に目を向けると、真のシダ類の渦巻状の若芽が現れ、さらに向こうには木のような姿のシダ種子類や、球果植物に似たコルダボク類が生えている。これらは、メゾン・クリーク周辺の水はけの良い尾根や台地でしか育たない。

多くのシダ種子類や球果植物は乾燥がちの地面に生えているため、洪水にはめったに見舞われない。しかし降水量が増えているとはいえ、森林火災を防ぐことはできない。古生代後期の森に棲む生物にとって、森林火災はとりたてて重大な脅威だ。石炭紀後期まで森林火災はけっして多くなかったが、その後は頻繁に起こるようになり、とくにペルム紀初期にピークに達する。

火災を引き起こすものは三つある。燃料、酸素、熱だ。石炭紀には、ロボク類やリンボク類、球果植物に似たコルダボク類といった、高木状の背の高い植物が出現したことで、この三つすべての要素がこれまでになく増えている。まず、植物にかつてなく大量の有機質が含まれるようになった。また、光合成によって大気中の酸素濃度も上昇した。現代では約二〇％だが、石炭紀のいまは最高で三二％にも達している。石炭紀の大半を通して、世界の平均気温は現代よりも最大で六度高い。極地は氷に覆われるようになったものの、赤道地方の熱帯に属するメゾン・クリークは高温のままだ。湿度が高くて泥炭に覆われてはいても、酸素濃度が約二三％を超えると、植物質は湿っていようがいまいが火がつく。現代なら燃えそうにない湿気った木材が、ここでは燃え上がってしまうのだ[8]。

リンボク類の幹がひょろ長く剝き出しになっているのは、このように火災が発生しやすいからだろう。燃えることで新芽を出す植物も何種かあるが、ほとんどの植物は、特別な適応をすることで森林火災を耐え凌ぐにすぎない。たとえば生長が著しく速かったり、あるいは森林火災の直後、新たな森林火災がもっとも起こりにくい時期にだけ種子を撒き散らしたりする。リンボク類もあっという間に生長し、それにつれて下のほうの細長い葉を地面に落とす。そうして落ち葉が積み重なり、地表の表面積が大きくなる。

マツが燃えているのを見たことがある人なら知っているとおり、細くて油分の多いマツの針葉はすぐに火がつく。そのため、森林火災が発生すると低い温度であっという間に地面に燃え広がって、すぐに燃料が燃え尽きるため、炎が樹冠まで達する前に消えてしまう。たびたび森林火災が発生する場所に生える球果植物の葉は、ほかの場所に生えるものよりもずっと速く燃える。林床と樹冠の間に大きな隙間が空いているおかげで、炎が上がっても大きくなりすぎることはないのだ。[9]

大量死の結果

地面を覆い尽くす羽根のような形の匍匐《ほふく》性シダ種子類マリオプテリスや、リンボク類のもつれあった根のあいだでは、走り回ったりブンブンと音を立てたりする何千匹もの昆虫やムカデに混じって、甲虫が棲んでいる。メゾン・クリークは、知られている限り地球上で初めて甲虫が暮らしはじめた場所である。ここでは、トンボからヤスデ、甲殻類からクモまで、さまざまな節足動物が多く見られる。

胴体が丸っこく、水切りボウルを上下逆さまにして肢《あし》をつけたような姿の、もっと馴染みの薄い節足動物、カブトガニの一種、エウプロープスが、引き潮から取り残されている。現代のカブトガニは茶色の殻に覆われていて動きが遅く、北アメリカ東海岸やカリブ海沿岸、南アジアや東アジア一帯でよく見られ、毎年決まったように交尾をして卵を産む。エウプロープスは見ようによっては、カブトガニには珍しく擬態の達人であるかのようだ。横目で見ると、棘はリンボク類を含むヒカゲノカズラ類の葉にそっくりだし、肢は枝をつかんで引き寄せるのに適応しているように見える。見たところいかにも陸上で繁栄していそうな姿だが、それはただの偶然で、これからの長い歳月をかいくぐるメゾン・クリークの土地の特徴ゆえである。[10]

メゾン・クリークの生物のほとんどは、別の場所で保存されることになる。死んだ生物の身体は、水に乗って海や洞窟に流されたり、清掃動物や自然の力でばらばらになったりして、長い旅路を経ることがある。メゾン・クリークではいま、黒っぽく色づいた洪水によって、隆起する山から泥が押し流されて海に流れ込み、それとともにヒカゲノカズラ類の沼地に棲んでいた動物の死骸や植物の切れ端が流れてきている。

死んだ者にとっては陸上も海中も同じで、そこにはいわば海底を沼地に書き換えた古生物学的な羊皮紙が残される。もっと海に近いリンボク類の森は海面上昇によって水没して、いまや水生生物に占められており、そのあいだではウミサソリが古い甲羅を脱ぎ捨てたりクラゲが漂ったりしている。入り江では、台地に生える球果植物の水に浸かった枝や、淡水に棲む分椎類《ぶんついるい》のぽっちゃりした指が山と積み上がっている[11]。

この沼地に堆積しつつある物質の中でおそらくもっとも重要なものが、水中のぬかるみの中でゆっくりと分解している。根や葉、枝がすべて、徐々に植物体から泥炭へ、泥炭から石炭へと変わっていく。石炭紀を有名にしているのは、まさに石炭が堆積したことであり、その原因はただ一つ。集団死である。

高いリンボク類のあいだの空気が激しく震え、地上三〇メートルの林冠がカサカサと音を立てる。花火のようなパンという音が幹のあいだでこだまするが、その音の発生源は一見したところ分からない。しばらくはそれ一回だけで終わるかのように思えるが、やがてその音が大砲の連射のように続いて、リンボク類の根元が絡めた指のように裂け、幹の片側からバキバキという音が上がる。

緑の樹皮が断末魔の雄叫びを上げ、直立した柱が枝を道づれにして傾く。倒れ込む隙間がほとんどないため、すでに朽ちて茶色になっている隣の木にもたれかかり、ドミノ倒しのように二本とも倒れて、泥炭で黒くなった水が空中に跳ね上がり、その音が入り江全体にこだまする。ポッキリと折れた切り株からは、剣のようなギザギザの樹皮が林冠に開いた隙間に向かって誇らしく突き上げ、降り注ぐ日差しが以前より強くなっている。幹が傾いていて林冠がまばらになっている理由はもはや明らか。リンボク類が次々と倒れているのだ。

雨傘のように葉を広げる成熟した木は、必ずしも長くは持ちこたえられない。何十年も、あるいは一〇〇年近くもかけて生長してきたが、その存在を脅かすただ一度の瞬間が近づいている。リンボク類は胞子を飛ばす円錐体を生長点に付けるため、繁殖を始めるとそれ以上は大きくならない。生長を続けるか、さもなければ生長を止めて繁殖をするか、毎日がその選択だが、繁殖は一個体でできることではない。

繁殖に成功する確率をできるだけ高めるために、同じ木立ちの中のリンボク類はいっせいに選択肢を切り替えて胞子を風で飛ばし、それが着地して次の世代が生まれることを願う。そのようなことが起こっている限られた場所では、植物はあっという間に生長してすぐに繁殖期に入り、多くの胞子を飛ばす。大量の胞子を飛ばしてしまえば、生長しつづける理由は何もない。

成熟したリンボク類は、次の世代にとって必要な光を独占しているだけで、それ以上何の役割も果たしていない。そのためいっせいに枯れて、樹皮の構造的一体性が保たれるあいだだけ立ちつづけ、スポンジ状の軽い幹が折れると倒れてしまう。一本がきしんで崩れ落ちると、一世代全体が数か月のうちに倒れて水しぶきを上げていくのだ[12]。

メゾン・クリークのモンスター

生命は地形のへりの周辺で形成され、均質な領域どうしの接する場所でもっとも多様になるものだ。三角州はまさにそのような淡水環境と海水環境の境界で、その二つの環境がそれぞれ大きく異なる生理的問題を引き起こす。ところによっては、塩分濃度の低い汽水につねに覆われていて、それが中間的な環境として作用することもある。

メゾン・クリークの三角州のように川が深い入り江に注ぎ込んでいる場所では、淡水と海水の境界線が驚くほど沖合まで保たれることがある。塩分濃度の高い水ほど密度が高いため、海に流れ込んだ川の水は淡水のまま表層に広がり、くっきりとした境界面を隔ててその下に塩水がくさび形に潜り込む。海底が浅くなって河口に近づくにつれ、その塩水の層は厚さが小さくなっていく。

水はどれも同じではなく、温度や塩分濃度の異なる水どうしは、たとえ物理的な障壁がなくても別々の塊として留まりつづける。通常は水平の層状に分かれる。現代の北極、大西洋と太平洋が出合う場所では、二つの水塊が上下に積み重なっていてごくわずかしか混じり合わない。南極最長の川であるオニクス川が流れ込んでいる内陸のヴァンダ湖は、塩分濃度の異なる三つの層に分かれている。極端な温度差を塩分濃度の差が上回って、一番下の層は絶えず二三℃と温かいが、一番上の層は〇℃近い。ときには慣性によって垂直に分かれることもある。現代のドイツ・バイエルン州パッサウ、三本の川の合流地点では、紺色のイルツ川と白いイン川、茶色のドナウ川の水が混じり合わずに同じ方向に流れつづけ、下流何キロメートルにもわたって川が三色の縞模様になっている[13]。

メゾン・クリーク沖の海底に横たわるくさび形の塩水層の中に、どうしても理解できない奇妙な生き物が暮らしている。経験豊富な博物学者というのは、一瞬姿をとらえただけで見た目から種を同定する能力を備えているものだ。しかし見慣れた生物の範囲から一歩外れてしまえば、頭を抱えこみかねない。ヨーロッパ人のバードウォッチャーが不意を突かれて、北アメリカから飛んできたショウジョウコウカンチョウやマネシツグミと初めて出合ったら、その小鳥はいったいどの種に属するのか考えあぐねてしまう。そして、出しゃばりすぎの見慣れたムクドリに再会しただけでも、それを同定できたことにはっとするだろう。

とはいえ、一つの名前にまでは絞り込めなくても、ふつうは何かしら馴染みのある特徴を備えているものだ。アオカケスという名前は知らなくても、見慣れたカラスに近い感じはする。馴染みのない生き物でも、頭の中にある分類のどこかにどうにかして当てはめられるものだ。

古生物学者にとって時間をさかのぼることは、新たな生物群系の広がる地域に旅するのと同じような効果を持っている。化石記録の中には、見慣れたものに近くて、生物の壮大な家系図の中に容易に位置づけられる生物があふれている。そのためそのような生物は、特徴を読み取った上で違いを挙げることができる。驚かされはするだろうが、もっと広い生命樹の進化の中で理解することができる。恐竜類のように非常に多様な絶滅群が発見されたとしても、保存されている構造の類似性から、現代の鳥類も恐竜のグループに含まれるという認識につながって、彼らの奇妙な特徴を解釈するための情報が得られる。

しかしときには、メゾン・クリークの河口の汽水域に棲むある動物のように、自然選択の気まぐれのせいであまりにも風変わりな形態の数々を備えており、化石記録の中に似た生物がいっさい見つからないせいでほかのほぼどんな生物とも結びつけようのないものもある。

まったく新しいものを目にすると、我々は直感的に、超自然的なもの、自然の理に反するものにたとえてしまうものだ。くさび形の塩水の塊の上に覆いかぶさる波の下、クラゲの一種エッセクセッラの脈打つように動く白っぽい傘と不気味な触手のあいだで、タリー・モンスターと呼ばれる生き物がひっそりと泳いでいる[14]。

ネッシーやサスカッチ、チュパカブラなど、現代の未確認動物学の架空のモンスターと違って、タリー・モンスターは確かに実在するが、それ以上のことはほとんど何も分かっていない。数が少ないからではなく、大きさはニシンと同じくらい、数もニシンほどで、数百匹単位で見つかっている。そのタリー・モンスター、学名トゥッリモンストゥルムの身体の化石は、あの有名な始祖鳥、アルカエオプテリクスの三〇倍以上見つかっていて、数値的に見れば話は単純なはずだ。しかし標本一つ一つに保存されている姿のせいで、その解釈は難しい。

胴体は体節に分かれた魚雷のような姿で、その後方にはイカのえらに少し似た二枚の波打つ尾びれが付いている。前方からは掃除機のホースのようなくねくねした細長いものが伸びていて、その先端には歯の並んだ小さなはさみが付いている。さらにわけが分からないことに、上面には左右に堅い棒が走っていて、その水平の棒の両端には何らかの丸っこい器官が付いており、それは目ではないかと考えられている。

全体で見ると、五億年を超す動物の進化の中で知られているどんな動物にも似ていない。外見的にもっとも近いのは、さらに二億五〇〇〇万年前のカンブリア紀までさかのぼらないと見つからない五つ目の奇怪な動物、オパビニアである。しかし化石記録におけるその時代的な隔たりは、ジュラ紀のヨーロッパに棲んでいたラムフォリンクスの群れが突然ボーデン湖の釣り人の前に姿を現したり、それこそ首長竜がネス湖で生き延びたりしているようなものだ。

トゥッリモンストゥルムに関する疑問は、それが実在しているかどうかではなく、実際に何者であるかだ。古生物学者は何年もかけてその興味深い形態をどんどん細かく観察していって、一種の紐型動物〔海生のヒモムシを含む動物群〕かもしれないとか、ミミズを含む環形動物に近いとか、地球上のほぼ至るところに一兆匹単位で存在する微小な線虫を含む線形動物だとかと、ありとあらゆる結論を導き出している。クモやカニ、ワラジムシのような節足動物かもしれないし、カタツムリのような軟体動物かもしれないし、さらには脊椎動物かもしれない。水平の棒の両端に付いたあの膨らみは何なのか？　目なのか、それとも圧力感知器なのか？　繁殖に関係しているのか、それとも泳ぐ際に身体を安定させているのか？　モンスター探し以上に議論を白熱させるものはない[15]。

トゥッリモンストゥルムの身体の各部分は、動物界の方々に散らばったそれぞれ異なる生物にたとえることができる。現代、ミツマタヤリウオという深海魚がいる。成体はウナギに似ていて、大きく開いた顎を持ち、トゥッリモンストゥルムのそっくりさん候補のようには見えない。しかしこの魚には幼生期があり、海面近くで過ごすその間には、身体が小さくてほぼ透明、長い眼柄《がんぺい》の先端に目が付いていて、トゥッリモンストゥルムの棒状の器官に似ていなくもない。眼柄の先端に目が付いているという特徴は軟体動物や節足動物でも知られており、生態的に有用な適応形質として何度も進化したものだ。

トゥッリモンストゥルムの場合、眼柄の中に含まれるメラニンは脊椎動物のものに似ているし、化石に見られる黒いしみの連なりは脊椎動物の身体を支える脊索《せきさく》に似ている。しかし、聴診器に口を付けたような吻《ふん》の中にある「歯」以外に硬組織が見られないことをはじめ、脊椎動物の持つそれ以外の多くの特徴は備えていないため、トゥッリモンストルムは変わった魚であるという主張には、大目に見ても異論が多い。どんなモンスターでもそうだが、目撃談だけでは少々漠然としすぎているのだ。[16]

身体が軟らかいだけに、それが保存されているというのは何とも驚きだ。内陸の赤い砂岩から流れ出た鉄分が二酸化炭素と反応して死骸を包み込み、その丸い団塊が地中に埋もれる。それがゆっくりと石化して、堆積物の塊から、硬い菱鉄鉱《りょうてっこう》の頑丈なタイムカプセルへと変わる。それとともに泥炭の沼地では、植物質が空気のない環境で徐々に石炭へと変化する。[17]

三億年前の二酸化炭素

石炭紀に赤道地方の石炭ベルト一帯でこれほど急速に有機物が蓄積されたのはなぜか、はっきりした理由は分かっていない。一説によると、木質の主成分であるリグニンは比較的新しい物質で、微生物はまだそれを摂取する能力を進化させておらず、そのため容易には分解されずに石炭に変化したのだという。また別の説によれば、石炭紀は地球史上で唯一、熱帯地方が広範囲に多湿でしかも盆地に占められていた時代であり、この独特の地勢が石炭の蓄積につながったのだという。

微生物が適応するよりも速く新素材が試されているにせよ、あるいは気候と地勢の偶然にせよ、リンボク類のような革新者は大気の組成を劇的に変化させつつある。地球は気候変動へと突き進み、やがて全地球的な氷期に突入する寸前まで寒冷化して、季節変化が大きくなるとともに乾燥化が進み、リンボク類を生かしつづけている生態系自体が最終的に大規模に破壊されることとなる。そうしてリンボク類は絶滅し、石炭紀の水浸しの泥炭地はペルム紀の乾燥した大地に変貌する。

大気中から大量の炭素が除去されることで、それから三億年あまりにわたる進化のための舞台が整えられ、その舞台上ではリンボク類はもはや生きられない。メゾン・クリークのヒカゲノカズラ類が局地的な海面上昇によって水没してからわずか四〇〇万年後、石炭紀多雨林崩壊と呼ばれる現象によって、一つの木立ちが倒れるだけでなく、ヨーロッパとアメリカ一帯の熱帯の石炭林が大陸規模で寸断されることとなる。植物に深刻な影響を与えた大量絶滅はこのときを含めて二回だけで、もう一回はペルム紀末である。そのペルム紀の乾燥した世界が広がることで、石炭紀に出現した最古の有羊膜類である初期の単弓類や竜弓類が乾燥状態に適応して有利な立場に立ち、干上がった水路一帯に広がって、パンゲアの世界的住民となる[18]。

中央パンゲア山脈一帯に石炭が蓄積されたことで、ちょうどそこに位置するイリノイ州やケンタッキー州、イギリスのウェールズやウェストミッドランズ、ドイツのヴェストファーレンが、一八世紀と一九世紀の初の急速な産業化において重要な役割を果たすこととなる。しかし皮肉なことに、その推進力の陰で、三億九〇〇〇万年のあいだ地中に蓄えられていた炭素が再び放出されてしまう。現代、地中に存在する石炭の約九〇%は、石炭紀に形成されたものだ。蓄積された地域には豊富に存在するため、産業化のための安価で高エネルギーの燃料として選ばれ、蒸気機関を駆動させるとともに、高品質の鋼鉄の原材料となった。リンボク類の遺産は生きつづけているが、それを生み出した気候変動を我々は、トン単位で石炭を燃やすたびに巻き戻そうとしている。

石炭紀の化石層の中でももっとも見事なメゾン・クリーク自体は、さらなる皮肉に見舞われている。燃料用の石炭が世界中で採掘されているが、メゾン・クリークの化石は、それとはまったく異なるエネルギー源のせいで発掘が事実上不可能である。石炭紀の日差しを浴びた沼地の温かい水の中で石化したそれらの化石は、現代では、もっとクリーンで効率的な動力源と関係した別のたぐいの熱いプールの中に横たわっている。その化石の露頭は水没して、イリノイ州ウィル郡にあるブレードウッド原子力発電所の冷却池となっているのだ。

メゾン・クリークに棲む生き物たちにとってそれは果てしない未来の話で、いまのところ、ヒカゲノカズラ類の沼地で洪水や森林火災、海の侵略を生き延びた生命は、頑強で変化しようがないように見える。木生シダの幹のあいだから太陽がギラギラと輝き、水面が跳ねておとぎ話のような魅惑的な虹が現れ、赤から紫まであらゆる色が揺らめく。枯れた植物質はどろどろのぬかるみの中に沈んで泥炭や石炭へ分解し、そこからにじみ出た有機油が水面に浮かぶ。きょうのような穏やかな午後には、鏡のような水面が、一分子の厚さで広がったその油の層によって、サイケデリックなおとぎの国、渦巻く石鹸泡のパレットに変わり、そこに落ちるヒカゲノカズラ類の縞模様の影が、魚の立てる微かなさざ波で断ち切られる。潮が上がってくるまでそれは続く。

12
章

協力

Collaboration

デボン紀のオールドレッド大陸

Rhynie,
Scotland, UK
- Devonian

イギリス・スコットランド、
ライニー
デボン紀——四億七〇〇万年前

デボン紀
4億700万年前

Devonian

now

「ああ、彼らはもう行ってしまった。
あの美しい高原の山へ。
緑の草原と
そして銀色の泉を眺めるために」
——『バルキダーの丘』、スコットランド民謡

*

「あまりにも澄みきっていて水とは呼べないほどの薄い透き通った精が、
美しい温泉華《か》のカップやボウルの中で穏やかに煮立っており、
そのカップやボウルは長く使われれば使われるほど
ますます美しく成長していく」
——ジョン・ミューア、イエローストーンにて、1898年

スコットランドのケアーンゴームズ山脈、ノルウェーの天を衝くハルダンゲル高原、アイルランド・ドニゴール県の黒い丘、北アメリカのアパラチア山地。これらの地域に共通点が一つあるとしたら、それは民謡だ。歌う森の木々の主旋律が、土や風のノイズを奏でている。伝統が世代間で垂直に、または大陸の中で水平に伝えられ、谷ごとに独自の歌があれど、それらはもっと古くて壮大な文化の一部だ。

しかしこれらの山地に共通する歴史は、単なる音楽にはとうてい留まらない。これらの地域の山々は比較的最近になって別々に隆起したものだが、その基部は深いところまで伸びていて、上の岩石の重みでマントルを押し下げている。アパラチア、アイルランド、スコットランド、スカンディナヴィアを生み出したのは、いずれも同じ地質学的出来事、同じ長い歴史である。現代にこれらの山地がそびえているのは、過去の一つの高地の微かな名残なのだ。

山脈や海洋は地質学的にいうと一時的な構造物である。山脈が形成されるのは、プレートどうしが衝突して一方が隆起し、もう一方がその下に沈み込む場所である。侵食によって岩石が砂粒になって海に戻るにつれ、山脈は小さくなっていく。海洋が形成されるのは、大洋中央海嶺でプレートが分かれる場所である。海洋プレートが別のプレートの下に沈み込む場所では、海洋が小さくなっていく。

デボン紀後期のいま、かつて世界最大の海だったイアペトゥス海はすでに小さくなっている。それ以前の時代を通して縮小しながら大陸どうしを近づけつづけ、いまではその隙間がついに閉じている。何億年ものあいだイアペトゥス海は南半球に広がっていて、三つの大陸に挟まれていた。その三つの大陸とは、バルティカ（おもにスカンディナヴィアとロシア西部からなる）、ローレンシア（おもに北アメリカとグリーンランド、およびスコットランドとアイルランド北部・西部からなる）、そしてアヴァロニア（ニューイングランド、グレートブリテン島とアイルランドの南部、ネーデルラントからなる）である。

しかしローレンシアが地殻運動によって海底を飲み込み、大陸どうしのあいだの地殻を食い尽くして、これらの陸塊を引き寄せてきた。シルル紀初めにはイアペトゥス海は地中海ほどの大きさに縮み、その後、衝突し合う大陸塊に囲まれて完全に姿を消した。バルティカはローレンシアよりも密度の高い岩石でできているため、どちらもマグマの上に浮かびつつ、全体的にはローレンシアのほうが上に覆いかぶさって、バルティカの端のほうを地下に沈める。

スムーズなプロセスではなく、大陸がねじ曲がって、自らの勢いで陸地が空に向かって突き上げたりマントルに突っ込んだりしたため、平均的な大陸プレートの地下に比べて地殻が二倍近い厚さになっている。衝突実験で車のボンネットが潰れるのと原理は同じで、平らだった鉄板に山や谷ができる。終わることのない分裂と衝突のサイクルの中で、地球上の陸塊が再び集まりつつある。

のちのジュラ紀に分裂するまで地球上で唯一の大陸でありつづけるパンゲアが、一つにまとまりはじめている。北半分は完成していて、のちの石炭紀にゴンドワナと合体する。三方向からの衝突によって生まれたこの大陸は、ローラシア、オールドレッド大陸、ユーラメリカなどさまざまな名前で呼ばれており、新たに形成されたカレドニア山脈が、現代のテネシー州からフィンランドまで伸びている。デボン紀のいまでは地球最長の山脈だ。

　三畳紀でも見たとおり、山岳生態系がせっかく形成されても、その存在の記録を残さずに侵食されてしまうことが多い。デボン紀から現代までの四億年のあいだに、カレドニア山脈は風雨によって徐々に削られていく。かつては山地だったフィンランド一帯も、現代では先カンブリア時代の平坦な岩盤、カレドニア山脈の基盤岩層しか残っていない。この山脈がこれほど東まで延びていたことをうかがわせる手掛かりは、平原のところどころにもっと新しい時代の岩石の塊が突き出していることだけだ。アイルランド・カレドニア山地は侵食されてなだらかな氷河地形になってしまっており、かつての地形の痕跡は何一つ残っていない。

　デボン紀のいま、山中に生態系が保たれているのは例外的な環境だけで、高温の温泉の湧き出すこの地がまさにそのような場所だ。ここライニーは、現代ではスコットランドのアバディーンシャーの起伏に富んだ牧草地になっているが、デボン紀初期にはカラフルで美しい山間の渓谷、蒸気や塩、石のあいだから現れる生命の広がる地、現代の木々や草花の最古の祖先が育つ土地である[3]。

色鮮やかで不毛な地

　石炭紀のすがすがしい空気と比べると、デボン紀は酸素に乏しい。陸上に植物は少なく、ライニーは先駆的な生物群集の広がる、大地が緑になりはじめた場所の一つである。生命は生命を生み、一つの生物種が足場を見つけるとほかの生物種もそれに続いて、にぎやかな沼地が作られていく。不毛の大地は何十億年も前から存在しているが、デボン紀になってようやく、活動的な最古の生物群集が定着して、細部に至るまで保存されるようになった。行き当たりばったりの協力関係が試されはじめ、動物や植物、真菌類や微生物が複雑な形で競争したり協力したりしている。生態系が自らを見出し、この場所で陸上の生命の基本的パターンが確立されようとしている[4]。

陰になった山腹から見ると、赤道直下に近い空は雲一つなく真っ青だ。上のほうに見えるギザギザの尾根は花崗岩《かこう》でできていて、ピンクに近い薄い灰色だが、斜面は黒っぽくて荒々しいがれ場で、容易には近づけない。谷の反対、南東側は、午後の日差しを浴びてところどころ輝く火成岩の岩肌に、くだけた落石をそっと振りかけたように見える。そこかしこで、傾いた地層が船の舳先《へさき》のように飛び出し、脆《もろ》い岩石が周囲から侵食を受けて、風やにわか雨で荒っぽく削られたあばただらけの尖った岩肌が空に向かって突き出している[5]。

干上がった小川が、高く突き出した岩石を左右へとかわしながら、剝き出しの斜面を谷底へと下っている。斜面を四分の三ほど下ったところには、まるで設計したかのように、船縁のような畝《うね》が断層沿いに北東へ向かって何本も平行に伸びており、それとともに山並み自体が峡谷を少しずつ上がっていく。衝突しつつある大陸の破断線が、雨水の流れた跡でくっきりと分かる。いまは雨はたまにしか降らないが、最後の細雨で刻まれた細い水路が砂の道になっている。雨水で作られる水たまりはたいていすぐに消えてしまうが、流れを遮る岩の足下には水が深く溜まって次の雨まで持ちこたえ、そこには陸上で知られた最古のアメーバが棲んでいる。ここでは一か月以上も雨が降っておらず、水たまりは淀んでいて、藻類の繊維で青くなっている。

空は雲一つないが、白っぽい谷の中には薄い雲が低く立ちこめており、たどっていくにつれて緑のまだらが不規則に並んでいる。その青々としたまだらのところどころに柱が突き出し、白っぽい地面からは温泉が湧いて、湯気を上げる水たまりを作っており、その水は目の覚めるような青色や、虹色のパレット状などさまざまだ。その先では、つかの間の湖の干上がった跡が点在する氾濫原が、黄褐色の剝き出しの河床に向かって落ち込んでおり、その河床の中を、細々とした曲がりくねる川が北に向かって流れている。オルドビス紀の黒い斑糲岩《はんれい》でできた火山の麓《ふもと》を背景にして走る、けばけばしい色の筋、それがライニーの地だ。

谷底に降りると硫黄の匂いが鼻を突き、ピンク色と黒の高い岩壁が、アルカリ性の水たまりから噴き上げる霧のようなシャワーでところどころ見えなくなっている。大陸どうしが押し合っていて、至るところに断層が走っている。ここでは地球内部までの距離はごく短い。マグマの柱が地表近くまで上がって、地面を突き破ろうとしている。ヒマラヤ山脈ほどの高さのある、成長中の若い山脈の中にあるこの谷には、大地の裂け目ができている。

西には大きな火山がいくつもあり、中でも巨大なベン・ネヴィス山は溶岩を噴き出している。爆発し終えた火山もあり、のちにスコットランドのコー渓谷となる面積五〇〇平方キロメートルの巨大なスーパーボルケーノの火口は、デボン紀のいまよりわずか一三〇〇万年前のシルル紀に崩壊して破局噴火を起こしている。これからしばらくしてベン・ネヴィス山も噴火し、その爆発音は周囲数千キロメートルに轟くことになる。その火口の縁は高さ数百メートルにもなるが、現代では侵食されて崩れた中央丘しか残っていない。

ライニーでは、浸透した雨水によって地下湖が形成されていて、地熱によって長さ数キロメートルにわたり温泉の並ぶ谷が作られている。水は透明でほとんど見えないが、色とりどりの大釜からはその中身が飛び散っていて、うっかりそのそばに生えた植物はケイ酸塩の薄い殻に覆われている。サンファイア〔塩味のある食用の多肉草〕のように枝分かれした細い小枝の上にほとばしるその水は、風呂に近い三〇℃くらいの温度だ。地表近くの溶岩で温められた熱水が地面から湧いている場所では、地中の圧力によって液体状態を保ったまま、温度が一二〇℃にも達する。そして地表に噴き出すとあっという間に冷める。[7]

岩石を食べる生物

ライニーの温泉はさまざまな面で極限的な環境だ。あまりにも高温であまりにもアルカリ性が強いため、ほとんどの生物は生きられないが、それでも暮らしている者がいる。陸上もまた過酷だが、植物が内陸に移り住みはじめていて、ライニーの湖水の中や周辺には少なくとも四〇種の植物が生えている。安全な水中から離れた場所にも、協力したり競争したり、寄生したり捕食したりしあう活発な生物群集が定着していて、棲息可能な土地は広がりつづけている。植物が大きく生長して真菌類と手を結び、真菌類がシアノバクテリアを利用して大きく生長し、節足動物や真菌類が死んだ生物を分解して、新たな植物が生長できる土壌を作っている。[8]

もっとも高温の水の中に棲んでいるのは、その極限的な条件でも繁栄できる微生物、いわゆる好アルカリ好熱性細菌だけである。その多くを占める硫黄細菌は、ほとんどの生物と違って、太陽からエネルギーを得ているのでもなければ（光合成は約七五℃以上では起こらなくなる）、光合成をする生物を食べているのでもなく、岩石を直接分解してエネルギーを得ている。アルカリ性の条件から身を守るために、酸性アミノ酸の鎖からなるたんぱく質を次々に合成する。その酸性アミノ酸によってアルカリ性の水がある程度中和されて、生命の通常の化学反応を進めることができる。

　高温の水たまりには岩石を食べるそのような細菌しか生きておらず、水は完全に透明だ。いくら澄んだ川や海でも微小な生物によってわずかに濁っているものだが、ここの水は蒸留アルコールのように透明で、その水が存在する証拠は、水面が泡で震えてチラチラと光っていることだけだ。太陽がちょうど良い角度に来てうまく光が当たると、地球の中心に向かって伸びる剝き出しのトンネルが、まるで空っぽの洞窟の入口のようにくっきりと照らされて、ごくわずかな屈折だけがその錯覚を壊す[9]。

　地下の帯水層に埋もれた、いわば大地の湯沸かしからもっと離れると、水たまりは明るい色をしている。水はまだ六〇℃と高温だが、少なくともシアノバクテリアならその条件で生き延びられる。世界最古の光合成生物で、三〇億年前から太陽光を食べつづけている。シアノバクテリアは光のエネルギーを特別な色素の中に閉じ込める。光子がその色素分子の正しい場所に当たると、化学変化によってその分子の構造が不安定になり、それが元に戻るときに発生するエネルギーを、糖やでんぷんの合成など別の細胞内反応に利用できる。

何千万個ものシアノバクテリアの色素が組み合わさることで驚くほど鮮やかな色が現れ、種ごとにその色合いが少しずつ異なる。水たまりの中央から端に向かって温度が変わるのに対応して、次々に異なる種が好んで棲みついている。そのため、中央は空が反射して青色、そこから緑色や黄色、さらにはオレンジ色や赤色へと変わっていく。ライニーには驚くほど多様なシアノバクテリアが棲んでおり、単独の細胞から、数百個の細胞が集まった立方体形のコロニーまでさまざまだ[10]。

透明なものもカラフルなものも含め、それぞれの水たまりの周囲には、飛び散った水が蒸発したあとに残った、ケイ酸塩を多く含む白い温泉華が層状に広がっている。角砂糖のように砕けやすいこの白い鉱物が次々に押しやられて泉の縁が持ち上がり、水たまりが数センチメートルずつ上がっていってはテラスを作って、砂まみれのパンケーキを積み重ねたようになる。縁からあふれた水は扇状に広がって、下の植物のあいだを流れる。

温泉華で盛り上がったテラスとテラスのあいだを山からの小川が流れ、苦労して削り出したカレドニア山地の黒っぽい斑糲岩の砂を浅い水たまりの中へと運び込み、冷たく流れる水で熱さを和らげている。小川の中ではシャジクモ〔淡水生の緑藻の一種〕が流れにしがみついているが、そこから離れると斜面は剝き出しだ。水から離れた場所で生きられる者はまだほとんどおらず、谷底にだけ緑が生えて、蘚類《せんるい》くらいの高さしかない茎の緑に覆われており、その中でザトウムシやノミ、昆虫や淡水生多足類、甲殻類の作る小さな生態系が、地表の五分の二を占めている[11]。

熱い水たまりから飛び散った水は、こうした背の低い植物や真菌類、動物に降りかかって染み込む。水が冷めると、過飽和になったケイ酸塩が析出して、表面の凹凸の周囲で結晶化し、そこでの生き方にあらゆる影響を与える。場所によっては急速に析出して、細胞よりも小さな構造体ですら微小な鋳型として作用し、半透明の不安定なオパールを作り出す。時間が経つにつれてそのオパールが安定化して水晶となり、近くの小川を流れてきた砂状の堆積物と組み合わさって、チャートと呼ばれる種類の岩石を作り、その中に生物群集が三次元的に丸ごと保存される。[12]

ギブ・アンド・テイク

湯気に覆われたこの谷の住民を見下ろして、協力と競争の緊張関係を何よりも物語っているのが、最大で三メートルもの高さに達する、棘のないサボテンのような薄い灰色の堅い柱だ。その柱、プロトタクシテスは、いわばミニチュアの村にそびえる高層ビル、地球最大の生物だ。同じ頃の時代に別の場所では、最大九メートル近い高さになる同じ属の個体や、幹の直径が一メートルにおよぶものも知られている。地面に生える植物より一〇〇倍も大きい異端者だ。

表面は柔らかくて、小さなこぶに覆われており、融けかけたひょろ長い灰色の雪だるまの隊列のようで、一本一本には分岐も枝もなく、大地にそびえ立っている。地面に広がるミニチュアの森のどんなものともいっさい似ていないが、それもそのはず。プロトタクシテスは植物ではなく、驚いたことに真菌類だ。現代の近縁種には、ニレ立枯病の原因菌や、ビール酵母、青カビやトリュフなど、驚くほど幅広い真菌類が含まれる。どうやってここまで大きくなったのかはちょっとした謎で、地下構造はいっさい見つかっていない。一説によると、多くの近縁種と同じく地衣類なのだという[13]。

真菌類は生物界の偉大な協力者で、我々が別の生物界に位置づけている非常に遠縁の生物種とも密接な協力関係を築く。真菌類の築く協力関係の中でももっとも親密なのが、植物やシアノバクテリアといった光合成生物と協力しあって地衣類を作ることだ。有機物の分解に秀でた真菌類が、不毛な表面からでも栄養分のミネラルを大量に取り出して、光合成生物（フォトビオントと呼ばれる）に分け与え、また堅い鞘《さや》でフォトビオントを守る。その見返りに、フォトビオントは光を使ってエネルギーを生成し、真菌類に提供する。このような強力なタッグのおかげで地衣類は、光と水のあるところならどんな表面でも育つことができる[14]。

ライニーには二種類の地衣類が生えているが、それらは互いに驚くほど違う。プロトタクシテスは地球最初の大型生物、いわば初めてマクロスケールで描かれた生命の草案だ。真菌類の身体の大部分を形作る、栄養分を吸収する細胞からなる非常に細い菌糸が、網の目状に絡み合って、外層を作っている。本当に地衣類だとしたら、その中にフォトビオントが収まっているはずだ。側面に動物の開けた穴があることから見て、中には小さな生態系ができあがっており、生態学的には枝のないのっぺらぼうの木に相当する。フォトビオントも共生しているのかもしれないが、同位体分析によると、それとともにほかの生物を摂取しているらしい。このように大きくなったのは、消費者かつ協力者として二つのエネルギー源を利用した結果なのだろう[15]。

落ちてきたたくさんの大岩に張りついているのは、現代の地衣類にもっと近い、ペンキを落としたような黒いしみだ。その地衣類、ウィンフレナティアは単純なつくりで、分化していない菌糸がマット状に広がって堅い層を作り、それが石の表面に固着している。一面に微小な穴が開いており、その中にシアノバクテリアが一個ずつ棲みついて、まるで柵の中のブタのように閉じ込められている。牧畜にたとえるのもけっして不適切ではなく、幅広い互恵的関係性の中で、この地衣類の関係と家畜化との境界線を厳密に決めるのは困難だ。家畜泥棒に相当するような例も知られており、真菌類の中には、地衣類を作るほかの真菌類を殺してそのフォトビオントを奪い取らないと地衣類にならないものもいる。

異なる生物種どうしの牧畜めいた関係性は、生命の歴史上何度か進化している。動物の例としては、ハキリアリが葉を堆肥にして、地下の特別な部屋で真菌類の子実体、すなわちキノコを育てる。別の種のアリはアブラムシを守って、糖を多く含むそのアブラムシの分泌物を頂戴し、さらにはカイガラムシを育てて食糧にする。スズメダイはサンゴ礁の中で紅藻を世話し、収穫して食糧にする。ヒトも無数の動植物を育てている。いずれのケースでも、農民が農作物を守って、その見返りにエネルギーをもらう。

真菌類も地衣類としての関係性を確実に支配していて、フォトビオントからエネルギーを取り出す際にそのフォトビオント自体を摂取してしまうことがある。はたして地衣類は、農耕的な関係性がどんどん密接になっていった末の必然的な究極形なのだろうか？　アバディーンシャーで最初に農耕を始めたのは真菌類なのだろうか？　もしそうだとしたら、その作物はすでに多様化しはじめていることになる。ウィンフレナティアの中には一種でなく二種の異なるシアノバクテリアがともに棲んでいて、三者間の密接な相互依存関係が築かれているのだ[16]。ライニーでは、現代の真菌類を構成する主要なタイプの祖先がすべて生育していて、そのうちの何種類かが植物と共生している。現代のアカパンカビに近縁の種は、アグラオフィトンという植物の茎の中に毛のような細い菌糸を伸ばす。これを「菌根依存性」という。アグラオフィトンはこの谷沿いに着実に根づいた緑の一角を支配している。茎の表面がすべすべの小さな植物で、地面に沿って広がり、枝分かれした垂直な茎を伸ばして、その先端に胞子を飛ばすための卵形の器官を生やす。一つの個体が四方八方に広がっていて、茎どうしが水平の細い匍匐《ほふく》茎でつながっている。ところどころに小さなこぶがあって、横に伸びる茎を線路の枕木のように支えている。とくに目立った構造のない植物で、仮根《かこん》と呼ばれる細かい毛で水分を吸収する。

適切な光合成をおこなうには大量の水分を安定的に得る必要があり、そこで例の真菌類が積極的に仲立ちをする。土壌から吸収した水分と栄養分を植物に提供し、光合成で作られた糖をその対価としてもらうのだ。現代の全植物種の約八〇%が、この菌根依存性に頼ることで栄養分を手に入れている。植物の進化史のこれほど早い段階にそれが存在していることから見て、この関係性は生態的に重要なだけでなく、陸上生物の進化にとって欠かせないものだと考えられる[17]。

陸上の支配が可能になったのは、異なる種どうしの関係性のおかげだけでなく、地質学的なタイムスケールにわたって世代間の力関係が変化したためでもある。植物が進化によって受け継いだ生殖機構は、動物のものとはまったく異なる。動物の場合、親と子は生理学的に同じである。有性動物は、おとなの染色体の半分だけを持った精子と卵子を作り、それらを組み合わせて新たな個体を発生させる。無性動物では、染色体を二揃え持った卵を作り、それが直接発生して新たな個体になる。ここまでは非常にシンプルだ。

しかし植物の場合、子は親とまったく似ておらず、その複雑な世代関係を武器に植物は陸上を征服した。植物の祖先である緑藻は二段階で増殖する。まず、精子と胚珠《はいしゅ》が合体して、染色体の本数がおとなの緑藻の二倍である単細胞の世代を生み出す。続いて、染色体をシャッフルした上でこれが二個の胞子に分裂し、そのそれぞれが成長して新たなおとなの緑藻となり、このサイクルを繰り返す。[18]

現代のすべての植物も、精子と胚珠を作る世代（配偶体）と、胞子を作る世代（胞子体）とを交互に繰り返すが、それらの役割関係が入れ替わっている。初期の陸上植物は乾燥に耐える胞子壁を進化させた。陸上の生物にとってそれは、有羊膜類の殻付きの卵と同じくらい重要な生殖上の新発明だった。胞子をたくさん作る植物ほど成功する確率が高いため、胞子体の世代がどんどん重要度を高めていって、一個の細胞から、配偶体とはまったく異なる植物体へとのし上がった。ライニーでは、この世代間の乗っ取りが必死で進められている真っ最中なのだ。[19]

現代でも、湿った環境にのみ生育する蘚類やツノゴケ類、苔類《たいるい》の胞子体はいまだ脇役で、親にほぼ寄生して生きている。とはいえやはり重要で、配偶体は小さな節足動物に頼って精子を運んでもらわなければならない。シダ類になると、その本体、いわゆる葉状体は胞子体だが、小さくて平たいハート形の配偶体も独立して生きており、それがやがて生殖して新たな葉状体ができる。

種子植物では、代々受け継がれてきた配偶体が小さくなっていてほとんど見えない。代わりに巨大なセコイアからヒナギクまで、種子植物の見える部分はすべて胞子体である。花を付ける植物に至っては、祖先からもっとも遠くかけ離れている。授粉によって、雄の胞子（花粉）が雌の胞子のところまで移動する。そして雌の胞子の中で、巨大な海藻の名残である微小な構造体が作られ、精子と卵子が放出される。[20]

デボン紀のライニーでは、アグラオフィトンの胞子体が自立を始めている。*8 単細胞の発生段階から進化したのは比較的最近のことで、根も、葉のような構造も持っておらず、独自の形態を模索している最中だ。真菌類と協力することで栄養分を手に入れ、自身の生長の制約条件をかいくぐって、これまでどんな多細胞生物にとっても不可能だったことをおこなっている。この植物と真菌類の共生体が、水中から踏み出す初の生物のグループとなり、のちにその基本構造から未来の陸上生態系が構築されることとなる。

一個の個体という概念は動物を基準としたものであって、それ以外の生物界を完全に無視している。胞子体がそもそも有性的に生殖する必然性はなく、植物などはときに無性生殖によって自身のクローンを作る。真菌類が別の存在である植物と協力するために作る菌根のネットワークは、植物どうしがその菌糸を導管として使って信号や栄養分をやりとりできるだけに、個体という概念をますますあいまいにする。隣人があなたと遺伝子的にまったく同一のクローンである可能性が高い世界では、真菌類をパートナーにすることで、困難なときでも資源を共有できる。協力は後々になって恩恵をもたらすのだ。孤立して進化する生物種などひとつもないが、植物と真菌類の共同作業は、地球上の生命の未来を、おそらくほかのどんな進化上の新発明よりも大きく変えてきたのだ[22]。

土の誕生

ライニーの地でケイ酸塩の溜まった場所には、さらに複雑な植物が生えている。その植物、アステロクシロン（「星形の木」）は、緑色の細長いモミの球果に似ていて、葉のように光合成をおこなううろこ状の構造体を持っている。しかしそのつくりは本物の葉よりも単純で、現代の葉のような葉脈構造はまだできていない。現代の維管束植物は、内部で栄養分と水を輸送するために、根から葉まで木部《もくぶ》と師部が走っており、葉の気孔から水分を蒸発させる。しかし最

＊8　デボン紀のライニーに生育している植物はいずれも、多細胞の胞子体と配偶体を交互に繰り返す。どちらも体化石として保存されるが、別々に生きているし形もまったく違うため、古植物学者にとっては頭痛の種だ。化石記録の中から見つかった生物種を命名する際に使えるデータは、形の特徴と、場合によっては化学組成だけである。胞子体と配偶体を結びつけるのは通常不可能だが、ライニーでは保存状態が非常に良好なため、精子細胞一個一個まで見つかっている。そのおかげで、細胞レベルの微細な構造から両方の世代に共通する特徴が明らかとなり、発生段階をつなぎ合わせて生活環全体が再現されている。

初期の植物はそれらに加えて根もなく、水とミネラルを吸収する毛のような構造体、仮根しか持っていない。

アステロクシロンはライニーでも大型の植物の一つで、高さ五〇センチメートル近くまで生長し、堆積物の中に身体を固定させる。根に似た形に進化した軸を持っているが、維管束植物の根とは由来が異なる。この根のような軸が地面から二〇センチメートルほどの深さまで突き刺さっていて、ほかの植物よりも深いところで新たな栄養分などを探す。光合成をおこなって大きく生長するために、大量の水を素早く輸送できるよう適応した組織を持っているが、乾期には吸収するよりも多くの水が失われてしまうため、逆に困ったことになる。

そこで、速い生長と水の節約のバランスを取るという、あらゆる植物が直面する問題の解決法として、気孔を少ししか持っておらず、しかも互いにかなり間隔が開いている。いまのところアステロクシロンは生長のほうを優先していて、水を蓄える必要性はさほど大きくない。しかしライニーの熱帯性気候は変動が大きいため、生殖時期にはかなりこだわる必要がある。そこでアステロクシロンの茎には、胞子を作る場所と作らない場所が交互に並んでおり、これもまた、さほどエネルギーを要せずに環境の問題を解決するのに役立っている[23]。

アステロクシロンもいずれは生長を止め、共生真菌類を利用しなくなって枯れると朽ちていく。子嚢《しのう》真菌類などほかの真菌類が、開いた気孔から侵入して、植物体を中から摂取する。その真菌類は植物体から最後の栄養分を取り出して、最古の土壌を生み出しつつある。その土壌はいずれもっと軟らかくなって肥沃《ひよく》になり、植物がもっと大きく生長できるようになって、最終的にはヒカゲノカズラ類の生える石炭紀の沼地へと至る。

朽ちて下生えの中に沈んだ植物体を食べるのは、動かない真菌類だけでなく、唯一の陸生動物である小さな節足動物もそうだ。背骨を持った動物はまだ水から上がっておらず、脊椎動物はすべて完全に水棲で、生態学的には魚類に相当する。この三五〇〇万年後に、肉付きの良い葉のような形のひれを持った、体長一メートル程度の魚類の一グループが陸上に進出して、最初の四足類となる。それはここからそう遠くない場所でのことで、デボン紀後期の最古の四足類の後肢がスコットランドのエルギンの山裾で見つかっている。そしてライニーからわずか三〇〇キロメートルしか離れていない、のちにスコットランドとイングランドの境界を流れるトウィード川となる場所で、いまから五〇〇〇万年後の石炭紀初め、両生類と爬《は》虫類の多様化が本格的に始まって、我々脊椎動物が最初の大きな一歩を踏み出すこととなる。

節足動物とは「節《ふし》のある足」という意味で、硬い外骨格に支えられた肢《あし》には関節がある。現代、節足動物は動物の中でももっとも数多い種を含む門《もん》で、約五億四〇〇〇万年前のカンブリア紀頃に動物が多様化しはじめたときからもずっとそうだった。デボン紀初期のいまは、甲殻類やウミサソリ、ウミグモや三葉虫など、ほとんどが海棲だが、いくつかの種がすでに陸上に進出している。クモ形類はシルル紀初期に陸上に現れて最初に多様化し、乾燥条件に急速に適応していった。デボン紀にはすでに、サソリやノミ、ザトウムシや、外見はクモに似たツレイタムシなど、さまざまなクモ形類が現れている。

ヒカゲノカズラ類の朽ちた茎が土っぽい悪臭を放っている。そこに群がっているのは、体長わずか数ミリメートル、六本の肢と、節に分かれた胴体、長い触角と短い剛毛を持った生き物だ。その動物、トビムシは、口器《こうき》の位置に関する細かい規定ゆえ、厳密に言えば昆虫ではないが、それでも昆虫にもっとも近い親類である。トビムシにコルセットを着けて腰のところを縛り上げると、かなりアリに似てくる。朽ちた植物を餌にするそのリニエッラ・プラエクルソル（「ライニーの小さな祖先」）は下生えの中を這い回っているが、身体が小さいおかげで、水面の上を滑るように進んで、浮かんでいる藻類を食べることもできる。大気中の酸素濃度は低いが、リニエッラは身体が小さいため、体内に酸素を直接拡散させることができる。[26]

小動物にとって、安全はけっして保証されたものではない。先の割れたアステロクシロンの茎の中から、鎧をまとった捕食者の鉤爪《かぎづめ》付きの腕が伸びてきて、不運なリニエッラを捕らえる。その直後、何匹もの小さくて黒いトビムシが花火のように四方八方に逃げ、その名前の由来となった、跳躍器と呼ばれる特別な器官の威力を見せつける。跳躍器は要するに長くて堅い棒で、胴体の下に強い張力をかけて収められている。その張力を解放すると、この棒がちょうど中世の投擲器《とうてき》をひっくり返したような形で地面や水面を押し下げ、トビムシはある程度コントロールの効いた形で空中に飛び出す。着地する場所は、脅かしてきた動物から遠く離れている可能性が少なくとも高い。[27]

一匹のリニエッラを胴体で押さえつけ、八本の肢で檻を作って逃げられないようにしているのは、パラエオカリヌス（「古代のウデムシ」）である。真のクモはまだ出現していないが、パラエオカリヌスを含むワレイタムシ類は、クモ形類の中でも外見がクモと非常に似ている。違

パレオイカリヌス・リニエンシス

いは若干表面的で、クモと同じく鎧をまとっているが体節の数が少なく、頭部が上下二枚の板に挟まれていて、その上に両目と口がある。毛が密集して生えている肢は、待ち伏せ場所にどんなに小さな獲物が近づいてきても、その振動を感知することができる。ずらりと並んだ体板の下側には穴が開いていて、「書肺《しょはい》」と呼ばれる複雑で効率的な呼吸器に空気が入っていくようになっている。活動的な捕食者だ。[28]

パラエオカリヌスの檻の外からではほとんど何も起こっていないように見えるが、トビムシの運命は悲惨だ。ワレイタムシ類は獲物を動けなくする毒も糸も持っていないため、餌食を突き刺して押しつぶしてバラバラにするしかない。口は穴というよりも篩《ふるい》に近く、トビムシは捕食者の体外で消化されて、どんどん細かくなるように毛が並んだ口から吸われていく。

協力は時間をかけて

流れのない澄んだ水たまり、糸のようなシアノバクテリアのどろどろした塊とシャジクモのあいだなら、もっと安全に暮らせる。水たまりはすぐに消えてしまうので、その中で複雑な食物網が発達することはない。代わりに、生物の残骸を食べるさまざまな甲殻類に支配されている。体長一ミリメートルほどで有柄眼《ゆうへいがん》〔柄の先端に付いた目〕を持ち、藻類を食べるほっそりしたエビの一種レピドカリスや、身体が長くて、鎧を付けた特徴的な頭を持つカブトエビの一種カストラコツリス、あるいは、アルカリ性で高温の環境に棲む、鎧を着けた小さくて丸っこいエブッリテイオカリス・オヴィフォルミス（「卵形の茹でたエビ」）などだ。[29]

ライニーに暮らす動物どうしの関係性の多くは単純だが、シャジクモはそのほかの光合成生物の多くと同じく、真菌類と深い生態的結びつきを持っている。シャジクモは淡水生の藻類の一グループで、陸上植物と近縁である。ライニーの冷たい水たまりでもっとも数の多いシャジクモは、一本のまっすぐな軸から生える側枝のあいだにらせん状のものが伸びている。

陸上におけるアグラオフィトンと菌根菌、あるいはプロトタクシテスとウィンフレナティアとの協力関係と違い、その関係性は一方通行で有害である。水中に棲む真菌類がシャジクモに取りついて、細胞壁の中に潜り込むか、または管を突き刺す。そして栄養分を頂戴して、何ら見返りを与えない。ほかの真菌類、たとえば、知られている中で最古の寄生真菌類であるクルトラクァティクスは、甲殻類の卵を摂取する。以上四種類の真菌類はいずれもツボカビ類に属し、このグループは何らかの生物、とくに藻類に寄生することに特化している。[10]

多くの植物は寄生生物の攻撃を受けると、肥大と呼ばれる反応を示し、これは現代でもなお植物の病気に多い症状である。この場合は細胞の大きさが最大一〇倍になって、感染を一個または数個の細胞の中だけに留めようとする。それに関連した反応である増生《ぞうせい》は、組織の一部のみに病気を留めるために、細胞の数を増やしてこぶを作る。ライニーのシャジクモの多くが寄生性の真菌類に感染していて、軸のところどころに球根のような膨らみができている。[11]

陸上でも寄生生物はさまざまな問題を引き起こしている。アグラオフィトンの気孔の中では、線虫が一度も外へ出ないまま、孵《かえ》って成長し、繁殖する。ノティアア・アフィッラという初期の陸上植物は、身体の大部分を地中に埋めることで、砂地の上に水平の茎を張る競争相手よりも多く地下水を得る。しかしこの戦略では寄生種により近づいてしまうため、真菌類の攻撃をかわすために肥大に代わる対策を編み出している。

仮根が真菌類の攻撃を受けると、細胞壁を硬くして、菌糸がもっと深く突き刺さるのを防ぎ、感染を抑える。しかし話はそれだけでは終わらない。ノティアには菌根菌のパートナーもいて、その関係性は多くの点で寄生種と同じだが、免疫反応によって排除されることはない。いわば進化上の独占契約だ。共生するその真菌類はノティアの細胞の中に入ることができ、宿主と共生者のあいだで資源を交換できる。しかしほかの真菌類が同じように侵入しようとしても、名刺に相当する化学物質を持っていないため、取り囲まれて排除されてしまう。歓迎される真菌類はほかの種の手に渡らない資源を確実に入手できるし、ノティアのほうも搾取されずに希少なミネラルや入手困難なミネラルを手に入れられる。

生物はそもそも慈善家などではなく、自然選択を介して何世代にもわたり交渉を重ねないと契約は結ばない。この関係性が生まれたのは、ノティアが身体の一部で真菌類の活動を許すことで、それ以外の真菌類を歓迎されざるよそ者と特定しやすくなるからだと考えられている。互恵的な関係性は、必ずしも平和的な手段で築かれるとは限らないのだ[32]。

相利共生から寄生まで、新たな環境の征服は一つの生物種単独では起こらない。最初は過酷で将来性のなかったこの一帯が、いまでは生命であふれている。これから四億年にわたってこの惑星は、植物の世界、真菌類の世界、節足動物の世界になっていく。のちに出現する大型動物は、歩く者も這う者も含めすべて、ライニーのような生物群集のさまざまな新発明に頼っている。根や菌糸がますます深く伸びて、ダンサーの指のように絡み合い、岩石を壊していく。力を合わせてあらゆるものを変えていくのだ。

13
章

深海

Depths

シルル紀の地球

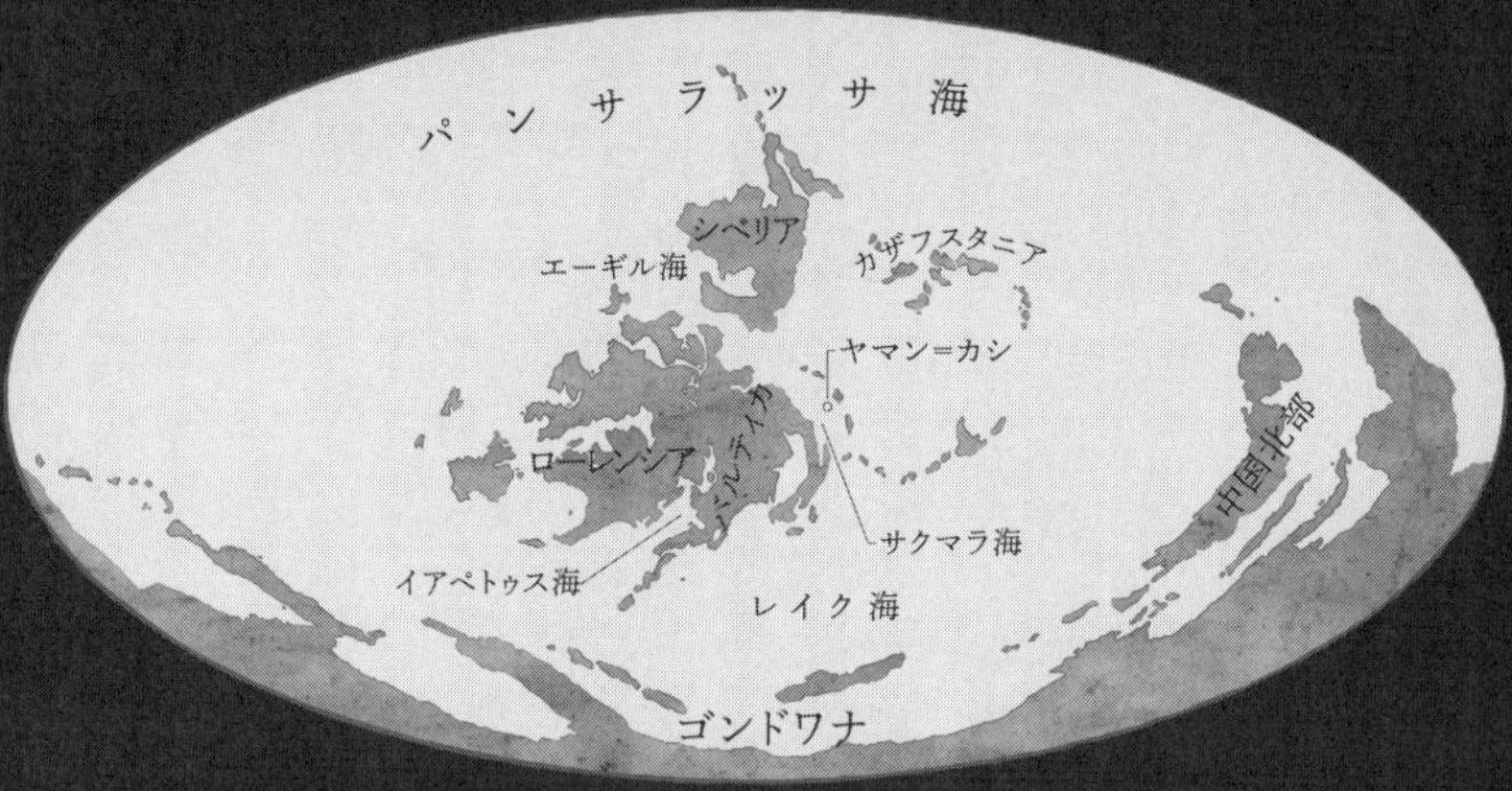

Yaman-Kasy, Russia - Silurian

ロシア、ヤマン＝カシ

シルル紀——四億三五〇〇万年前

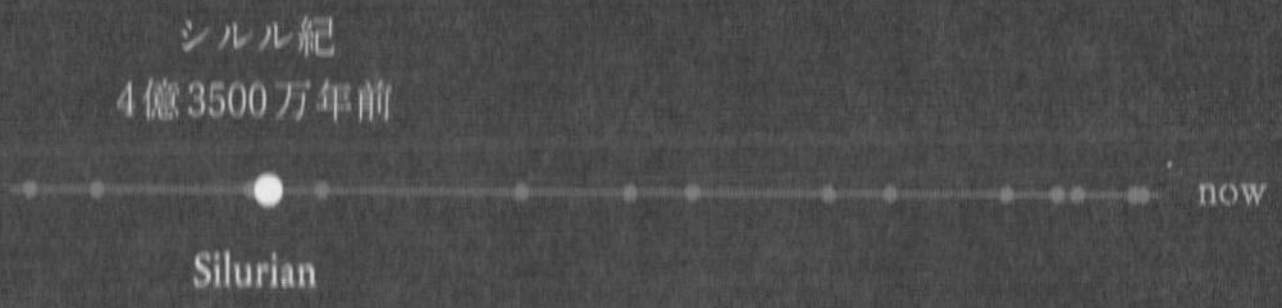

「私は光でできている。
じっと目をこらすと、
深みが息吹を覗かせる」
――ナタリア・モルチャノワ『深海』(ヴィクター・ヒルケヴィッチ訳)

*

「どんな深みの下にもさらなる深みが開いている」
――ラルフ・ワルド・エマーソン『円』

地表に暮らす我々は、

太陽から逃れられない光の生き物である。この惑星の薄い大気層の中で生きていて、もっとも近い恒星からやって来る電磁気放射を毎日浴びている。そのエネルギー源があらゆる食糧を育て、大気を暖め、水を蒸発させて雨をもたらし、体内リズムを決める。カルスト台地の洞窟の奥深くに棲む生き物ですら、一度も目にしない太陽に頼っている。

　ミズーリ州オザーク高原に開いた洞窟、そのたった一層の頁岩《けつがん》の床の上にできた水たまりに、ある魚が棲んでいる。その祖先は長いあいだ光を避けていたため、その原始的な目がたとえ光子を捕らえても、それを脳に知らせる視神経を持ち合わせていなかった。しかしこのドウクツギョの食物連鎖ですら、川で運ばれてきた葉の切れ端や、日光の産物を地中深くまで運んでくるコウモリの糞に頼っている。ところが深海に潜っていくと、太陽とそれに関係するあらゆるものから完全に切り離されてしまう。

　どんなに澄んだ水にも微粒子が漂っていて、通過する光を散乱させる。水自体も光を吸収する。波長の長い光ほど速く弱まる。水深約一五メートルに達すると、まず赤色の光が消える。オレンジ色、黄色、緑色もそう深くまでは届かず、虹の七色が徐々に減っていく。緑色の光が届かない水深約一〇〇メートル、いわゆる真光層の底まで来ると、もはや光合成はできない。それより深いところ、いわゆる弱光層には、青色と紫色の光しか届かない。その下に棲む生き物はすべて、上から降ってくる食糧か、または太陽以外のエネルギー源に頼っている。海面から一〇〇〇メートルの深さに来ると、最後の光ですらけっして届かない。永遠に真っ暗な無光層に突入する。

深さ一キロメートルの水はかなりの重さで、一平方メートルあたり約一〇〇トンの水の柱がのしかかり、大気圧の一〇〇倍の水圧がかかる。一〇メートル潜るごとにさらに一気圧分の重さが加わっていく。極地であれ赤道であれ、どんな地質時代であれ、海の底で暮らすには、馴染み深い地表の世界から縁を切らなければならない。感覚的に違うだけではない。動物の多くの生理機構は地表での条件に頼っている。

海底では水温が約三℃と一定で、動物に欠かせない代謝経路のスピードが遅くなる。すさまじい水圧も生理機能に深刻な影響を与える。たんぱく質の多くは、繰り返し形を変えることで機能を発揮する。しかし細胞の奥深くにあるたんぱく質ですら、深海の高い水圧を受けると潰れて変形し、もっと圧力に耐えられるような形態に進化しない限り効力を失ってしまう。地表に棲む者が潜っていって深海で暮らすには、自分自身を支える分子レベルの足場に至るまで作り替えなければならないのだ[2]。

一九七七年まで、我々の知る深海の生態系は、大陸や海溝、海嶺のあいだに果てしなく広がる、ほぼ何の特徴もない海洋底、深海の広大な平原だけだった。そのような海洋底には微生物が繁栄していて、深海に適応した魚や甲殻類、蠕虫《ぜんちゅう》が驚くほど数多く棲んでいるが、食糧が乏しいためかなり散り散りに暮らしている。このイメージが初めて覆ったのは、海溝の地質や化学組成を調査するための潜水探査船に搭載されたカメラが、幽霊のような軟体動物や死骸をあさるカニが密集して暮らし、高温の噴出水がサーチライトの光の中で蜃気楼のように揺らめく場所に偶然出くわしたときである。海の底では、複雑な生物が姿を隠しながら、大気中の生物と同じくらい長いあいだ存在しつづけていたのだ。

熱水噴出孔の中心部はライニーの極限環境の水たまりとそう違わない。電磁気放射でなく酸化還元反応を土台にして築かれた生態系で、そこでは微生物の錬金術師が溶けた岩石をかき混ぜて食糧に変えているのだ[3]。

深海に出現したオアシス

シルル紀の海の世界では、水深わずか六〇〇メートルほどの小ぶりな海洋であるウラル海が赤道をまたいで広がっている。北の低緯度地帯でその海底が急激に浅くなって、生命のいない島、シベリアの浅瀬につながっている。東のほうでは、カザフスタニアという若い大陸が海底から隆起している。ウラル海の南西の端では、バルティカという大陸の大陸棚近くに、サクマラ海という別の海域が広がっている。サクマラ海の中でもバルティカの東岸沖では、たびたび地震が発生する。地震によって水中に響き渡る低音は人間には聞こえないし、海面を吹く風や降る雨が海底にまで響かせるヒューヒューやバラバラといった音も、それを聞くことのできる生物はいまはまだいない。

不思議なことに海底は真っ暗ではなく、感知できないくらいに微かな赤外線の光が暗闇に染みわたっている。どんな生物の目でもそれをとらえることはできないが、わずかに飛び交う光子は確かに存在する。その発生源は深海のオアシス、ヤマン＝カシ噴出孔である。ここでは、最近の地質活動が暗い深海の底層水の中に生命をもたらしている。

サクマリア列島という細長いバリア島〔縁海を囲うように伸びる島〕の連なりが沖合のそう遠くないところに伸びていて、本土とのあいだの海面は穏やかだ。しかしこの列島があるせいで、海底は荒れ狂っている。サクマリア列島は何千万年も前からバルティカに近づきつつあり、その列島を載せたプレートが隣の海洋プレートの下に沈み込んでいる。その沈み込みによってマントルの中でマグマの渦が発生し、融けた岩石の複雑な流れによってこの島弧《とうこ》の後方でプレートが裂けている。細長い亀裂が広がって海底が拡大し、背弧《はいこ》海盆と呼ばれる地形が生まれている。

ヤマン＝カシでは高温のマグマが上昇して冷たい海水と接触し、地球の自己破壊を補うかのように、噴火と火山岩の形成という自己創造がおこなわれている。玄武岩や流紋岩、安山岩や蛇紋《じゃもん》岩が作られるとともに、生命にとって重要な大量の化学物質と熱エネルギーが、硫黄分を豊富に含んだ液体という形で噴き出している。ほかの多くの化石産出地は、砂が徐々に堆積したり岩棚や砂丘が崩れたりすることで形成されて、何段階もの変遷をたどってきた、いわば岩の墓地である。しかしヤマン＝カシでは、そこに棲む生物を保存することとなる岩石は、溶鉱炉からそのまま取り出して急冷させたようなもので、できたてほやほやだ[4]。

このように岩石が急冷する際に、赤外線の光が発せられる。太陽光でなく、いわば地球光だ。超高温の水が周囲の水で冷やされると、熱放射が発生する。噴出孔から発せられる光は比較的強く、現代ではある種の細菌がそれを使って、太陽光の届く水深から約二五〇〇メートルも深い場所で光合成をおこなっていることが知られている。シルル紀の細菌の中にも同じことをしているものがいるのだろう[5]。

そのようなことが起こりうる海洋底は、もちろんそこいらじゅうに広がっている。現代、地表の七一％が海水に覆われていて、その平均水深は三七〇〇メートルだ。世界で一番高い山脈や高原を計算に含めても、現代の平均地表面は海面より三キロメートル以上も低い。しかしシルル紀前期から中期には、海水位が地球史上もっとも高いレベルに達していて、現代よりも一〇〇メートルないし二〇〇メートル高い状態を行き来している。

現代の大陸の配置のままで海水位が一五〇メートル上昇したら、世界地図は一変してしまうだろう。アマゾン盆地の大半が水没して、ペルーの東側が海岸線になり、北京やセントルイス、モスクワは迫り来る海によって沿岸都市になってしまう。陸上の世界はわずかとなり、点在する飛び抜けた高台だけが大陸として残って、裂け目から煙を噴く低い海洋地殻ばかりの惑星に埋め込まれた岩の塊となってしまうだろう[6]。

ヤマン＝カシでは、いわば操業中の噴出孔の煙突が全力で工業製品を製造している。折り重なる石のあいだから、鉱物の輝きを放つ細長い塔が何本もそびえており、そのてっぺんからは、温度数百℃の黒ずんだ水が絶えず噴き出している。煙を吐く塔の下にはおびただしい数の生物が集まっていて、噴き上がる黒煙を細長い生き物が餌にしており、その構図はまるで、一九世紀半ばに活躍したイギリスの画家L・S・ラウリーの筆による、都市の様子を描いてまばらに色を塗った絵画のようだ[7]。

その細長い生き物、ヤマンカシアは、ミミズを含む、身体がリング状の体節に分かれている動物のグループ、環形動物の一種である。噴出孔や動物の死骸といった、深海のオアシスの周辺に見られる、おそらくハオリムシ（チューブワーム）のような姿をした深海のスペシャリストだ。ハオリムシと同じく、たんぱく質とキチンなどの多糖を使って柔軟な管を作り、その中で暮らす。餌を取るときには、何百本もの小さな触手に覆われた頭部を、モグラ叩きのモグラのようにリズミカルに出したり引っ込めたりする。大きさは現代の噴出孔に棲息する巨大なハオリムシ、リフティア類と同じくらいで、管の直径は約四センチメートルあるが、蠕虫のいずれかの門《もん》と明らかに共通する特徴は見られない。おそらく、深海でほかの多くの動物と同じ協力関係をたまたま築いて、このライフスタイルに収斂《しゅうれん》進化したのだろう。

根元あたりに棲んでいる、さしわたしわずか数ミリメートルの管を持つ小さな近縁種、エオアルヴィネッロデスと比べると、ヤマンカシアは確かに巨大だ。その管は繊維質の有機物の層が何枚も重なってできており、縦に皺が入っていて柔軟だが、ここでその管を曲げるような水の流れは、高温の噴出孔から上昇して冷え、下降することで生じる対流だけだ[8]。

個では生きられない

地表で植物が太陽光からエネルギーを取り出す作用は、もとから植物が持っていた構造体の中でおこなわれるわけではない。植食動物の消化器の中に発酵性細菌が棲んでいるのと同じように、植物はシアノバクテリアと呼ばれる単細胞生物を取り込んで光合成をしてもらっている。そのシアノバクテリアは植物の細胞の中にあまりにも深く埋め込まれているため、何億年ものあいだにDNAの一部を失っていて、もはや独立では生きられない。いまでは葉緑体と呼ばれていて、細胞の中にあるその錠剤のような形の小さな器官は、完全に植物と依存し合って働いている。

　デボン紀の植物と真菌類の相利共生関係は、互いに異なる種が寄り添いながら生きているとみなされるが、細菌由来の葉緑体と真核生物である植物との関係はあまりにも密接で切り離すことができず、全体で一つの個体を作っている。エネルギーを取り出すのは真核生物ではなく、その道連れである細菌なのだ。

　それと同じように、ヤマン＝カシなどの熱水噴出孔に暮らす生き物も、硫黄分を多く含んだ噴出水自体のエネルギーを直接利用することはできず、うち多くの生物は、その能力を持った細菌を体内に取り込んでいる。現代、硫黄分を噴き出す熱水噴出孔に棲む蠕虫の中でももっとも大きいハオリムシは、栄養体部と呼ばれる特別な器官を持っている。その中には何百億個もの硫黄細菌が共生していて、噴出水からエネルギーを取り出している。それと同じように、ヤマンカシアも管の中に棲む細菌と密接な協力関係を築いている。ヤマンカシアが共生細菌を守り、共生細菌がヤマンカシアに食糧を提供するという具合だ。この場合の関係性は、真核生物と細胞小器官の関係と、地衣類の共生関係との中間に位置していて、個体とは実際のところ何なのかという疑問をますます掻き立てる。

　ここで妥協策として用いられる用語が「ホロビオント」で、これは、二種以上の明らかに異なる生物から構成されているものの、けっして分割することのできない生物単位のことを指す。

一緒になると繁栄し、ばらばらになると死んでしまう。たとえば現代のハオリムシの中には、消化系をいっさい持っておらず、細菌が作ってくれる食糧だけで生きているものもいる。さらに融合した例として、噴出孔に暮らす何種かの二枚貝は、硫化水素を結合させるたんぱく質を次々に合成して、硫黄細菌の本来の能力をさらに高めている。それらの体内プロセスは融合して一体化しはじめている[10]。

ヤマン＝カシでは、噴出水が岩石中から海水中に噴き出して温度と圧力が下がる際に、微量元素が固化して鉱物になる。熱い噴出水と海水の化学組成の違いによって電子の流れが発生し、噴出孔によっては電圧七〇〇ミリボルトの天然の発電所になっているところもある。水の噴き出す中心の管にはセレンやスズがコートされていて、この世のものとは思えない煙突の煙管《えんかん》のようになっている。その外側では、ビスマスやコバルト、モリブデンやヒ素、テルル、そして金や銀、鉛が、噴出水から析出する。現代、これらの元素が噴出して形成された鉱石は高価値の産品となっている。かつてのウラル海の縁辺部は、形成以来初めて地上に姿を現して、露天掘りの鉱山に変貌している。ハオリムシの脆《もろ》い管を含んだその岩石を粉砕して溶解し、精錬して電解することで、含まれた金属を取り出している。知られている中で最古の熱水噴出孔動物相であるヤマン＝カシは、現代でもなお有用なものを生み出しつづけているのだ[11]。

各時代の深海生態系の非常に驚くべき特徴の一つが、そこに暮らす生物種が互いに似ていながらも、けっして近縁ではないことである。噴出孔に暮らす生物の正体は時代ごとにかなり違っていて、現代の噴出孔生物群集のメンバーの多くは、もっとずっと浅い海に暮らしていた種

ヤマンカシア・リフェイア

から最近になって生まれたものである。圧力や温度、光量にすさまじい違いがあることを考えると、深海での暮らしに適応するのは難しいように思われるかもしれない。しかし実はそうではないらしく、噴出孔に暮らす生物は動物界のあらゆる系統から集まってきている。現代では熱水噴出孔に棲むサンゴは知られていないが、デボン紀には比較的多かったようで、そのいずれもが、おそらく高温から身を守るために、外側の硬い組織に加えて二枚目の層を進化させ、その杯状部の中に柔らかいポリプを収めている[12]。

熱水噴出孔にさまざまなグループの動物が棲んでいることから見て、深海への移住は実はかなり頻繁におこなわれているようだが、とはいえ孤立してはいる。噴出孔の多くは群れをなしているが、それでも互いに数キロメートルは離れていて、ミネラルを含んだ肥沃《ひよく》な噴出物の周囲には不毛の海底が広がっている。しかしもっと大きいスケールで見ると、地殻の割れ目に沿って線状に並んでいて、生命に深海で繁栄するチャンスを与えている。海流は、とくに背弧海盆では地殻の割れ目とほぼ平行して流れることが多い。そのため、幼生が場合によっては何百キロメートルも流されて、新たな住処を見つけることがある。互いに離れた生物群集も連続した同じ集団の一部であり、孵《かえ》ったばかりの幼生が茫漠な深海に散らばって、衰えつつある集団を甦らせることがある。

噴出孔は海上の島のような働きをしており、それらが集まって、外界と限られた形でしか交流しない半ば孤立した集合体、いわゆるメタ個体群を構成している。小さな噴出孔の一つ一つが、全体の遺伝的多様性をもたらしているのだ。それは重要なことである。というのも、噴出孔は一時的な存在で、高温のマグマが割れ目の近くまで上がってきているあいだしか続かないからだ。地殻変動が起こるとそのエネルギー源が失われ、生物群集全体が消滅への道をたどりはじめる。そして新たな割れ目ができるたびに、別のところからたまたま幼生が漂ってくるのと同じくらいの確率で、浅い海から生物種が棲みついて適応する。しかしその植民地も必ず終わりを迎える。絶えず輝いている太陽と違って、深海は長期的に見れば、無常と刹那、革新と破壊の地なのだ[13]。

深海に暮らす最古の巻き貝

密集した群集を作っているのは、ピロディスクス（「炎の円盤」）と呼ばれる小さな貝のような生き物。軟体動物に道を譲るまで古生代の海を沿岸から深海に至るまで支配していた、腕足動物の一種である。殻はイガイに似ていて舌のような形だが、腱《けん》でできた長い肉茎で岩の表面にしがみつく。シルル紀初期の腕足動物はいずれも数少ない幸運な種に属しており、オルドビス紀末の大量絶滅によって多様な腕足動物の大半は姿を消した。地球寒冷化によって引き起こされたその大量絶滅の間に、深海の生物群集はとりわけ大きな打撃を受け、その中には、少なくとも理屈上は絶滅に耐えうるはずのあらゆる特徴を備えたものも含まれていた。

非情な偶然はつねに起こりうるものだが、オルドビス紀の大量絶滅を引き起こした状況は同時にある役割を果たした。地球寒冷化自体は、深海よりも温かい表層水により大きな影響を与えるらしい。しかし寒冷化の程度が激しかったことで深海の海水循環が変化し、本来なら酸素に乏しいはずの大陸棚に、空気の溶け込んだ海水が流れ下ってきた。そうして、酸素濃度の高い条件に適応していた浅い海の生物種が大陸棚に進出して、酸素の乏しい深海のスペシャリストと競合するようになったのだ[14]。

ヤマン＝カシにも、もしも海水の酸素濃度がもっと高くなっていたら同じ運命が降りかかったことだろう。ここの食物連鎖の基盤をなす細菌は、低酸素状態でもっとも繁栄する。この細菌が痛手をこうむったら、生物群集全体があっという間に崩壊しかねない。噴出孔とは不思議な場所で、同時にあらゆる姿を取れるように見える。何千平方キロメートルにもおよぶ微生物の平原の中に屹立した、栄養分が豊富で動物の密集する高層都市のようだが、それでも生物種の数は少ない。ヤマン＝カシはこれまでに発見されている熱水噴出孔の中でもっとも古く、生命がもっとも多様だが、それでも見つかっている種の数は一〇にも満たない[15]。

噴出孔の生物多様性は潮溜まりと同様にたいてい低く、支配的な分類群が数えるほどと、稀な分類群がぽつぽつといくつか存在するだけだ。たびたび火災に見舞われる森林や、干満を繰り返す潮溜まりなどの不安定な生態系に似ていて、生産力の高い同等の地点と比べて種の数はおおむね三分の一ほどである。しかし噴出孔は同じ状態がずっと続く場所でもあり、昼夜も季節もないし、長期的なサイクルもない。そのため生物は速く成長し、四六時中繁殖する。生物群集は小規模の混乱からなら容易に回復できるが、大規模な混乱が起こると大きな痛手をこうむる[16]。

噴出孔は互いに孤立していて、一つ一つがモン・サン・ミシェルのように異彩を放っている。

それでも互いにつながってグループをなしているため、注目すべきはたった一つの噴出孔ではなく、その連なり全体だ。ヤマン＝カシは列をなす噴出孔の中の一つにすぎず、ウラル海のプレートの端に沿って薄明るい灯台のような噴出孔がずらりと並んでいる。熱水噴出孔は、局所的に見るか地球規模で見るか、現時点だけで見るか惑星規模のタイムスケールで見るかによって、その特徴が違ってくるのだ。

深海噴出孔周辺では、マクロスケールの生物は種の数が乏しいものの、微生物はもっと多様である。新たに形成された岩石の化学的性質ゆえ、細菌が栄養分を得るためにおこなう反応の多くがはるかに容易に進行し、海水中から有機分子を取り出して身体の組織に固定する作用が加速する。海水にさらされた世界中の玄武岩にそのような細菌が棲んでいて、深海の有機物の量を大幅に増やしている。世界中の深海の玄武岩を覆う透明な細菌のフィルムが、毎年最大一〇億トンの炭素を固定しているのだ。噴出孔の周辺では、地下から染み出してくる栄養分に富んだ海水を利用して、海底下の地中にも生産力の高い細菌の群集が広がっている。おそらくもっとも驚かされるのは、深海のみを住処にする微小な真菌類が何百種もいることだろう。[17]

サクマラ海では、地殻の表面に達するマグマの温度が平均よりも少し低く、ケイ素やカリウム、ナトリウムがとくに豊富に含まれている。流紋岩を形成するこの種の溶岩は気体を多量に含んでいることが多く、軽石の塊を生み出す。そのような軽石の塊は深海から浮かび上がって、硫黄分に富んだ筏《いかだ》を作り、できたてのうちは大人の人間が上を歩けるほど頑丈だ。二〇一九年、トンガ近海の背弧海盆で起こった海底火山爆発によって、たった一日で面積四〇〇平方キロメートルの軽石の筏が生まれ、やがてそれが薄く広がって二万平方キロメートルを超す海域を覆い尽くした。ヤマン＝カシの海底では溶岩が固化してギザギザの岩石となり、そのくぼみや裂け目がたくさんの生物の足がかりとなっている。[18]

直径わずか数ミリメートルのか弱い巻き貝が、とげとげした白い殻を持つ別の小さな貝と並んで動いている。その巻き貝、テルモコヌス（「熱いイモガイ」）は、まるでカサガイが熱で融けたかのように殻の縁が広がった軟体動物、単板類の一種である。ミニチュアのクリスマスツリーのように円錐形の殻が積み重なっていて、その基部が平らに広がっており、成長するにつれてその円錐が増えていく。噴出孔のそばと、そこから遠い地点とで肥沃さがどれほど違うかは、この生物の大きさを見れば歴然とする。噴出孔から離れた場所ではどの個体も小さくて、遠近感がつかめないほどだ。しかし沸き立つ水にもっと近い場所ではかなり大きく成長し、最大で高さ約六センチメートルに達する。[19]

単板類は軟体動物の中でも非常に古いタイプで、化石記録の中で見つかっている最古のものだ。中央にある一本の足を震わせて、堆積物の中をもぞもぞと動き回る。動いた跡には必ずこすり傷が残り、それはざらざらの歯舌《しぜつ》で石を引っ掻いて微小な餌をむしり取った名残だ。現代でも生き延びているが、化石種の平板類が海岸近くに棲んでいるのに対して、深海にしか暮らしていない。

単板類の中でも最初に深海に進出したのが、ヤマン＝カシに棲むテルモコヌスだ。化石記録があまりにもまばらで証明はできないが、おそらくヤマン＝カシの単板類が、ほかに何者も生きられない世界、容易にはたどり着けずに競争の少ないニッチ空間の進化的な隠れ処に引きこもった最初の生物なのだろう[20]。

海はゆっくり流れる

深海は上々の隠れ処だ。一九五二年、メキシコ沖の水深三五〇〇メートルを超す海域から生きた平板類が引き上げられて、科学者たちを驚かせた。それまでこのグループは三億七五〇〇万年前のデボン紀に絶滅したと考えられていたからだ。この発見は死者の復活としてもてはやされた。死んでいると考えられていたがひっそりと生きていて、再び姿を現した分類群のことを、ラザロ分類群という〔ラザロとは、『ヨハネの黙示録』に登場する、イエスによって死から甦った男〕。深海が遠い過去の秘密を暴き出したという事例は、これが初めてではない。

　太古から生きているシーラカンスは、肉付きの良い上下対称の尾びれと、同じく肉付きの良いひれを持っていて、タラよりもヒトに近縁の、肉鰭類《にくきるい》と呼ばれるグループに属する。四足類を別にすると、現生する肉鰭類はハイギョだけだと長いあいだ考えられていたが、一九三八年、白亜紀末の大量絶滅で姿を消したと考えられていたシーラカンスがインド洋で漁網にかかり、我々の目の届かないすさまじい水圧の真っ暗闇の中で生きつづけていることが明らかとなったのだ[21]。

　絶滅した分類群の中でも同じようなことが起こる。同じく浅い背弧海盆の様子を保存しているデボン紀の化石産出地、ドイツのフンスリュック山地の粘板岩には、デボン紀の典型的な魚に加え、スキンデルハンネスという名の（広義の）アノマロカリス類が含まれている。アノマロカリス類は捕食性の節足動物の一種で、このほかにはカンブリア紀とオルドビス紀初期にしか見つかっておらず、その進化の歴史は一億年にわたって途切れている。これまでに発見されている中で二番目に新しいアノマロカリス類は、モロッコのフェズアタに広がっていたさらに深いオルドビス紀の海に棲んでいた奇怪で巨大な生物、アエギロカッシスである。体長は二メートルに達し、現代のヒゲクジラのような大型の濾過《ろか》摂食動物だった。ほかのアノマロカリス類と大きく異なることから、これ以外にも、見つかっていない、おそらくはけっして見つからないであろう種が数多く存在していたと思われる。

深海は、地表に暮らす者の目から逃れられる場所というだけではない。泥の混じった陸上の雨水が流れ込まないため、一つの系統全体が化石記録の保存力からしばらくのあいだ逃れられる場所でもある。隠れた系統が再び地上に姿を現すまでに、見る影もないほど様変わりしていることもあるのだ。[22]

その姿を映し出す媒体である岩石が最初に形成されるときには、各種元素が混じり合ってさまざまな火成鉱物の結晶となる。各元素には、化学的性質は同じだが質量の異なるいくつもの同位体が存在し、それらの存在比は本来一定である。同位体の中には放射性のものもあり、それらは決まった速さで別の元素に変化していくため、岩石が液体から固体に変わったときに時を刻みはじめる時計のような役割を果たす。炭素は生物の体内で短期間の時計として働くが、ほかの元素は岩石自体の中でもっと長い時を刻む。火成岩に非常に多く見られるジルコンには、多くの場合ウランが含まれているが、形成時には鉛は含んでいない。ウランには同位体が二種類あり、それぞれ異なる半減期で異なる鉛の同位体に壊変する。そのため、ジルコンの結晶に含まれる鉛の量は、その結晶の年代を示す直接的な指標となる。雲母や角閃石《かくせんせき》を多く含むさらに古い岩石の場合は、カリウムの放射性同位体からアルゴンへの壊変が時計の役割を果たす。[23]

海にとっては時間はなかなか進まない。世界中の海水は赤道から極地へ、深海から海面へと、永遠であるかのように思えるサイクルでゆっくりと循環する。巨大ベルトコンベアにたとえられることが多いが、メキシコ湾流など、そのベルトコンベアがもっとも速く動いている場所でも、表層での最大スピードは時速約九キロメートル、早歩き程度だ。一滴の水がこのくねくねと伸びるベルトコンベアを一周するには、優に一〇〇〇年ほどかかる。現代、アイスランドからグリーンランドを経てラブラドル半島に流れている海流には、大西洋を初めて横断したヨーロッパ人、レイフ・エリクソンが航海したのとまったく同じ海の水の一部が含まれていて、その水は初めてこの海域に戻ってきたのだ。[24]

極地の冷たい海水は温かい海水よりも密度が高いため、沈んで深海に酸素を供給する。水は液体状態よりも固体状態のほうが密度が低いという珍しい性質を持っていて、そのため氷は浮かぶ。水の密度は約四℃でもっとも高くなるため、表層水が季節や天気によって温かくなったり冷たくなったりしても、ウラル海の底の海水は変化しない。

ヤマン＝カシは、底層水が海面に向かって上昇しはじめる湧昇流の中にあるが、それでも海面の影響が海底までいくらかは届いている。たとえば大きな嵐が襲うと、表層から底層に沈殿物が効率良く流れてくる。無光層では食糧は上から降ってくる。天からマナ〔神がイスラエル人に与えた食べ物〕が降ってくることはめったにないが、シアノバクテリアや藻類の死骸が朽ちてできた有機物、いわゆるマリンスノーは絶えず降り注いでいて、泥の中に沈んでは埋もれていく。現代、生物によって固定された二酸化炭素の半分近くは、最終的に海底に沈んでいく[25]。

生命誕生の鍵

ある意味、我々はみな深海の生き物だ。ミネラルに富んだ超高温の水を噴き出す熱水噴出孔は、化学の力をほとばしらせて、それを利用できる状態を整えており、太古には生命の誕生に役割を果たした。不毛の惑星に命が生まれるイメージとしては、有機物を含んだ原初の沼地に雷が落ちて、フランケンシュタインのように生命が出現するというのが定番だが、そのようなことはけっして起こらなかった。しかし強力な証拠から察せられるとおり、化学物質を噴き出す深海の噴出孔は、現代のあらゆる生物の内部で起こっている化学反応の土台を築いたのだ。

有力な説によれば、ヤマン＝カシの時代から三五億年前、ある種のアルカリ性の噴出孔が、生命の誕生の基盤となりうる塩基性の環境を提供したという。そのような噴出孔を通って地下深くから、硝酸塩に富んだ弱酸性の海水中に、水素とメタンが噴き出した。酸素のないアルカリ性の条件である噴出孔の中では、細胞膜に似た構造を持つ脂肪酸の泡がひとりでに形成された。その脂肪膜が噴出水や海水と接触して、内部が微アルカリ性である前細胞が誕生した。海水が酸性で噴出水がアルカリ性だったため、海水から前細胞を通って噴出水へと至る水素イオンの流れが生じた。流れがあれば仕事を発生させられる。

またアルカリ性の噴出水からは、俗に「緑青《ろくしょう》」と呼ばれる、分子が層状に積み重なった鉱物、フーゲライトが生成した。これが、生命の起源をめぐるいくつかの謎を解く鍵になるかもしれない。フーゲライトは化学反応を進行させる天然の触媒として作用し、アンモニアやメタノール、そしてアミノ酸の基本構造体など、生命のもととなる多数の分子を作り出した。また、フーゲライトの小さな結晶が前細胞の膜の中に埋め込まれて、分子の通り道に変わり、ピロリン酸イオンと呼ばれる化学物質を輸送して膜の内側に濃縮させた[26]。

現代、地球上に生きるすべての生物は、エネルギー源が太陽であれ、鉱物であれ、あるいはほかの生物の摂取であれ、そのエネルギーをまずはピロリン酸化合物の一種であるATP（アデノシン三リン酸、俗に「生命の汎用エネルギー通貨」と呼ばれる）に変換する。どのような生物でも、その変換をおこなうには、水素イオンの濃度勾配が設けられていて、わずかに浸透性のある細胞膜を通って水素イオンが流れるようになっていなければならない。すべての生物の体内にあるすべての細胞は、神経の活性化から唾液の分泌、筋肉の収縮からDNAの複製まで、どんな行動をおこなうにしても、まずは地中から海中へ染み出した化学物質の作用を再現しなければならないのだ[27]。

静まりかえった深海に雨のような音が絶えず響き渡っているが、それを聞く者は誰もいない。熱水からにじみ出るほの暗い地球光が、真冬の焚き火のような噴出孔に肩を寄せ合って群がる集団を照らす。そのぼんやりした赤外光は弱すぎてエネルギーとしては使えないが、硫黄分を含んだマントルの吐息と混ざり合っている。深海の動物相は、上のほうで起こる変化にも気づかず、真光層の生物にも見つけられずに、普段やっていることをそのまま続ける。成長して、栄養分を取り出し、移動して、生き延びる。この惑星の脆い表面が割れて移動しつづける限り、地中に向かって開いた穴は必ず存在していて、日光の届かない海の中で生きる者にチャンスをもたらす。

14
章
変容

Transformation

オルドビス紀の南半球

Soom, South Africa - Ordovician

南アフリカ、スーム
オルドビス紀
——四億四四〇〇万年前

オルドビス紀
4億4400万年前

Ordovician　now

「壊れた氷、不吉な混沌」
――マシュー・ヘンソン、北極探検家

*

「時が過ぎるとともに、海が乾いた大地になり、
乾いた大地が海になる」
――アブー・アル＝ライハーン・アル＝ビールーニー『古代民族年代記』
（B・ガフロフ訳）

青みがかった灰色の

氷河の上を吹き降りる強い風は、凍った高地で冷やされていて雪のほかには何も含んでおらず、轟音を立てながら氷棚へと吹き下ろして海のほうへ突き進む。このように高地から落ちてくる冷たくて重い空気の突風は、カタバ風と呼ばれ、地球の重力によってハリケーン並の威力を持つ。この風は、後退しつつあるはるか遠くのバクハウス氷床の中央部から、氷河が最終的に崩れ落ちる入り江にまではるばる達する。

浮かんだ海氷のでこぼこした表面に冬の風がぶつかって、海氷を陸地から押し出し、バンリラッサ海の南の端に、ポリニヤと呼ばれる凍っていない開けた海域を作る。海面は極寒の空気に触れて、覆われていない状態を長いあいだは保てず、バランスの取れた状態にある。海水と棘状の氷の結晶が混じった、滑らかでどろっとした新たな晶氷が、ザワザワと音を立てて波打ち、絶えず生まれては吹き流される。作られつづけるこの氷は、氷河から分かれた脆い氷塊とともに沖合へ移動して、断片的で不安定な光景を生み出す。

さらに沖では、吹き流された氷と、氷河から分かれた氷塊とが折り重なって、氷の大地を形作っている。あたり一面の浮氷や氷丘によって、海は凍りついている。アフリカの突端にある氷堆丘《ひょうついきゅう》に吹きつける風は、雪に覆われておらずに侵食の進んだ谷の縁を削り、氷河の後退によって露出した岩がすり減ってできた砂を、まるでダストブロアーのように掃き寄せる。いわば空中の土だ。

浮氷が集まってできた積氷の表面には、サスツルギと呼ばれる、細かい溝の付いた氷の畝や凹凸が、縞模様を作っている。ところによっては、しわくちゃにした絹のように滑らかで、またところによっては、下に閉じ込められた海の怒り狂う波の姿を映し出しており、冬の日光が散乱してオレンジ色の光冠をかぶったようになっている。冬のあいだ成長を続ける氷の表面に落ちた砂は、中に取り込まれて固定され、時を待つ[2]。

氷河の眼下に広がるポリニヤの中には、塩水と泥水、二本の流れが生じている。塩水の流れの源流は、氷が形成されて海水中から水が奪い取られている場所。表層水が凍るとき、その水分子のあいだに溶け込んでいた塩は、氷の結晶構造の中に容易には潜り込めずに追いやられる。すると、その周囲の凍っていない水は塩分濃度と密度が高くなる。この塩水はポリニヤの海面から海中に沈んで岸から離れていき、暗い深海に達して大陸縁辺部に集まり、さらにそこから離れて深層流と合流する。

深層流も陸上の川と同じように振る舞う。海底を流れる際に土手を築いたり、渓谷を刻んだり、塩水の湖や滝を作ったりする。現代のボスポラス海峡にもそのような深層流があって、塩分濃度の高い地中海から黒海の底まで全長六〇キロメートルを流れており、ミシシッピ川とナイル川、ライン川を合わせたよりも大量の水を運んでいる。体積でいうと世界トップテンの大河だ。

オルドビス紀に、この地、スームでは、ポリニヤから塩水が沈んでいくとともに、氷河の底で融けた淡水が海中の氷の洞窟から流れ出している。その暗い穴から流れ出す新しい淡水は、岩石と氷に挟まれた、上下幅の狭い領域に流れ込む。氷の重みによってその流れが絞られて、泥を巻き上げ、黒っぽい堆積物を含んだ高圧の奔流となって噴き出す。いわば海中の上だ。濁っているが塩分を含まないその流れは、徐々に海面へと上がっていってゆらゆらとした塊のような形を取り、まるで水中に何かが潜んでいるかのようだ。しかし水中にはほとんど何もいない。海面下では、地獄のような泥の雲が深さ数十メートルまで広がっていて、その下に接した、もっと温度の高い海水にはいっさい光が射し込まない。

浮氷の中から音がする。きしむ音や長いうなり声、あるいは轟音が響きわたり、氷が自らの重みに屈していることを物語る。氷河は水以外のものも運ぶ。いわば水中の上だ。絶え間なく流れる氷床によって数百年前に掃き集められた石や大岩が、水中に埋もれたままの旅路を終えて海中に解き放たれ、海底に沈んでいく。

約二〇〇キロメートル離れたパクハウス氷床の頂上から下ってきた氷の中には、過去の大気を閉じ込めた空気の泡も含まれていて、数百年前、あるいは数千年前の記録が冷凍保存されている。氷河が積み重なって青みを増すとともに、その泡はおそらく最大で大気圧の二〇倍にまで圧縮され、そして時を待つ。氷河が融けるとようやく解放され、海中で勢いよく氷を割って姿を現し、天然の発泡水の壁を作り、氷河のきしむ音や石の落ちる音に混じって、脂身を揚げたようなジュージューという音を立てる。地球が温暖化するにつれて、毎秒数百万、数千万個の泡が水中に飛び出し、その体積は増すばかりだ。氷山も歌を歌う。中でも浮島のように巨大で、表面を川が流れているような氷山は、暗いリズムの重低音を奏で、その音は沿岸数百キロメートルにわたって鳴り響く[4]。

スームは生と死が層状に積み重なった世界だ。このフィヨルドや入り江では、風、氷、海水、流れ込む泥水、そして静かな海底は互いに混じり合わず、そのため下のほうの層は酸素を含まない。互いに上下に積み重なって、同じ大海原に解き放たれる。夏になるとその層にほかならぬ色が付く。日没近い太陽が融けかけの積氷に反射して、氷河の東に広がる不毛な山裾を濃いオレンジ色に染める。冬にポリニヤを覆っていた低い雲が消え、風が少し収まる。

小さくなった氷山は日光で濡れたように輝き、雪が吹き飛ばされている場所や、長いあいだ閉じ込められていた空気の泡が出ている場所では、高圧による青色が氷の中に混じり合っている。濁った流れがシルトを吐き出しつづけているが、その流れから離れると、もっと大きいポリニヤの澄んだ水の中には生命が見られる。ポリニヤはいわば海のオアシスで、海水が温かくなると、小さな氷山の中で水に沈んでいる部分が、まるで蛍光を発しているかのような完全なモスグリーンになっているのが、海面を通して見える[5]。

寒冷化の脅威

積氷の下で層が混ざり合い、石が雨のように降りはじめる。何百年ものあいだ浮かんでいた氷山が海水で融けて石を手放し、石は塩水の中をまっすぐ下って剝き出しの海底にどすんと落ちる。冬のカタバ風によって運ばれて氷山の上に積もった土埃も沈んでいくが、粒子が小さいために水中に長く留まり、もっと静かに落ちていく。水中に浮かぶ粒子は、表層水の中を漂う微生物、プランクトンをおびき寄せる。リンの化合物を含んでいて、海中に生物を繁栄させる。

光をエネルギー源とする微小な藻類は、これまでミネラル不足で成長が妨げられていたが、いまや狂ったように光を浴びて、アルコールのように透き通った水を明るい緑色に変えている。この植物プランクトンは、ミネラルを利用できる限り利用して急激に増殖する。栄養分が過剰にあるあいだは競争も生きる苦しみもなく、世代から世代へ際限なく増殖していく。もちろん好景気は永遠には続かない。栄養分が少なくなるか、または個体数が増えすぎて、栄養分が再生されるよりも速く消費されるようになると、死が近づいてくる。成長が速いほど、活況の時期は短くなる。いまはあまりにも速く増殖し、あまりにも速く数が増えて塊を作っているため、その死骸が雨のように降り注いで下の層に有機物をもたらしている。

一般的に極地の生態系はスローライフだ。資源が限られている上に、寒さのせいで、成長を含む多くの生物学的プロセスが減速している。何らかの災厄によって生態系の中の多くの個体が死ぬと、回復するのに非常に長い時間がかかることがある。死んだ生物は気まぐれな清掃生物の餌食となり、最終的にその生物群集は多様性が低くて構成メンバーが変化しやすいものとなる。しかし、陸上から栄養分が流れ込んでくる場所では違った傾向になる。冷たい極地ですら、栄養分が集まっている場所では、数年間隔で深刻な災厄が襲ってきても生物群集は完全に復活する。スームでも毎年毎年、そのように肥沃《ひよく》になる。

しかしこのパターンは最近始まったばかりだし、この先も永遠には続かない。氷河が流れ込むスームの入り江は数千年前には存在していなかったし、近いうちにもっと深くなってしまう。ここに氷河が押し寄せてきたのは一〇万年以上前のことで、いまでは後退しはじめている。初めて多細胞生物が大量絶滅したオルドビス紀の寒冷期ののちに、世界が再び温暖化したことで、後氷期の生態系が繁栄しようとしている。

わずか一〇〇万年前、地球は温暖状態から寒冷状態に切り替わって、ヒルナント氷河形成と呼ばれる出来事が起こり、海洋生態系が微生物のレベルに至るまで深刻な影響を受けた。オルドビス紀終盤近くに起こったこの大量絶滅は、複雑な多細胞生物を襲った中でも二番目の規模で、これを上回るのはペルム紀末の大絶滅、グレート・ダイイングだけだ。

オルドビス紀の最後に来るヒルナント期より以前、海中では生命がのんびりと暮らしていた。この時期に生命の多様性は急増し、それ以前のカンブリア紀をはるかに上回った。動物によるリーフの形成が本格的に始まり、生物は海底の上やそのすぐそばで群れをなすのではなく、自由に泳ぎ回るようになった。しかしおそらくわずか二〇万年のあいだに、のちのアフリカを中心として氷期が始まった。オルドビス紀のアフリカは、現代の南半球の全大陸および、インドとアラビア半島、そして南ヨーロッパの一部からなる超大陸、ゴンドワナの一部であって、南極点の近くに位置している。現代の南アフリカ・セダルバーグ野生保護区の中に位置するスーム化石産出地は、オルドビス紀には南緯約四〇度と、現代に比べてそこまで南に寄ってはいない。

オルドビス紀から現代までに、アフリカは地球の底で滑り動いてきた。スームが氷河に覆われているこの時代、南極点はのちのセネガルに近いところにある。地球全体で見るとアフリカは上下ひっくり返っているように見える。ゴンドワナは南極点から腕を伸ばすように、アフリカ南部や現代の南極大陸を通って、赤道に位置するオーストラリアにまで広がっている。南極点は氷床に覆われているし、二か所の主要な化石産出地も氷の下だ。一か所は現代のサハラ地域の南に位置しており、オルドビス紀のいまは氷原が北に向かって移動している。もう一か所は南アフリカと南アメリカ中央部の一部にまたがっていて、いまは氷原が陸塊の先端に移動しながらパンサラッサ海にせり出している。

　オルドビス紀の間に、陸上生活に適応しはじめた生物が数を増して、ありふれた存在となった。いまだにそのほとんどは微生物で、ところどころに生物種が点在するだけであり、のちのシルル紀やデボン紀に形成されるような繁栄した生物群集ではないが、何本かの河川には棲みつきはじめている。真菌類や単純な植物が大地を掘り進めることで大陸表層の岩石が侵食され、リンの化合物が河川に染み出して海洋の上層に流れ出し、もともと海水中にはきわめて少なかったこの貴重なミネラルが海中にあふれかえっている。

　スーム周辺でいまでも起こっている藻類の大繁殖は、かつては至るところで起こっていて、リン化合物が流れ出している場所であればもっと大きい個体がもっと数を増やしていた。それによって、海洋底に降るマリンスノーの量が増え、にわか雪からけっして止むことのない吹雪へと変わった。炭素に富んだ藻類の死骸が海底に落ちて埋もれるにつれ、大気中から二酸化炭素が吸収されていった。

　偶然にもそれと同時に火山爆発が増えてカレドニア山地が隆起し、さらに大量のケイ酸塩岩石が生成した。前にも見たとおり、ケイ酸塩が風化すると大気中の二酸化炭素と反応する。この新たなケイ酸塩もまた、大気中の二酸化炭素濃度の低下に寄与した。その結果起こった急激な気候変動によって地球上の生物種の八五％、海洋生物のほぼすべてが絶滅した。氷河形成は長々と続くことはなかったが、惨劇を引き起こすくらいには長かった。「ビッグファイブ」と呼ばれる中で最初の大量絶滅、地球寒冷化によって直接引き起こされた唯一の大量絶滅である[9]。

絶滅に関していうと、責めるべきは気候変動の大きさでもなければ、その変化の方向性でもない。重要なのは変化の速さである。生物群集が適応するのには時間が必要で、一気に大きな変化に見舞われると、たいていは打ちのめされて姿を消す。白亜紀末にも、小惑星の衝突によってほぼ瞬間的に地球全体が冬になった。ペルム紀末にも、かつてない火山爆発によって温室効果ガスが急増し、地球温暖化が引き起こされた。そしてヒルナント期には、地球が再び氷河後退の状態に戻り、温暖化によってもっと小規模な第二の絶滅が起こっている。その温暖化がスームでは続いていて、氷河が速いスピードで後退しつつあるのだ[10]。

スームの海の捕食動物

いまだに海面を覆っているが夏には薄くなる積氷の下の海は、散乱した穏やかな青緑色の光で照らされている。岸から離れるにつれて、何も見えない眼下の暗闇へと溶け込んでいく。積氷の下面には、丸い膨らみや鍾乳石のような構造物が並んでいて、その冷たい水の中にはほとんど何も泳いでいない。過冷却された水が結晶化してできた、微小な氷のかけらがじっと漂っていて、けっして落ちてこない吹雪のようだ。

深く潜っていくと、水深五〇メートルほどの浅い岩棚にはまだ太陽光が届いているが、ただし薄暗い。水は冷たく、流れがなくて澄んでいるため、まるで空気のように見える。積水の下の生物が水の流れに悩まされることはほとんどないが、そもそも海底には生物がほとんどいない。ほぼ完全に不毛で、生命はほとんど見られない。流れがないため、海底には酸素がなく、呼吸ができない。落ちてきた藻類は速やかに分解されるが、分解するのは植食動物や腐食性生物ではなく、酸素のない場所を好むあの硫黄細菌だ。流れのない水の中では、その分解の廃棄物はほぼ拡散によって広がるだけで、水中に漂う硫化水素の雲が、局所的に硫酸の濃縮した一角を作っている[11]。

塩水の流れがある場所では、海底のところどころに一時的に酸素が供給される。そのような場所では、成長しはじめたばかりで体長が五ミリメートルにも満たない腕足動物の小さな幼生が、堆積物の中に身を埋めていたり、三葉虫が何匹か這っていたり、蠕虫《ぜんちゅう》のような身体の軟らかい葉足《ようそく》動物が、危険を冒してしばらく海底を歩いたりしている。水中ではあちこちで魚が泳いでおり、その中には、ヤツメウナギに近縁の、顎もうろこも胸びれもない奇妙な魚がいる。尾の近くに背びれと尻びれだけがあって、小さな群れで泳ぎ、底層に潜って身体の軟らかい動物を捕らえては、ウナギのような尾びれを振って上昇し、再び呼吸する。

濁った暗い海底に留まるのは死を招くだけで、固着生物にとってはなおさらそうだ。酸性の水の中で炭酸カルシウムに富んだ殻を持つには、ひたすら化学反応を進めていくほかない。水の流れがなくて酸性の雲に覆われていると、深海生物の炭酸塩の殻はあっさり溶けてしまう。

そのためスームは、同様の深海地点に比べて生物多様性が非常に低い。スームの海中に長期間暮らすどんな生物も、絶えず泳ぎつづける能力を持つか、または別の解決法を見つける必要がある。殻がおもにリン酸カルシウムでできている、二枚貝に似た腕足動物にとっては、酸素が多くて殻が溶けにくい上層を泳げる別の生き物の表面にしがみつく、ヒッチハイカーのようなライフスタイルを取り入れるしかない[12]。

泡を出す青い氷河の壁の近くに浮かんでいるのは、長さ三〇センチメートルほどの円錐形の殻を持った直角貝で、その殻の表面では、硬い管を持ったチューブワームに混じって腕足動物が成長している。現代のオウムガイに近縁であるその直角貝、オルソコネ・ケファロポドは、アンモナイトやオウムガイの渦巻をまっすぐに引き伸ばしたような姿をしている。

直角貝の中には全長五メートルを超すものもいるが、スームでよく見られるのはもっと控えめなサイズの種だ。殻から肉付きの良い腕を出したり引っ込めたりし、大きな目で周囲を見回し、ジェットスキーのように水中を進む。そのエンジンは特別で、波のように収縮する筋肉の環でできた、漏斗または水管と呼ばれる筒状の器官が殻の開口部にある。通常は前方に泳ぐが、緊急時には流線形の殻を強力な水流で後方に押し出して、ひらひらと揺れる細長い褐藻《かっそう》のあいだや、小さなエビの群れの中を突っ切ることができる[13]。

骨は朽ち、筋肉は残る

頭が大きく、オールのような二本の肢《あし》の前に、振り動かす捕捉器と、空豆形のビーズのよう

オルドビス紀 〜 4億4400万年前

オルソコネ・ケファロポド

な目を持った、体長一〇センチメートルの捕食動物、ウミサソリがそこにいるが、かなり小ぶりなほうだ。ウミサソリは古生代の動物の中でももっとも多様なグループの一つで、のちのシルル紀からデボン紀初期にかけてもっとも繁栄し、中には体長がスームに棲む種の一〇倍以上にも達する、史上最大の節足動物となる者も出現する。

真のサソリではないがさほど遠縁ではなく、身体の多くの部分が非常に似ていて、腹部が太く、先がすぼまった長い尾を持っているものの、真のサソリと違って毒針はない。さまざまな用途に用いられる六対の付属肢を持っていて、うち一対は獲物をつかむための、鋏角《きょうかく》と呼ばれる小さな捕捉器、残り五対は肢である。この地域にのちに出現するウミサソリは、肢にとげとげでざらざらの板を備えており、それで獲物を捕らえて、付属肢からなる口へと運ぶ。[14]

肢を顎として使うという戦略は、節足動物ではかなりありふれている。節足動物の頭部と胴体を構成するそれぞれの体節《たいせつ》からは、関節を持った柔軟な付属肢が生えていて、それをありとあらゆる機能に使うことができ、まるで開発途上のアーミーナイフのようだ。クモの鋏角は発生学的に昆虫の触角と同じ構造をしている。発生中の昆虫において口器《こうき》を作る部位は、クモでは前側三対の肢になる。

スームの固有種のウミサソリは、一番後ろの肢が平たくなって、漕ぎ船のオールのように横に突き出しており、それで水を掻いて泳ぐ。いまだに先祖の形態をいくつか残していて、このオールの先端にはものをつかむための小さな鉤爪《かぎづめ》が付いており、その特徴からこの動物はオニコプテレッラ（「鉤爪の翼」）と呼ばれている。[15]

オニコプテレッラはスームで最大の捕食動物の一つだが、海のどこかには別の謎めいた捕食動物も棲んでいる。実際に目撃されたことは一度もなく、残された痕跡から間接的に特定されているにすぎない動物の一つだ。その存在を示す唯一の手掛かりは、泥に埋まった排泄物の塊で、その中には噛み砕かれた殻や歯の破片が混じっている。その動物が餌にするのは、泳ぐ甲殻類や、スームに棲むさらに変わった動物、プロミッスム・プルクルム（「美しい約束」）である[16]。

プロミッスムはコノドントと呼ばれる動物群の一種である。コノドントは脊索《せきさく》動物に属していて、魚の親戚である。地球上でもっとも多い生物の一つで、カンブリア紀初期から三畳紀末にかけて至るところで見られる。コノドントの化石記録は非常に密集していて、長い年月にわたり途切れなく存在するため、どの時代にどの種が出現したかがきわめて詳細に分かっている。古生物学で示準化石と呼ばれるものであって、その化石を含む岩石の年代特定に用いられる。

一〇〇年以上にわたり、コノドントとして見つかっていたのは謎めいた歯だけだった。とげのティアラのような形をしたその歯は非常に丈夫で、ウナギのような柔らかい動物の身体の中で唯一硬い部分である。その動物の全体像が明らかになる前から示準化石として用いられており、その出現と消滅に基づいて地球の歴史がいくつもの地質時代に分けられている。中にはもっとも長い地質時代の定義に用いられている種もある。ペルム紀の始まりと終わりはいずれも、ある特定の種のコノドントが初めて出現した時期によって定義されている。君主の即位紀元と同じように、我々の時代認識はこれらの生物の暮らしによって形作られているのだ[17]。

水中をしなやかに泳ぐ体長三〇センチメートルほどのプロミッスムは、長年の夢を叶えたようにはけっして見えないが、その軟組織はあらゆるコノドントの中でもっとも詳細に保存されることとなる。歯以外の身体の部分、筋肉組織が発見されるのは、ここスームと、スコットランドにあるグラントン・シュリンプベッドと呼ばれる石炭紀の堆積層の中だけである。プロミッスムは冷たい水の中を、目的を持ってゆっくりと滑るように効率的に泳ぐ。

身体が赤っぽいのは遅筋《ちきん》が多いからで、絶えずその筋肉を使って泳ぎつづけている。ほとんどの魚の筋肉は白っぽい速筋《そっきん》で、つねに活性化させておく必要はなく、素早い反応に用いられる。脊索動物は筋肉を多く使うほど大量の酸素を必要とするため、筋肉に酸素を運ぶ赤いたんぱく質、ミオグロビンが筋肉に集中する。そのため、血液中のヘモグロビンの場合と同様、頻繁に使う必要のある筋肉は赤くなる。つねに身体を支えておかなければならないニワトリの腿《もも》の筋肉が、たまに飛ぶときにしか使わない胸の筋肉よりも色が濃いのはそのためだ。また、絶えず泳ぎ回るマグロの肉が赤いのもそのためである。プロミッスムはかなり非効率なV字形をした遅筋線維しか持っておらず、絶えず泳いでいなければならない。スームでそのような詳しいことまで分かるのは、ここでの化石の保存のされ方が通常とは逆だからである。硬組織の保存状態は非常に悪いが、筋肉は線維一本一本に至るまで保存されているのだ[18]。

夏のスームの海底では、シルトや藻類が雨のように降ってくるせいで、化石形成のための化学的条件が通常とは違っている。冬のうちに死んで海底に沈んだプロミッスムは、氷河の底でつねに形成される黒っぽい泥に覆われて埋められる。身体は朽ちて歯も失われ、何も残らない。

しかし一緒にレス（黄土）も降ってくる夏には、すべての死骸が動物プランクトンや、有機物を食べる細菌によって分解されるわけではない。そのレスが堆積して白っぽい層ができ、プランクトンが死ぬことでその中に有機物が供給され、年縞《ねんこう》と呼ばれる、一年ごとの縞模様ができる。スームに保存されたこの二重層の連なりは、約四億四〇〇〇万年前の様子を一年ごとに記録したいわば年鑑のようなもので、たとえるなら、現代から一二〇万年前の西ヨーロッパに暮らしていた最古の人類が毎日日記を付けていたようなものといえる[10]。

酸性条件の中でプロミッスムの軟骨格はやはり朽ちてしまうはずだが、そこで別の化学作用が効いてくる。筋肉に含まれるたんぱく質が分解する際に、アンモニアやカリウムが染み出してくる。それが含鉄鉱物と反応して、砂粒のあいだの隙間で溶けると、イライトという粘土鉱物に変わる。その粘土の最終的な形は筋肉線維の形によって決まるため、筋肉の姿が鉱物の中に刻み込まれて、自身の複製に置き換えられる。このように軟らかい筋肉が粘土に置き換わるという非常に美しい作用は、スーム特有のものであり、氷河が後退して氷が融けるにつれて海が陸地に進出していく、地質学で「海進」と呼ばれる現象の起こる海に暮らす生き物の姿を見せてくれている。

炎と氷の饗宴

地球温暖化によってスーム一帯は、氷は残っているもののいまやかなり暖かい。氷の融けた水の流れる、氷上からは見えないしたどることもできないネットワーク状の水路が、水を再び海に流し、海を深くしていく。氷河の後退とともに海水位が上昇し、その最前線である浅い海域に沿ってスームに似た環境が形作られる。しかし海水位の上昇は世界中で一様ではない。逆のようにも聞こえるが、氷の融けた水は、その氷床に近い海域よりも、そこからもっとも離れた海域のほうに、より大量に、より速く溜まっていく。それは、直前の時代の氷河形成がすさまじかったことの証しである。氷冠があまりにも重いために、その重力によって海がそこに向かって文字どおり引き寄せられていた。その氷が融けて重力が弱くなることで、海は再び均等な深さに戻るのだ[20]。

　直感に反するかもしれないが、世界中の海水位が上昇しても、それまで氷に覆われていた地域が長いあいだ水没しつづけることはない。短期的には、氷床の後退に伴って大陸に海水があふれてくるかもしれないが、地殻というのは柔軟な代物だ。海水も風で吹き寄せられたり、潮汐でゆがんだり、重力であちこちに引っ張られたりするだろうが、いずれもごく短い生物学的なタイムスケールで起こる。

　その一方で、重い大地は独自のリズムで浮かんだり跳ね返ったり、応答したりする。地殻は非常に薄い。海洋下では厚さわずか五キロメートル、地球中心までの距離の約〇・〇八%だ。それより下は流れる液体で、その上に地殻が、ちょうどポリニヤの浮氷のように浮かんでいる。我々の足下では、上下逆さまにした世界がマントルの中に突き出している。地上に山がそびえている場所では地殻が厚くなっていて、上下逆さまの山が地球の中心に向かってそびえている。海盆が落ち込んでいる場所ではマグマが上がってきている。現代、地殻がもっとも厚くなっているのはヒマラヤ山脈で、その厚さは約七〇キロメートルだが、エベレスト山は海抜九キロメートルしかない。山が高いのは、もっと密度の高いマントルの中に土台が深く突き出しているからだ。浮かんだ大地の大部分は地下に隠されている。我々もまた氷山の上を歩いているようなものなのだ[21]。

　大陸の上に氷床が乗っていると、地殻を浮かべている平衡状態、いわゆるアイソスタシーが、その氷床の重さによって偏る。地殻がマントルに向かって押しつけられて、ちょうど大量の荷を積んだ船のように沈むのだ。やがてその氷床が融けてなくなると、地殻は何万年もかけて跳ね返るように再び隆起し、海が後退していく。いま氷床が融けはじめているスームではまだ海の後退は始まっていないが、いずれは起こりはじめる。更新世に氷に覆われていた地域は現代でも隆起を続けていて、いまだ氷期の重荷を振り払えてはいない。たとえばグレートブリテン島は、おおざっぱに西海岸のアベリストウィスと東部のヨークを結ぶ線を軸に傾きつづけていて、その北側の大地は年に最大約一センチメートルの速さで隆起し、それによって空いた地下に向かってマグマが流れ込むことで南側の大地は沈降している。このプロセスは今後何千年も続くことだろう[22]。

　スームで起こっている海進も、けっして攻撃的なものではない。実際には、失われた海底を取り戻しているようなものだ。オルドビス紀後期、世界が氷で覆われる以前には、海水位は異常に高かった。大陸が浅い内海で覆われ、ほかの時代と同じくそこには多様な生物が暮らしていた。しかし氷床が形成されはじめると、氷床に水が奪われて、海水位は劇的に低下した。内海に沈んでいた陸地が現れ、数十万平方キロメートルにわたって海洋生物が死に絶えた。オルドビス紀末の大量絶滅があれほど深刻だったのは、このような地勢も一因である。漸新世に南極で起こった氷河形成も同様の規模だったが、内海がほとんどなかったため、海水位の低下で失われた生命は比較的少なかった[23]。

環境変化への対処法としてたいてい一番たやすいのは、ニッチを規定する環境パラメータを持った場所、要するに好ましい条件の場所を追いかけていくことだ。海では、水温や塩分濃度、そしてとりわけ水深が重要となる。地球全体が温暖化または寒冷化した場合には、南北へ移動することでも棲みやすい条件を見つけられる。しかしオルドビス紀後期のいまは、世界中のほとんどの陸地が南極点を中心として赤道よりも南に集まっているため、それは不可能に近い。ゴンドワナの海岸線は何万キロメートルにもおよぶが、その大部分はだいたい同じ緯度にある。海水温が下がった場合、海洋無脊椎動物は迫り来る冷たい水からいくら逃れたくても、深海で生き延びる能力を持っていない限り北へ移動することはできない。逆に再び海水温が上がった場合、生き延びるために南へ移動するにはもっと浅い海に入っていかなければならず、いずれは干上がって死んでしまう。ゴンドワナの一部でない小さな大陸も、漸新世の南北に長い大陸と違って、南北方向に延びる海岸線が非常に限られているため、やはり生物にとっては過酷である。氷河作用にしては急速に前進していく氷床によって、全生物種の六分の五の基本的ニッチが追いやられ、踏みにじられ、奪われてしまったのだ[24]。

氷河は、何千万年もかけて築かれてきた地形や生物群集を壊し、あとに軟らかい岩石を残していく破壊者だ。しかしその一方で、ほかに類のない創造者でもある。何トンもの氷が流れることで、曲がりくねった縞模様、幅の広い谷、なだらかな氷堆丘を大地に築く。バクハウス氷河は高地から山のあいだを抜けて谷を通り、潮の出入りする入り江へと流れ込みながら、一つの世界を壊しては別の世界を作っていく。

　氷河の流れる光景は、長期的な視点、惑星規模のゆったりとしたペースで眺めたほうがいい。そのような視点で見ると、氷は水のように着実に流れ、氷河に覆われた一帯には、クレバスが何本も走る氷瀑、絶壁を流れ下る凍った滝、周囲よりも速く流れる氷の川が見られる。スーム一帯の氷河は、パンサラッサ海の石英の砂浜へと流れ下り、大地に巨大な起伏やモレーン、漂《ひょう》礫《れき》土や氷丘を築いた。大地は新たな形を取っていった。

　山から飛んできた砂が幾層にも積み重なって、冬の黒っぽい泥を夏に白く覆う。海を豊かにしてスームに生命をもたらすプロセスが、その生命の死骸をも保存する。氷が失われたことで世界は矛盾めいた状況に追い込まれ、変化の力があらゆるものを覆すさまを思い起こさせる。何百年にもわたって頑として動かない、詩情漂う光景の象徴である氷河は、せわしなく騒々しい存在、大地を掻き回して褶曲《しゅうきょく》させる存在、岩層を創造して破壊する存在だ。水は流れるはずのないところを、大気の中を気体として、氷の中を固体として、水の中を液体として流れる。物質の複数の状態が混じり合い、大地から氷、川、流れへという変化、岩石から土埃、風、浮氷へという変化は、不毛の大陸から生命力をあふれさせて季節ごとに生命を花開かせる。

　スームでは、その生命の保存のされ方ですら通常とは逆転しているようだ。軟らかい筋肉やえらは途方もなく細密に保存されたが、固い殻や軟骨は溶けてなくなって、雌型《めがた》（モールド）〔埋められた死骸が朽ちてその跡に残った、凹凸反転した化石〕としてだけ保存され、消えた跡に残された形としてしかうかがい知れない。生物群集の死骸は、一度も住処にしたことのないシルトの上にのみ横たわる。生命は粘土に変わった。吐息を吐く流体の大地が氷に覆われたアフリカを震わせて、少しずつ持ち上げる。重しは取り除かれつつある。いずれ大地の隆起は迫り来る海のペースを追い抜くこととなる。

15

章

消費

Consumers

カンブリア紀の地球

Chengjiang, Yunnan, China - Cambrian

中国雲南省、澄江
カンブリア紀
——五億二〇〇〇万年前

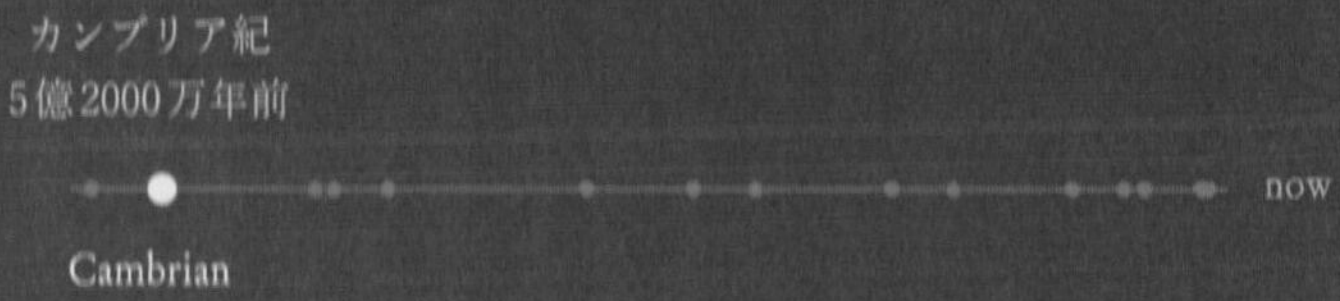

「海の至る所で繰り広げられる共食いについて、
いま一度考えてみてほしい。
すべての海の生き物は互いに食い合い、
世界が始まって以来、永遠に戦いを続けている」
——ハーマン・メルヴィル『白鯨』

＊

「ものを見るために目を守りなさい。
我が観測者よ、幾晩ものちまで目は必要となる」
——サラ・ウィリアムズ（サディー）『老天文学者』

むっとした空気が漂い、

太陽が大地を焦がすが、この惑星上で土とみなせるものはほとんどない。地面は紙やすりのようにざらざらで、厚さ数ミリメートルの表層に棲む微生物が何となく土のようなものを作っているだけであり、不毛の大地が広がっている。海の波しぶきが冷やしてくれるが、あくまでも相対的な話だ。現代の一〇倍に相当する四〇〇〇ppmを超す二酸化炭素と、現代よりわずかに濃度の低い酸素を含んだ大気は、航行中の潜水艦の艦内のように息苦しい。緯度はホンジュラスやイエメンと同じだが、海面温度は紅海の平均よりさらに何℃も高く、三五℃を優に超える。日陰がなく、朝の海に太陽がギラギラと反射するこの大地は、乾燥していて生き物など一つも見られず、砂埃を含んだ砂漠の熱い風が剝き出しの岩の上で吹き荒れている[1]。

ここ澄江《ちようこう》から南に目をやると、ゴンドワナ陸塊が隆起して、緯度的には極地だが気候的には温暖な山脈を作っており、比較的水位の高い海からはるか高くにそびえた、地球上でも稀な地域をなしている。極端な温室状態のこの世界では、海水位が現代より五〇メートル以上も高く、大陸表面の大部分は波の下に沈んでいる。澄江は、雨の降らないゴンドワナの赤道地域と、雨の多い南部とに挟まれた、水没した大陸棚に位置する。

北半球には陸地はほとんど広がっていない。代わりに、大陸のバリアにいっさい邪魔されない巨大な循環流が、北極点を中心として激しく渦巻いている。熱帯では暴風雨帯が、いずれも島大陸であるシベリアとローレンシアの北岸を襲っている。その荒れ狂った地から地球のほぼ反対側に位置する澄江は、いまのところ快晴で焼けつくように暑い。息苦しいほどにじめじめした海岸沿いでは、海面上に留まっている理由はほとんどなく、潜っているのが何よりだ[2]。

生命のない陸上の静けさとは打って変わって、海底は大騒ぎだ。堆積物はうねうねとした模様で覆われ、蠕虫《ぜんちゅう》の巣穴であばただらけだ。海面を波が通り過ぎるたびに影が落ち、海底が穏やかにうねる。海底に波の影響がおよぶ最大水深のことを、ウエーブベース（波浪作用限界深度）という。ウエーブベースよりも深い海底は真っ平らで、乱すのは穴を掘る動物だけだ。ウエーブベースよりも浅い海底は波打っていて、海面上を吹く風の影響を受けている。嵐のときには波高と波長が大きくなって、ウエーブベースが深くなり、海底が波の影響を受けない限界線は海岸から遠ざかる。晴天時のウエーブベースと嵐のときのウエーブベースとに挟まれた、ときに静かでときにうねりに掻き回されるこの境界ゾーンに、カンブリア紀でもっともよく知られる生態系の一つ、澄江生物相がすさまじい多様性を見せて繁栄している[3]。

エオレドリキアという小型の三葉虫が海底を走り回って、ほかの小さな節足動物を捕まえているが、近くにはもっと大型のハンターが何匹もいる。体長一五センチメートル、胴体が太くて肢《あし》が九〇本あり、巨大な目を持つ甲殻類、オダライアが、水中に落ちてきた石からさっと身をかわし、一八〇度方向転換して、飛行機の尾翼に似た三つ叉の尾でバランスを取りながら仰向けに泳ぎ去っていく。また、ロブスターを平たくしたような外見で、長い触角とものをつかむ腕、貝類や三葉虫の殻を噛み砕ける顎を持った節足動物、シドネイアが、海底を機械のようにゆっくりと歩いている。ワラジムシに有柄眼《ゆうへいがん》とハサミムシの尾を付けたような見た目の動物、フクシアンフイアが、身体をくねらせながら歩いている。

海底のあちこちに開いた穴は、その見た目からプリアプルス類（「ペニスワーム」、鰓曳動物《えらひき》）と名付けられた生き物と、その親戚で鎧を持ったパラエオスコレクス類の巣穴への入口である。パラエオスコレクス類の中でもマファングスコレクスは、堆積物の中からとげとげの頭を突き出して身体をヘビのようにくねらせている姿をよく見かける。体長の二倍近い長さの巣穴を掘り、後端に付いたフックで身体を固定させている。巣穴の壁に向けて分泌した液体で堆積物を固め、緩いセメントのようにする。巣穴は真下に伸びているのではなく、パラエオスコレクス類は水平に穴を掘る。

砂の表面では、色とりどりの管やロープ、マッシュルームのような形のカイメンが幅を利かせて、海水中から微生物を濾《こ》し取っている。そのあいだには、二枚貝のような固い殻を振って濾過《ろか》摂食をする腕足動物や、羽根のような触手を持った初期のイソギンチャク、シアングアンギアが棲んでいる。植物の茎のような柄を持った、美しいが謎めいた生物ディノミスクスが、ヒナギクそっくりの姿であちこちに生えていて、まるで草原のようだ。

ときには複雑な形で生物が折り重なっていることもあり、ここでもっとも数の多い腕足動物であるディアンドンギアの身体の上には、もっと小さい生物が棲みついていることが多い。腕足動物のロングタンクネッラや、アネモネに似た動物アルコトゥバがしがみついて、宿主が殻を開け閉めして取り込もうとする餌を吸い込んで横取りしている。あたりでは節足動物が穴を掘ったり歩き回ったり、泳ぎ回ったりしていて、まるで騎馬行進のようだ。

古生代のアイドル

長いあいだカンブリア爆発は、わずか二〇〇〇万年のあいだにすべての動物門《もん》が事実上一瞬にして突如出現した現象であると説明されてきた。このような説明はおそらく単純化されすぎているだろうが、奇妙なことに澄江にも、あるいはそののちの時代のもっと有名な、遠くカナダにあるバージェス頁岩《けつがん》の動物相にも、現代のすべての動物門、現代の多様な生物のあらゆる基本的要素がすでに存在している。

現代に存在するどの動物門も、カンブリア紀か、またはいくつかについてはさらに昔に起源を持つ。同じ門に帰属される動物は、ボディープラン（身体構造の基本的特徴）が共通していなければならない。脊索《せきさく》動物のボディープランとしては、身体の上面に沿って走る堅い棒（脊椎動物では骨または軟骨からなる背骨で支えられている）や、筋節に分かれたV字形の筋肉などがある。クラゲやサンゴなどの刺胞動物は、細胞一個分の厚さの組織層の中に、狩りのために微小な毒矢で武装した特徴的な細胞を持っている。節足動物は、身体の外側を板状の鎧で覆っていて、節《ふし》のある肢を持っている。[6] そのほかの動物門も同様だ。

現代では、異なる門に属する生物どうしは非常に遠い関係にある。しかし根源的なレベルに目を向けると、たとえば盛んに研究されているショウジョウバエと、ヒトとのあいだにも、発生段階、とりわけきわめて基本的な身体構成にいくつかの類似点が見られる。ヒトでもショウジョウバエでも、たとえば身体の前後軸は同じ一群の遺伝子によって胚の段階で決まる。それらの遺伝子によって各細胞の発達の様子が変化して、さまざまな遺伝子が複雑な形で制御され、どの器官や組織を作り出せばいいかが決定される。ショウジョウバエよりもヒトに近縁な種が何十万とあって、ヒトよりもショウジョウバエに近縁な種が何百万とあるのに、それでもこのような遺伝子制御の類似性が成り立っているのだ。

　生命はよく木にたとえられ、先祖に相当する一本の幹が大枝、枝、小枝というように、門、科、種へと次々に分かれていると表現される。小枝の先端から下にたどっていくと、枝分かれの場所が見つかる。二つの種が互いにどれだけ近縁であるかを測る一つの方法として、一方の小枝の先端からもう一方の小枝の先端までの距離を測定するという方法が考えられるかもしれない。その距離が短ければ短いほど近縁であるということだ。

　しかし澄江では、動物どうしの遺伝的距離や近縁関係という概念がきわめて基本的なレベルで揺らぎはじめる。現代の生物とその祖先を比較しようとすると、長い歳月の影響を受けてさまざまな問題に見舞われる。

　澄江では二〇〇近い生物種が知られているが、脊椎動物中心主義の観点から見てもっとも重要な生物は、涙のしずくを引き伸ばしたような形、あるいは落ち葉のような形をしていて、尾のまわりにレースのようなひれが付いた、縦に平べったい体長わずか数センチメートルの動物である。その動物、ハイコウイクシスは、真の魚類の中でおそらくもっとも古い、脊椎動物の最古の親戚の一つである。脊椎はないが、すべての脊索動物の特徴である背中の堅い棒、脊索は持っていて、遠い未来にその子孫が、軟骨や骨からなる背骨を作ることとなる。尾のほかにひれはなく、水中をくねくねと滑るように泳ぐ。

海底では、古生代のカリスマ的な人気者、三葉虫が走り回っている。三葉虫という名前は、前後に長い三つの「葉《よう》」と呼ばれる部分から身体ができていることに由来する。ファッションセンスの良さを売りにしているようで、三葉虫の多くは、見た目以外に何の理由もなさそうな美しい奇抜な棘で着飾っている。外骨格が硬いおかげで多くは完全な姿で保存されており、まるでいまにも這い出してきそうだ。行動は体勢から容易に判断でき、ワラジムシのように丸まっていたり、水の流れを避けるために一列につながって歩いていたりする。

三葉虫がおそらく一番愛されているのは、イギリス・ウエストミッドランズの町ダドリーだろう。そこではシルル紀の石灰岩の採石場から、「ダドリー・バグ」の愛称で知られる三葉虫がたびたび掘り出され、地元に愛されて町のシンボルにもなっている。言い伝えによれば、一九世紀半ば、三葉虫が発見された採石場でダドリー・バグに関する公開講演が開かれると、一万五〇〇〇人もの聴衆が集まったという。現代のユタ州では、ユート族〔ネイティブアメリカンの一民族〕のパーバント部族の人々がカンブリア紀の三葉虫を、装身具としてや、医術のために使っていた。ヨーロッパでは、一万五〇〇〇年前に更新世の人類が身につけていた三葉虫のペンダントが見つかっている[8]。

石に変わるはるか以前、澄江の三葉虫は肢を波打たせ、微かなうねりの中で身体を揺れ動かしている。ここでよく見られる三葉虫の属は、小型で目が大きく、頭が三日月形、まだら模様をした胸部の体節一つ一つから小さな棘がカーテンのように突き出した、エオレドリキアである。体長はわずか二、三センチメートルほどだが、その六分の一の大きさであるちっぽけなユンナノケファルスに比べたらはるかに巨体だ。三葉虫は原始的な節足動物で、ワラジムシのように身体が等間隔に分かれており、各体節から肢とえらが一本ずつ突き出している。[7]

樽は満ちているか

三葉虫とショウジョウバエの最終共通祖先は、定義上、最古の節足動物ということになる。[8]ハイコウイクシスとヒトの最終共通祖先は、定義上、最古の脊索動物ということになる。[9]そうだとすると、ハイコウイクシスとヒト、エオレドリキアとショウジョウバエは、この四種のほかのどのペアよりも互いに近縁であると結論づけられそうで、実際にそのように表現されることが多い。しかし歳月の影響も重要で、一つの系統の中で蓄積してきた変異の数は、そのスピードに多少のばらつきはあるにせよ、その系統が存在してきた歳月の長さとおおむね比例する。[10]

この四種すべての最終共通祖先の時代から、澄江にエオレドリキアやハイコウイクシスが棲んでいた時代までの歳月の長さは、この最終共通祖先とヒトやショウジョウバエとを分け隔てる歳月の長さよりもはるかに短い。もっと言うと、エオレドリキアとハイコウイクシスのあいだの進化的距離は、ともに節足動物であるエオレドリキアとショウジョウバエのあいだの進化的距離よりも短いし、ともに脊索動物であるハイコウイクシスとヒトのあいだの進化的距離よりも短い。[11]

そう考えると我々ヒトは、背中に沿って走る支持棒から、感覚器官や脳を守る内部保護構造、筋節に分かれたV字形の筋肉など、いくつかの重要な形態的特徴がハイコウイクシスと共通してはいるものの、進化的距離でいえば、初期の節足動物と初期の脊索動物は、現代のカンガルーとヒトよりも互いに近縁だといえる。澄江ではこの二つの門は、のちの時代に再び比べたときよりももっと似通っているのだ。

するとある重要な疑問が浮かび上がってくる。エオレドリキアとハイコウイクシスのあいだの進化的距離がカンガルーとヒトのあいだの進化的距離よりも短いとしたら、なぜこの二つの動物種の形態はここまで違うのだろうか？　互いに似た二種の哺乳類と比べてここまで根本的な違いが生じたのはなぜだろうか？

一億年というのは長い歳月だが、それでも驚くことに乗り越えることはできる。現代、ロシアのチョウザメとアメリカのヘラチョウザメという二種の魚は、約一億五〇〇〇万年前に別々の進化の道筋を歩みはじめたが、それでも交配して立派な子を作ることができるという。では、カンブリア紀のこの二つの動物門を大きく分け隔てたのは何なのか？　すべての動物のボディープランがおおむねこの時代に生まれている。どうして？[12]

はっきりしたことは誰にも分からないが、二つの説が挙げられている。一つめの説では、動物全般の基本構造に切り込んでいく。カンブリア紀やそれ以前の時代には、受精卵から胚、さらに個体へという各発生段階が、それ以降の時代ほど明確には固まっていなかったのかもしれない。もしそうだとしたら、組織やその配置に根本的な変化が起こっても、平均的に見れば悪影響は少なかっただろう。しかしひとたび根本的な構造が定着してしまうと、それを変えるのは非常に難しい。コンピュータの場合、一つのアプリのコードをいじるのは比較的簡単だし、それがマシンの機能全体に悪影響を与える可能性は小さいが、OSのコードの中からどれか一行を編集してしまったら問題が発生する可能性が高い。自然選択も所詮は細かいところをいじり回すだけの作用であって、基本的な下部構造をぶち壊すことはできない。あるいは少なくともその可能性は非常に小さい。

　この説によると、現代に新たな生物門が誕生しようがないのは、カンブリア紀や先カンブリア時代の祖先と比べて生物の形態があまりに複雑すぎるから、それに尽きるということになる。現代における進化は、過去に定められた制約条件の中でしか進みようがないのだ。

　もう一つの説は外に目を向けたものであって、現代でも新たなボディープランが生まれるのは本来不可能ではないと説く。ただしそれは、ほかの生物が存在していなかった場合の話だ。この説によると、カンブリア紀の世界はいわば白紙のようなもので、生態系は現代よりも単純であり、生物の取りうる役割も少なく、生き方の選択肢も少ない。生物門の起源は「バレルフィリング（樽を満たす）」モデルによって説明される。生態系の中で基本的な役割が確立されるのは、樽に大きな石が入れられるようなものだ。現代にもし新たなボディープランを持った生物が出現しても、その生物にとっての生態空間は、すでに進化して自らのニッチによく適応しているほかの種に占められてしまっており、その生物は競争にさらされる。

　その競争に勝ち抜くのは難しく、新たなボディープランには自然の障壁が立ち塞がってくる。そのため進化のプロセスによって、樽の中に大きな石がさらに入れられることはない。その代わり、大きな石のあいだの隙間に小石や砂が詰められていくように、生態学的プロセスがどんどん細分化していき、構造をもとに別の構造が組み上げられ、生態系がさらに一体で複雑なものになっていくのだ[14]。

澄江では、そのような構造の中でも最古のものである、複雑な食物網が構築されつつある。それは、鏡映対称性を持っていて内部の組織構造がより複雑である生物のグループ、左右相称動物がいち早く海の世界を支配したことによる。左右相称動物の基本構造は蠕虫の形であり、これを原型としていくつものバリエーションが存在する。

ハイコウイクシスなどはその原型にひれを付け足して、水中をスムーズに移動する。節足動物は海底を這うための肢を付け足し、その中のいくつかの者は鎧を着けて、基本的な蠕虫の形をもっと複雑なものに変える。中でも三葉虫は、容易には壊れない鎧を手に入れる。昆虫をはじめほとんどの動物が持つキチン質でなく、カニやロブスターのような石灰質でできたハイテク防御と、鉱物レンズを用いた回転式の目を備えることで、いわば歩く要塞となり、餌食になるのを防いだり、餌を取ったりする。左右相称動物の黎明期も、すでに食うか食われるかの世界なのだ。

食う者と食われる者

カンブリア紀以前の海洋底は比較的静かで、多細胞生物が暮らしているのは海底表面だけだった。泥の中深くに穴を掘る者もいなかったし、水中を高速で活動的に泳ぎ回る者もいなかった。漂ってくる残骸やプランクトンをそっと集めたり、微生物群集をゆっくり食べたりする動物たちからなる、おおむね安定したそんな濾過摂食の世界の中で、いくつかの動物が餌を探し回りはじめた。動物がまさに「動く者」になって、捕食者が誕生したのだ。

カンブリア紀以前の化石記録の中にもほかの動物を食べる動物は見つかるが、捕食者＝被食者の関係性のネットワークが広がって複雑になり、明瞭になって、研究できるようになったのは、ようやくこの時代になってからである。それまで生態系の中では、エネルギーが生産者から消費者に流れてそのまま腐敗するだけだったが、突如としてそれだけでは済まなくなった。消費者が消費される立場になったのだ。

動物はこの運命を避けるために、攻撃を防いだりかわしたりするための鎧や、捕食者と獲物の両方を素早く感知する目などの感覚器、あるいは捕まえたり逃げたりするための効率的な移動方法など、ありとあらゆる戦略を取り入れた。先カンブリア時代ののどかなエデンの園は幕を閉じ、軍拡競争が始まった。驚くことにカンブリア紀の最初期の食物網も、頂点から底辺に至るまで、現代の食物網と非常に似た特徴を備えているのだ。

食物網の構造は、アスレチック用のクライミングネットにたとえることができる。結び目が生物種に相当し、それらをつなぐロープが、上の種が下の種を食べるという関係に相当する。カンブリア紀には、捕食者＝被食者の関係性が一部はっきりとは定まっておらず、食物網がもう少し長いことが多いが、原理は基本的に同じだ。どんなときでも生物どうしの相互作用は、エネルギーの流れに関する同じルール、遭遇確率を支配する同じルール、そして同じ宇宙の数学的法則のもとで起こる。食物網の誕生以来、それぞれの役割はずっと存在しつづけている。

あらゆる生物群集の基盤である生態学的構造は、五億年以上ものあいだほとんど変化しておらず、古代の原型に多少手が加えられているだけなのだ。

カンブリア紀の食物網の底辺をなすのは、太陽光を浴びながら水中に浮かぶ塵のようにちっぽけな生物だ。雲のように漂いながら光合成や化学合成によって自らの栄養分を作り出す、植物プランクトン（植物の祖先）や細菌である。死んで腐敗した植物プランクトンは、カンブリア紀の植食動物ウィワクシアなど、沈積物を餌にする動物によって食べられる。その残骸こそが、水中に溶けている少量の有機分子とともに、生態系構築のための原材料となる。

どのような環境であれすべての生物は、食物網の底辺に位置する一次生産者から物質を拝借し、その一次生産者は、空気や水や岩石など、周囲にある化学物質から分子を頂戴する。詰まるところすべての生物は、地中の鉱物から作られているといえる。

現代の食物網はもちろん世界中に広がっている。ロンドンで一杯の紅茶を飲んでチョコレートビスケットを食べたとき、身体の中に入ってくるのは、いくつもの大陸で何十億年もかけて風化した鉱物に含まれていた原子かもしれない。紅茶に使われるインドの茶の木は、先カンブリア時代のゴンドワナで形成されて、始新世の大陸衝突によって険しい山裾に持ち上げられた片麻岩《へんま》の土壌で育った。ビスケットに使われるコムギは、氷河によってかき集められたローム（壌土《じょうど》）で育ち、まるで更新世の氷河作用を再現するかのように挽かれて小麦粉になった。チョコレートに使われるコートジボワール産のカカオに与えられる肥料は、暁新世に堆積したリン酸塩から作られており、その下に広がっていた、果てしなく循環する多雨林の土壌は、澄江生物相の時代にはすでに三〇億年ものあいだ西アフリカ中央部の地中に横たわっていた、古代の花崗《かこう》岩や石英、片岩の岩体が風化したものだ[16]。

よく話のネタにされるのが、あなたが一回に吸い込む空気の中には、かつてシェイクスピアが息とともに吐いた原子も含まれているといった統計学的事実だ。しかし、あなたがしょっちゅう腹の中に入れている原子が、おそらく去年には、かつて海底だった山の一部だったなどと考えてみたら、もっとずっと大きな満足感が得られないだろうか？

ミネラルが自然に長距離を運ばれるという事例はいくつかあり、たとえばアマゾン盆地は、下流へと流されるミネラルを、サハラ砂漠から毎年吹いてくる砂によって補っている。だが、現代の豊かな生物集団が世界中に手を広げられるのと違って、このカンブリア紀の自然界のおおかたの場所では、ほとんどの食物網は局所的なものにしぶとく留まっている。澄江もその例外ではない[17]。

目の誕生

ゆっくりとうねる澄江の流れの中で、エネルギーを費やさずに自由に漂う微小な動物プランクトンが、植物プランクトンや細菌を食べる。ヘチマのような形のカイメンがプランクトンを濾し取り、エビのような形のカナダスピスが走り回って餌をあさりながら泥を巻き上げる。巣穴から頭を突き出したプリアプルス類が、生物の残骸を捕まえたり、幸運にも死骸をあさったりしている。水中では、アノマロカリス類が顎のような腕を上げて獲物に襲いかかり、鮮やかに仕留めている[18]。

海底をさまよっているのは、胴体がミミズのように細長い円筒形で、柔らかいリングに分かれた、葉足《ようそく》動物である。しかしミミズと違って、先端に鉤爪《かぎづめ》の付いた軟らかくてしなやかな肢を合計七対持っており、静水圧によってそれらを動かす。背中からは、うろこのような面影のある非常に長い棘が突き出している。不気味で別世界の生き物のようにも見えることから、ハルキゲニアと名付けられている〔ラテン語で「夢想」を意味する「ハルキナティオ」に由来する〕。

現代まで生き残っているもっとも近い親戚は、有爪《ゆうそう》動物と呼ばれる、人目につかないが奇妙な優雅さを備えた動物である。ナメクジに肢をつけたように見えるが、ゴム人形のように表面が乾燥していてぶよぶよしており、林床の軟らかい腐植土の中に棲んでいる。現代の有爪動物は粘液を糸のように飛ばして昆虫を捕まえるが、海底に棲むハルキゲニアやその親戚の葉足動物のほとんどはカイメンを食《は》んでいる[19]。

初期の葉足動物はさまざまな特徴をごたまぜに持っているため、生命樹の中でどの位置に来るかを特定するのが難しい。ハルキゲニアの消化管の最上部である咽頭には歯が並んでいて、分化前の節足動物のようだが、食べたカイメンを分解する下部消化管は甲殻類に非常に似ている。葉足動物であるメガディクティオンとイアンシャノポディアはいずれも捕食性だが、食性に応じて下部消化管のつくりがそれぞれ異なる。一対の肢ごとのあいだに、消化管から八対または九対の袋状構造が伸びており、それが一種の単純な分泌腺として作用して、摂取した死骸やその破片を分解する。

汎節足動物（節足動物とその近縁の動物群）の多様性が激増したのは、このような生理学的戦略のおかげかもしれない。しかしハルキゲニアなど捕食性の葉足動物は、もうひとつ秘策を隠し持っている。獲物を見つけたり、捕食者に警戒したりするために、カンブリア紀の多くの動物と同じく、ある並外れたこと、動物にとって新しいことをおこなう能力を進化させている。電磁気放射を感知したり利用したりできるのだ。地球上で最初の目が誕生しようとしている。

この世界は情報で満ちあふれているが、生物にとって役に立つのはその一部だけだ。その情報を解釈してそれに反応することが、あらゆる振る舞いの前提となっており、環境中の新たな出来事に適切に反応する生物ほど長く生き延びることになる。もっとも単純な知覚は、そばにある分子を感知するという化学的なものである。細菌の基本的な化学感知能力もその一種で、細菌は栄養分の濃度勾配を探してその方向に移動する。ちょうど、地面の傾斜を感じ取りながら丘を登っていくようなものだ。動物の味覚と嗅覚も化学的な知覚で、ほとんどの動物種は塩分や酸など、自分に関係のありそうな化学物質を感知する。

しかし局所的である化学的な知覚は、知覚の中でも一形態にすぎない。磁場や重力の方向、温度もまた、位置や体勢、適切な反応を知るのに役立つ。これらの知覚の歴史は数十億年前にまでさかのぼる。そのほとんどの期間にわたって生物は光を感知してきたが、シアノバクテリアなどの光合成生物が光をエネルギー源として本格的に利用しはじめたのは最近のことだ。しかし素早く動き回る生物が誕生して、成長の様子を変化させたり徐々に移住したりするだけでは生き残れない世界になると、光はエネルギー源としてだけでなく、情報源としても重要になっていった[21]。

視覚は驚くほど有用な能力で、ほとんどの多細胞生物が持っているだけに、当たり前に備わっているものだと受け止められがちだ。植物も光の波を感知してそれに向かって伸びていくが、生き方がゆっくりであるために、その光を集束させる特別な器官は必要なく、光が当たっているかどうかさえ分かればいい。しかし動物がもっと活動的になって、もっと素早く反応する必要が出てくると、かなり多くの動物が、ある波長の電磁波が物体の表面で反射するという事実を活用するようになる。中でも、ハルキゲニアをはじめとした初期の汎節足動物の目はかなり多様性に富んでおり、視覚は互いに独立して何度も誕生したといえる[22]。

三葉虫の目はもっと驚きだ。ほかの節足動物と同じく複眼で、さまざまな方向に固定された直径〇・一ミリメートルほどのレンズが多数集まってできている。このため三葉虫は、モザイク状ではあるが周囲の様子を詳細にとらえることができる。一枚一枚のレンズは方解石の結晶でできており、この透明な鉱物を通過した光が鮮明な像を結ぶ。それに対して脊椎動物の目は、どこか選んだ距離に位置する物体の姿を詳細にとらえるために、筋肉を使ってレンズを前後に動かしたり、曲げたりゆがめたりすることで、焦点を調節する（これを「アコモデーション」という）。ただし完璧ではなく、一度に一つの距離の物体しか鮮明に見ることはできない。顔の正面に掲げた自分の手に焦点を合わせると、奥の壁の模様はぼんやりとしか見えない。

しかしカンブリア紀後期に棲息している一部の三葉虫の目は、屈折率の異なる二種類の素材からできたレンズを備えていて、二焦点である。そのため、わずか数ミリメートル先に漂う小さな物体と、事実上無限遠に位置するはるか遠くの物体との両方に、何ら調節をしなくても同時に焦点を合わせることができる。この能力を進化させた種はかなり珍しい。

澄江に棲むほとんどの動物は、かなり発達した視覚と、その情報を処理するためのさらに強力な脳を持っている。カンブリア紀を通して、優れた視覚を発達させる強い選択圧が働いているに違いない[23]。

その選択圧は、澄江で捕食者の頂点に位置する動物がもたらしているのだろう。その動物はオムニデンス（「すべての歯」）といい、その名前からもこの蠕虫が捕食性であることがうかがわれる。この動物を研究した一部の研究者は、『スターウォーズ：ジェダイの復讐』に登場する、砂の中に棲む肉食性の超巨大な蠕虫、サルラックにたとえている。

体長一五〇センチメートルほど、幅がスケートボードくらいあって、おまけに扁平な身体をした実在のオムニデンスは、節足動物の古代の親戚で、おそらく現代に生きているどの節足動物よりも遠縁だろう。肉付きの良い二四本の肢で海底を這い回っており、魔女の指のような形をした最大一六本の棘が円形に並んだ口は隠れて見えない。腹が減ると、その棘をカメラのレンズのように開いて、口器本体を身体から突き出す。消化管の入口は、六本に分かれて尖った歯が最大六重のらせん状に取り囲んでいる[24]。

育児のはじまり

澄江で頂点に立つもう一つの捕食者が、いわゆる「大付属肢」を持った節足動物である。

オムニデンス・アムブルス

ノコのような有柄眼を持っていて、ロブスターのものに似た十数対の装甲板を翼のように広げ、イルカのようにしなやかに泳ぎ、尾の先が広がっていて、付属肢には毛が生えておらず、まさに別世界の動物だ。口の正面に対で伸びている大付属肢は、指のように柔軟で、棘が何本も生えており、これを使って獲物を捕まえる。

脳の配線の様子から見て、その大付属肢は、ライニーに棲む小さなワレイタムシなどの鋏角《きょうかく》類《るい》の鋏角や、スームに棲むウミサソリのオールと相同《そうどう》の器官、すなわち同じ器官が変形したものであるらしい。大付属肢節足動物の中でももっとも有名なアノマロカリスは、節足動物と同じく甲殻類に似た消化系を持っており、これもまたモザイク状の動物と言える。澄江に棲むアノマロカリス類は体長が最大二メートル、この生態系に属するほぼどんな生き物もそれに比べたらちっぽけに見える[25]。

こんな古代にも、現代的な振る舞いをする動物の姿がある。真ん中で二つに折りたたまれたような湾曲した殻を持つ小さな節足動物が、泥の上をちょこまかと走り回っている。その殻の左右半分ずつはそれぞれ、ルナリア〔アブラナ科の草花。別名ギンセンソウ〕の豆のさやのようにほぼまん丸だ。七対の肢を波打たせて歩くこの動物は至るところにいて、ここの生物群集の四分の三を占める。

それぞれの肢には二次構造であるえら器官が付いているが、この動物、クンミンゲッラ・ドウウィッツレイの雌は、それに加えてある進化上の新発明を備えている。後ろ三対の肢に、直径〇・二ミリメートルにも満たない小さな卵が何個もくっついているのだ。運んでいる卵は合計で八〇個ほど、殻の鎧の下で守られている。クンミンゲッラは生命の歴史を通して初めて、卵を孵《かえ》るまで抱く動物の一つである。フクシアンフイアも卵を抱くと考えられていて、成体のそばに互いに同年齢の幼体が四体見つかっており、孵ってからも子育てをする化石記録上最古の例である。これらの動物には一つの共通点がある。それは、少数の大きな子を作るという特徴で、この惑星上の全生物の生涯を左右する、繁殖時の二つの選択肢の一方にほかならない[26]。

生物が繁殖するにはかなりの量のエネルギーを費やさなければならないが、進化的観点からすると、絶滅を避けるにはそうするほかない。たった一回の繁殖行動に全エネルギーを捧げて死んでしまうか、または生き延びることに全エネルギーを費やしていっさい繁殖しないか、そのあいだのバランスを取る必要がある。繁殖に費やすエネルギーの最適量と、繁殖を開始する時期は、生物種ごとに大きく異なり、いくつかの重要な要素によって決まる。

死はつねにもっとも差し迫った要素だ。成体の死亡率がとりわけ高い生物種は、早死にする場合に備えて、できるだけ若いうちに何度も繁殖をおこなうのが、進化的に理にかなっている。成体の死亡率が幼体よりも低い生物種は、成長してからのほうが平均寿命が長くなるので、生涯にわたって数多くの子を作ろうとする。何度も子を作れる場合には、一回ごとの繁殖に大きな力を注ぐことで、子が危険な幼体期を生き延びる確率をなるべく高めるのが合理的だ。

それ以外にも、個体数密度や食糧の入手の容易さ、季節によって死亡率が異なるなどの要因によって、状況はますます複雑になる。しかし一般的にいって、ヒトおよび、クンミンゲッラやフクシアンフイアのように、長い時間をかけて成長して少数の子を作る種は、幼い頃の自然死亡率が高く、それを埋め合わせるために、一つ一つの子を育てるのに多くの労力を注ぐ。一回に作る子の数が少ないと、いわばすべての卵を一つのかごに入れてしまうことになる。そこでそのリスクを相殺するために長生きして、いま育てている子たちがもし全滅したら再び子作りをする。[27]

繁殖法をめぐって質か量かを模索するこのような実験ができたのは、カンブリア紀の動物相が長期的に安定だったからこそだ。たびたび襲う嵐によって海底の生物群集が局所的に被害を受けても、すぐに復活する。澄江の生態系は、劇的に変化する短期間のものではけっしてなく、十分に安定していて将来を見越すことができるため、一回に少数の子しか作らないというギャンブルが自然選択の力によって潰されることはないのだ。

古生物学のパラドックス

澄江の海岸沿いには、花や落ち葉、昆虫の群れなど、季節の移り変わりを物語るような生命は存在しないかもしれないが、それでも陸上は、乾季と雨季という二つの季節の影響を受けている。ここの多様な生物群集はどちらの季節も耐え抜いているが、いまの乾季には化石はけっして保存されない。古生物学の根底には、「生に関するほぼすべての情報は死からもたらされる」という重大なパラドックスがある。

化石が保存されている場所は、死んだときの条件、または死骸が行き着いた場所の条件を示しているのかもしれない。行動が形として残った生痕化石は、生物を直接観察するのにもっとも近いといえる。しかし多くの場合、その生痕に伴う身体が残っておらず、どんな生物がその生痕を残したのかは推測するしかない。

死骸が化石になる確率が条件によって異なることは前に話したとおりだが、化石化は場所だけでなく時間にも影響される。乾季には淡水の流れが遅くなるため、浅瀬は塩分濃度が下がらずに、腐敗が速やかに進む。逆に雨季には、激しい嵐が襲って波が打ち寄せ、川によって沿岸の塩分濃度が下がり、堆積物が巻き上げられて、テンペスタイトと呼ばれる乱れた地層ができる。海底が落ち着いて陸上のケイ酸塩がもたらされると、ようやく死骸が埋もれる。鉄を多く含むが炭素は非常に少ない粘土質の海底では、ミネラルを好む細菌が死骸を分解して鉄を消費し、筋肉などの軟組織を、まるでギリシア神話のミダス〔触ったものをことごとく金に変えてしまう〕が手を触れたかのように黄鉄鉱に変えていく[28]。

四〇億年にわたって何も起こらなかった末に、一気に大騒動が巻き起こったというカンブリア紀のイメージは、その時代の動物の特徴である硬組織がもたらす幻想であるという面もある。口器や外骨格、鉱物レンズを備えた目は、筋肉や神経に比べて化石記録の中ではるかに良く保存される。このような硬組織は、捕食者の支配する新たな世界に適応したものだと考えられる。

カンブリア紀は、多細胞生物が積極的に餌を求めるようになった時代である。そんな世界で生き延びるというプレッシャーが、狩りをするためや、狩られるのを避けるための、さらに特化した道具を生み出した。現代の我々が知る、口板や捕食用の付属肢が血で赤く染まった生態系の誕生にとって、それはきわめて重要な進歩だったが、とはいえカンブリア爆発によって始まったわけではない。

左右相称動物が大騒乱の場面に登場する以前、競争と混沌の時代の前にも、既知と未知を含め無数の生物が盛衰を繰り返して、さまざまな多細胞生物群集を作っていた。澄江でも、もっと平和な時代から遅れてやって来た、羽根のような形の動物、ストロマトヴェリスが海底に身体を固定して、流れの中でゆったりと揺れ動いている。我々が最後に訪れる現場は、嵐の前の静けさだ。[29]

16
章

出現

Emergence

エディアカラ紀の地球

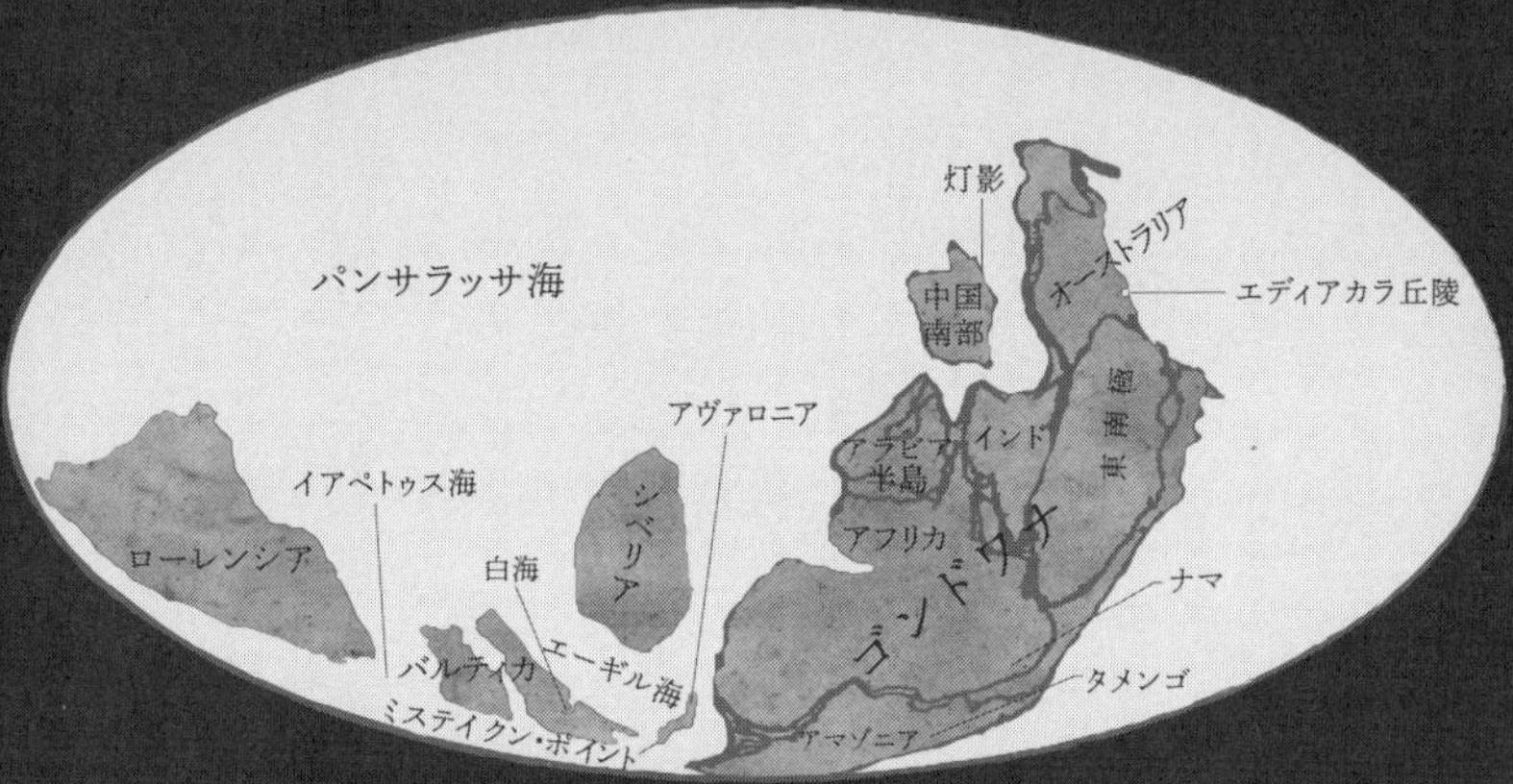

Ediacara Hills, Australia - Ediacaran

オーストラリア、エディアカラ丘陵
エディアカラ紀
——五億五〇〇〇万年前

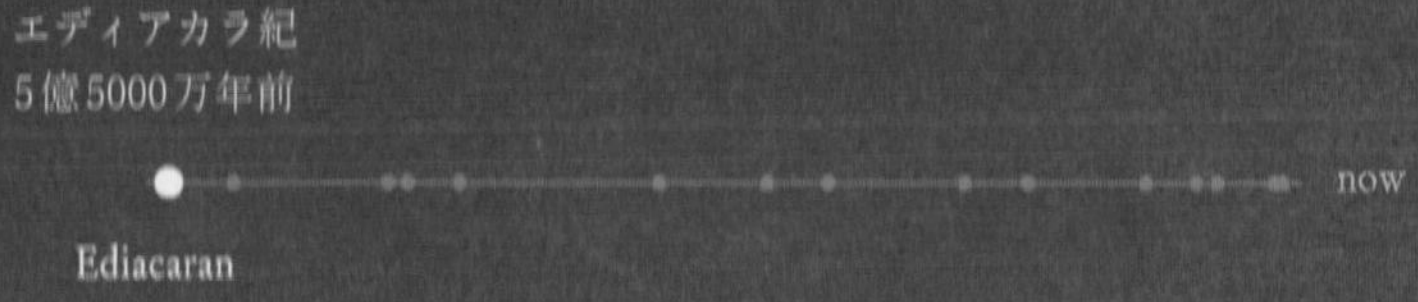

「自然はその創造の最初の一時間、
自らの子孫が何になるのかを予見できなかった。
植物なのか、はたまた動物なのか？」
——アテナイス・ミシュレ『自然』（W・H・D・アダムズ訳）

＊

「しかしその未知の平原の一部は
永遠に田舎者のままだ。
その北方の地味な胸と脳が
南方の木を育て、
奇妙な目をした群れが
その星々を永遠に支配する」
——トマス・ハーディ『鼓手の田舎者』

オーストラリア南部

最大の都市アデレードの中心部に立って、北に目をやる。アデレードからポートオーガスタを抜けて正午の太陽に向かって延びる道路は、世界でもっとも古い連続した山脈の一つ、フリンダーズ山脈を通って、この広大な国の中心部に広がる大砂漠へと入っていく。そこまで来ると道は細くて土埃だらけ、ますますもの寂しく、エミューやカンガルーの暮らす大地、乾燥したユーカリの灌木、そして地球上でもっとも長い砂丘が何本も走るシンプソン砂漠を貫いている。

ここの大地はフリンダーズ山脈よりもさらに古くて、古代のオーストラリア大陸の中心部をなすクラトン〔地殻変動の終わった安定した地塊〕の一部であり、数十億年前に鉱石として堆積したミネラルを含んでいる。その金属が大規模に採掘されているマウントアイザの鉱山で道は西に折れ、最終的に北部最大の都市ダーウィンにたどり着く。

生命の歴史をたどる旅は、ときに計り知れないほど長くなる。物理的にイメージしてみると、現存するすべての生物、この惑星上に暮らすすべての生き物が、LUCA（Last Universal Common Ancestor：最終普遍共通祖先）と呼ばれるたった一つの生物種へと合流する時代におそらく相当するのが、ダーウィンの町。アデレード中心部は現代に相当するだろう。

この道に沿ってフリンダーズ山脈の中を一ミリメートル進むごとに、一年が経過したことになる。全長三五〇〇キロメートルの旅を一キロメートル進めるごとに、オーストラリアの生命の歴史を一〇〇万年さかのぼったことになる。出発点から一歩踏み出しただけで、植民地の影響は跡形もなくなる。たった一七メートル進めば、北半球にマンモス・ステップの広がる更新世に戻り、ヒトのほかにオーストラリアに棲んでいる動物としては、ウシくらいの大きさのウォンバットや、巨大なニシキヘビ、あるいは、コアラの親戚でネコに似ていて、鋭い板状の小臼歯を剪定ばさみのように使い、手足で斜面をよじ登るフクロライオン（ティラコレオ）が挙げられる。

出発点から一ブロック進むと、オーストラリア大陸の人類の歴史は終わる。市境を越えて街の中心部からマラソンの距離ほど進んだ頃には、すでに始新世に戻っており、オーストラリアから南極を越えて南アメリカにまで広がる青々とした広大な森に有袋類が暮らしている。時間の大陸はまだまだ先がある[2]。

そこで歩きつづけていくと、道端では何百万年、何千万年もの時間が逆向きに進んでいく。オーストラリア・クラトンが世界中をさまよって、ほかの大陸との合体・分裂を繰り返し、それとともに生物種と海洋の盛衰が逆方向に進んでいき、やがて生命は陸上を捨てて海中に戻る。二週間歩きつづけて道を五五〇キロメートル進み、五億五〇〇〇万年前までさかのぼると、エディアカラの丘陵地帯にたどり着くので、ここで立ち止まって方角を確かめよう。前方に果てしなく広がる初期の地球史の荒野には、微生物しか棲んでいない[3]。

陸上にはこれまでと同じく何も生きていない。海水が蒸発して陸地に雨を降らせることはあるかもしれないが、この砂だらけの大地に生命をもたらすことはない。うんざりするほど長い地質学的時間の中で、山脈が地殻運動で隆起し、自然の力で再び侵食され、生命をもたらさない雨によって砂や泥が押し流される。

古代のオーストラリアの海岸線に向かって下る急斜面では、網目状の川が海に向かって流れ、つねに変化するその幅の広い流路は、丘から運ばれてきた堆積物を積み上げて、流れの中に砂州や中州を作るにつれ、窓に当たる雨のようにあちこちへと向きを変える。堆積して圧密され、鉱化して、おそらく何度か変成し、隆起して侵食される。ミネラルはきらめく海から海へと何度もたゆみなくサイクルを繰り返す。三九億年前に大陸が凝固して海洋が形成されてから、それはずっと続いている。きっと今夜も海は、エディアカラ紀の空に架かる巨大な満月の光で輝いている[4]。

現代の星座に慣れた目には、夜空ですらまったく違って見える。恒星は大空に永遠に固定されていると考えがちだが、実は太陽に対して動いている。エディアカラ紀は現代から二銀河年以上昔である。つまり、その間に太陽系が、銀河系の中心にあるブラックホールのまわりを二回以上公転して、計三五万光年以上移動したということだ。我々の近所にある恒星は違う軌道を描いていて、我々とは別行動を取っている。

たとえそうでなかったとしても、馴染み深い恒星の多くはまだ生まれていない。北半球にいても、白亜紀に輝き出した北極星は見つからない。オリオン座の特徴的な肩と足、ベルトを形作る七つの恒星は、いずれも中新世より古くはない。現代の夜空でもっとも明るい恒星であるシリウスは長い歴史を持っているが、それが誕生した三畳紀はエディアカラ紀から見れば遠い未来で、その間の歳月は三畳紀から完新世までよりも長い。Wの形をしたカシオペア座の五つの恒星のうち二つはかなり古く、銀河系の中のどこかに存在しているが、我々が夜空に描き出すこととなる星座の骨組みの大部分はいまだ建てられていない[5]。

月ですら驚きの姿をしている。融けた若い地球と巨大小惑星の衝突によって空に出現して以降、地球からゆっくりと遠ざかっていて、これから先も遠ざかりつづける。人類史のごく短いタイムスケールのあいだにはほとんど動かないが、五億五〇〇〇万年のあいだに小さな変化が積み重なることで、エディアカラ紀の月は、どんなにロマンティックな詩に描かれた月よりも一万二〇〇〇キロメートル近いところにあり、一五%明るい。しばらく立ち止まっていると、一日が短く、日の出から次の日の出まで二二時間しかないことに気づくだろう。摩擦によって地球の自転が徐々に遅くなっているからだ。まさに別世界で、現代の我々が知る地球よりも、水で満たされた火星に似ている。それでもその水の中には複雑な生命が見られる[6]。

エディアカラ以前

生物の世界が現代の我々の世界に近づいていく地質時代、いわゆる顕生代は、まだ始まっていない。地球が形成されてからいまのエディアカラ期までに、計り知れない規模の変化が起こった。深海のアルカリ性の噴出孔で誕生した生命がこの海にやって来るまでに、三五億年の歳月が過ぎている。最初の一〇億年ほどはほぼ何の変化も起こらなかったが、その後、シアノバクテリアが魔法のような光合成を発見し、一億年にわたって大気中に酸素を吐き出した。そうして増えた反応性の高い酸素は、海中に溶けていた鉄を酸化させて沈殿させ、特徴的な赤鉄鉱の地層を生み出して、世界中の海を文字どおり錆びさせた。史上最大規模の氷期が繰り返され、地球が何度も凍りついた。

もっとも大規模な氷期には、両極から前進してきた氷床が赤道で出合って、地球の大部分が雪と氷で覆われ、いわゆるスノーボールアースが形成された。高緯度地方では氷があまりにも分厚くなり、海面から数百メートルにまで盛り上がった氷床の上を氷河が流れて、その固体の水の川は氷の下に広がる液体の世界など気にも留めていなかった。赤道でも氷河が流れていたが、その熱帯の海の少なくとも一部は一年中氷に覆われていたわけではないことが分かっている[7]。

氷河が世界中を覆っていたあいだ、光を食べる生物はシアノバクテリアだけだった。酸素が少なくて栄養分が比較的乏しい海の中で、ほかの生物よりも繁栄していた。好気性生物が生き延びるのに十分な酸素を海中に供給していたのは、氷が融けてできた川から流れ出す冷たい水だけだった。

スノーボールアースが融けはじめると、融けていく氷が大陸表面を削って、何千万トンものリン酸塩を海洋中に運び、藻類に支配権奪取のチャンスをもたらした。身体が小さいおかげで素早く栄養分を吸収できるというシアノバクテリアの強みが、突如としてもはや意味をなさなくなった。もっと大型の生物が競争に敗れることはなくなり、膨大な数のシアノバクテリアがもっと大きな微生物の餌食になった。たとえミクロな細胞であっても、捕食者にとって大きいことは強みになるし、しかもちょうどこの頃に多細胞の藻類が増えていった。エディアカラ紀初めの海はまだ酸素に乏しかったが、それから数千万年のあいだにその化学組成が激しく変動した末に、無酸素の世界が、十分にかき混ぜられた新たな海へと一変し、その不安定状態が革新的な進化を後押ししたのかもしれない[8]。

多細胞生物はそれ以前にも何度も進化していて、たとえば現代から一〇億年以上昔には植物に似た生物や紅藻が出現していた。しかしスノーボールアースとその後の混乱期に、細胞どうしが集まって助け合う生物が台頭し、地球生態系を永遠に変えることとなる[9]。

新たな生態が可能となって、新たな生き方が開かれた。多細胞化とともに役割分担が起こり、さまざまな細胞が分化して、それぞれ特定の役割を持った組織が作られている。群体が個体になれば、身体の形を目的に合わせて制御・最適化して、増殖をより厳格に制御できるようになる。エディアカラ紀と呼ばれるこの時代に、新しい温暖な海の中、荒々しい岩だらけの大陸の縁に広がるシルト質の浅い海底で、生命が大型化しつつある[10]。

エディアカラ丘陵に保存されている生態系が出現する頃には、マクロサイズの生命はすでに約二億年にわたって存在していた。知られている中で最古の多細胞生物が誕生したのは、イアペトゥス海の南にある、マダガスカル島とだいたい同じ大きさの陸塊、アヴァロニアの大陸棚に広がる泥の海底である。アヴァロニアという名前は、カムランの戦いで敗れて瀕死の重傷を負ったアーサー王が運ばれてきて、再び必要とされるまで眠っているとされる島にちなんでいる。必ずしも生物の残骸ではないが、アヴァロニアの残骸が、ドイツのフリジアやザクセンの低地一帯、ブリテン島およびアイルランド島の南部、ニューファウンドランドやノヴァスコシア、そしてポルトガルの一部で見つかっている。古代の大地の破片だけが、大陸の周辺部沿いに散らばって残っているのだ。[11]

その周辺部の一つであるニューファウンドランドにある、ミステイクン・ポイント（「誤解された地点」）というかなり詩的な名前で呼ばれている断崖では、水没した火山灰層の中に、羽根のような姿の最古の大型生物の跡が残されている。寝静まったクライオジェニアン紀〔エディアカラ紀の一つ前の紀〕が終わると、アヴァロニアの沖合で最初の多細胞生物が目覚めて、世界中に広まったらしい。そしてエディアカラ丘陵が形成された頃には、その生態系がロシアからオーストラリアに至るまで見られ、非常に複雑になりつつある。[12]

エディアカラ紀の空は月に明るく照らされているが、海は嵐によって掻き回されて濁っている。海面下でも冷たい水が激しく流れていて、濃褐色のシルトを掻き分けられる者はほとんどいない。海岸から離れると、海底が落ち込むにつれて水は澄んでくる。魚もいなければ、能動的に泳ぐ者もいない。ここに棲んでいる者はほぼすべて海底に固着して、水中の流れに逆らっている。海面では上げ潮が大きく渦巻き、いくつもの水の塊が目もくらむような垂直の円を描いて湧き立っている。海面直下は荒れ狂っていて大混乱だが、深海では静寂に置き換わる。水塊の円形運動はどんどん感じられなくなって、やがて世界は静かな濃い青色になる。[13]

微生物のつくるマット

海底のところどころが皺の寄った堅い層で覆われていて、ほかの部分とはほとんど見分けはつかないが、ただしサイの皮のようなそのでこぼこの表面は、それ以外の、振りかけたばかりのグラニュー糖のような細かい珪砂《けいさ》で覆われた滑らかな表面とは大きく違う。そのでこぼこの表面は微生物の作るマットで、海底と水との界面を覆っており、その生態学的構造はすでに何十億年も存在している。

エディアカラ紀には、細菌と古細菌という二つのもっとも単純な生物ドメインが何万年ものあいだ餌を取っては増殖して、海底に幾層にも積み重なっていき、冷やしたカスタードの表面のような均一な最上層を形作っている。シアノバクテリアがマットを作る場所には、光を求めてゆっくりと成長するねばねばした大岩のような特徴的な塊、ストロマトライトが築かれることが多い。しかしこの三角州のようなそれ以外の場所では、マットは平らに広がって、海底の上に皺の寄ったシートを作る。生きているのは一番上の数層だけだが、それでも何千万個もの微小な細胞が何世代にもわたって手を組み、マットの厚さがセンチメートル単位で測れるほどに達することもある。[14]

このような微生物のマットから、羽根のような形の奇妙な物体が水中に最大三〇センチメートル立ち上がっている。そのあいだを、畝《うね》を付けたラグビーボールのような形をした、直径わずか一センチメートルの生き物が漂っている。その頭上には、一センチメートルクラスの空飛ぶ円盤のような不気味な円錐が浮かんでいて、回転しながら漂っては再び海底に着地する。

近くで見ると、その得体の知れない物体は八本の畝でできていて、それらが円錐の頂点から底面に向かって時計回りにらせんを描いており、まるで空中に浮かぶらせん形すべり台のようだ。水中を高速で移動することはできず、けっして生まれつきのスイマーではないが、それでもときには、住処である微生物のマットを後にする。嵐の影響がおよばない深さ、平和と静寂に支配された穏やかな水の中で暮らしていて、泳ぐときにも、奇妙な生き物たちを下に見ながら水中にじっと浮かんでいる。

すでに多細胞生物は複雑になっており、実はこの生き物が、確実に動物と呼ぶことのできる最古の生物の一つである。化石になる際に平らに潰れて、八本の腕がアンドロメダ渦巻銀河のような形になることから、エオアンドロメダと呼ばれているその生き物は、ここに棲む生物の中で形が何とか判別できる数少ないものの一つで、まるでエディアカラ紀の暗闇に灯るランタンのようだ。どんな生物と近縁なのかは正確には分かっていない。八回対称性と、それぞれの腕が波打った構造をしていることから、現代の外洋を自由に泳ぎながらフォトニック結晶を虹色に輝かせ、その光で獲物をおびき寄せる美しい動物、クシクラゲの親戚ではないかといわれている。しかしこの類似性は見かけだけかもしれない。

ある絶滅生物を生命樹の中に自信を持って付け加えることができると、それ以外の枝に関する知見も広がるものだ。ある生物の運命が明らかになれば、進化的時間にわたる一連の出来事、漠然としていた形態の生物の正体、そして生命の歴史に関するより多くの事柄が分かってくる。そのほかにも、ある生物種が何をしているのか、そばに棲む者とどのように作用し合うのかを、痕跡でなく行動から明らかにできる。

エディアカラ紀のいま、エオアンドロメダは非常に広く分布していて、北はオーストラリアから南は中国まで世界中で見つかる。同時代のほかの生物と比べて形態も機能もはっきりしていないが、クシクラゲの一種であるという説はある程度的を射ている。ただし正確なところはいまだ定かでない。もしもこれがクシクラゲの一種だとしたら、カイメンや、銛《もり》で獲物を獲る刺胞動物、蠕虫《ぜんちゅう》に似た左右相称動物など、ほかのグループの生物もどこかで生きているはずだが、見つけられるかどうかはまた別の問題だ。

性を獲得した生物

エディアカラ紀の生物は、その最初の標本が発見されて以来ずっと科学者たちを悩ませてきた。従来の定説では、カンブリア紀より前の先カンブリア時代にはマクロな化石は存在しないとされていた。化石記録はカンブリア紀までしかさかのぼれないということだ。そのため、エディアカラ丘陵で初めて発見された化石はカンブリア紀初期のものであると決めつけられた。

しかし一九五六年、レスターシャー州のチャーンウッドの森で、一五歳の少女ティーナ・ニーガスが、間違いなく先カンブリア時代のものである岩石の中に羽根のような奇妙な化石の跡を発見したものの、当初は誰一人信じてくれなかった。別の学生ロジャー・メイスンがその現場を地元の地質学教授に見せ、二人でその化石を記載してチャルニアと命名した。その後、ミステイクン・ポイントでも、エディアカラ丘陵やシベリアで見つかっていたのと同じものだと分かる化石が発見された。

チャルニアを含め何種かの生物は、いまだに正確な分類ができていない。生きているときのチャルニアは分厚くした羽根のような形で、中央の柔軟な軸から、液体で満たされた羽弁が生えており、その葉のような構造体が、太い固着器によって堆積物に固定されている。葉状体はクローンによって増え、芽茎《がけい》と呼ばれる糸状のフィラメントで固着器どうしを結んでネットワークを作り、栄養分を共有する。しかし現代生きているどんな生物にも似ていないものの、チャルニアをはじめエディアカラ紀の多くの生物は動物界のストーリーの一部をなしているようだ。[16] 残る問題は、彼らがどのような役を演じているかである。

微生物のマットを見渡すと、そこには謎めいた世界がちりばめられている。撚ったロープのようにでこぼこした垂直の塔の先端から煙を吐く固着生物が、一平方メートルあたり何百もの群れをなしていて、まるでガウディが工業都市を設計したかのようだ。ボウリングのピンのように並んだその塔のあいだの海底には、渦巻状の畝を持ったやや平たい円盤が、泥の上に巨大な指紋を付けたかのように点在している。

塔の群れからゆっくりとたなびく乳白色の煙は、ある画期的な生態適応の証しである。その塔の一本一本はフニシア・ドロテア（「ドロシーのロープ」）と呼ばれる生物種の個体であり、藻類がすでに五億年前から有性生殖をおこなっている一方で、これは明らかに有性生殖をおこなう動物として知られている最古のものである。

性は大多数の動物に深く組み込まれているだけに、それが一つの生態学的戦略であるということはつい忘れがちだ。性がなければ、子は親のクローンになる。もっとも数多くの子孫を作ることが進化的成功の唯一の指標だとしたら、それが理想だろう。しかしすべてのクローンが同じだとしたら、この戦略には別のリスクが伴う。親と同じ環境にはよく適応するだろうが、棲んでいる場所が温暖化したり、酸性度が増したり、食糧が乏しくなったりしたら、すべての個体が等しく失敗するか成功するかだ。

いくつか例外はあるものの、一般的に無性生殖動物は進化的に長い年月は生き延びられない。移ろいやすい世界の中で、性は遺伝コードを新たな遺伝物質と混ぜ合わせて、（比喩的にも文字どおりにも）すべての卵を別々のかごに入れ、少なくともそのうちのいくつかが生き延びるチャンスを高めるための方法だ。わずかに有性生殖をおこなうだけでもクローニングの欠点を克服できるため、フニシア・ドロテアはその両方を少しずつおこなっている。[17]

フニシア・ドロテアのロープのあいだに横たわる円盤は、細菌を食べる生物、ディッキンソニアだ。一本一本の畝は新たに成長した体節で、時計の一二時のところで二本一組で作られ、それぞれ左右にゆっくりと移動していき、六時のところに向かってアコーディオンのように押しやられていく。奇妙な姿かもしれないが、やはりほかのどの生き物よりも動物に近く、動物の証しであるコレステロール類の分子が残されている。成長の様子から見て、カイメンよりも我々ヒトに近いとすら考えられる。長いあいだ見ていると、まさに動物のように動くのが見える。ときどき動いては、微生物のマットの上で休み、餌が尽きるとまた移動するのだ。[18]

しかし、ディッキンソニアの休眠を打ち破るのは移動だけではない。波の強いこの浅い水域一帯には、ちょうど指で海底をなぞったかのように、両側の盛り上がった溝が砂の上を何本も走っている。何がそれを作ったのかは分からないが、その溝の終点には何らかの動物がいて、腹這いになって進んできたに違いない。最有力候補であるイカリアは、身体の前後がはっきりと定まる小さな動物で、最古の左右相称生物だが、いまのところエディアカラ生物群集とまったく同じ化石層からはいっさい見つかっていない。作り主が不明の生痕化石は世界中で見つかっている。

のちに中国の一部となる灯影《とうえい》では、さらに驚くべき行動の証拠が見つかっている。歩行だ。微生物のマットの下まで達する小さな穴、おそらくは隠れるための巣穴が、いくつか点在している。そしてそれらの穴をつなぐルート上に、対をなす小さなくぼみ、未知の動物の足跡が連なっているのだ。胴体を引きずってできた溝が見られないため、その動物は身体を持ち上げていた。足跡は不規則で、それを残した動物はおそらく渦巻く流れに翻弄されていたのだろう。その足跡が対をなしているというのが驚きで、これを残した謎の最初の歩行者は、たとえばカイメンやクラゲと違って左右相称だったことになる[19]。この灯影の足跡を残したのが何なのか、正確なところは分かっておらず、もしかしたら永遠に分からないかもしれない。シャーロック・ホームズに何と言われようが、足跡の連なりから推測できることには限界があるものだ。

生物の身体が朽ち果てて、せいぜいその生活の跡だけが、時の流れに耐える石や骨、殻の上に保存されるのだとしたら、化石記録というのは何とも不完全なものだと言うほかない。地球史におけるこの時代に関してはかなり多くの事柄がおぼろげで、ここにある溝とか、あそこにある見慣れない形の分布のパターンとかから推測しているにすぎない。エディアカラ丘陵ではシルトに埋もれた身体の跡が残っているため、単なる推測の域から脱することができるが、それでもこの時代の世界に関する我々の認識は不完全だ。エディアカラの大陸棚の軟らかい泥の中に棲んでいる生き物が、我々の目に映るよりもまだたくさんいるのは間違いない。

かき混ぜられる海の中で

嵐が収まってきて、岸に近づきやすくなった。海底が浅くなるにつれ、激しく揺れ動くチューブのようなフニシアは姿を消し、代わりに現れるのは、同じくロープ状だが平たくてらせん状の模様があり、体長は最大八〇センチメートル、海底に固着していて羽根のような葉状体を持った、チャルニアの親戚である。ディッキンソニアが依然として微生物のマットを食《は》んでいるが、微生物に覆われた海底はどんどん広くなっていく。

多細胞生物が出現して間もないが、すでに数々のニッチが形成されつつあり、各生物種がそれぞれ異なる群集に分かれて、生態系の中につぎはぎの小さな生息地を築いている。そのようなニッチ構造は非常に新しく、ミステイクン・ポイントのこれ以前の生物相を占める生物群集では、各個体の見つかる場所は、特定のライフスタイルよりも親の棲んでいた位置によって決まっていた。しかしいまでは、それぞれの生物種は資源を分け合いはじめている。

浅い海底は波の影響を受けやすく、フニシアは変化に打たれ弱い。ここでは砂が波打ち、度重なる波の影響によって砂が押し上げられて小さな砂丘が作られては、斜面から崩れ落ちている。嵐の影響を受けるような浅い海底に暮らす生物にとって、そのような砂丘は天然の盾、海中版の風よけになる。さらに防御となってくれるのが、小さな火山のような形をした構造体の集団だ。クレーターのあるその円錐の縁のまわりには、定規のようにまっすぐな固い棘が、円錐の高さの二倍の長さで突き出している。その正体はおそらくカイメンに近縁であるコロナコッリナ、硬い身体部分を作る世界初の生物である。その陰で縮こまっているのは、この上なく荒れ狂う海から身を守るスプリッギナの群れ。頭部が三日月形で、全長三センチメートルの胴体がいくつもの体節に分かれており、蠕虫のように柔らかくて平たい。やはり初期の動物の一つである[20]。

水が煎じ中の紅茶のように濃く茶色になるにつれ、辺りが暗くなってゆったりとうねるようになる。嵐の起こす波によって、入り組んだ川から運ばれてきた軽い堆積物が巻き上げられている。嵐が収まると、岸に向かって押し戻す力が弱まり、シルトが一気に崩れて水中で地滑りを起こし、泳いでいたエオアンドロメダを飲み込んで微生物のマットを埋める。水中に漂う泥は非常にゆっくりと沈んでいき、弱まった波にいまだかき混ぜられている。海底に固着した種は生き延びられず、やがて朽ちて完璧な跡を残す。ここの生物群集の残骸はすべてポンペイのように保存され、固化した砂の層の下で完璧な雌型《めがた》と雄型《おがた》（キャスト）〈雌型の空隙に鉱物が形成されて、外骸と同じ形の凹凸が残された化石〉となり、その形以外は何も残さない[21]。

浅い砂州の陰では水中はさらに穏やかで、波の影響も弱い。ここでもシルトが崩れているが、泥はもっと速く落ち着き、水が動かないおかげでそのままゆっくりと沈降するだけだ。言うなれば、絶えず振りつづけている瓶と、置きっぱなしにした瓶の違いに相当する。生物はすべて埋もれていて、海底は不毛でのっぺりとしている。ところが一つ動くものがある。排水口に水

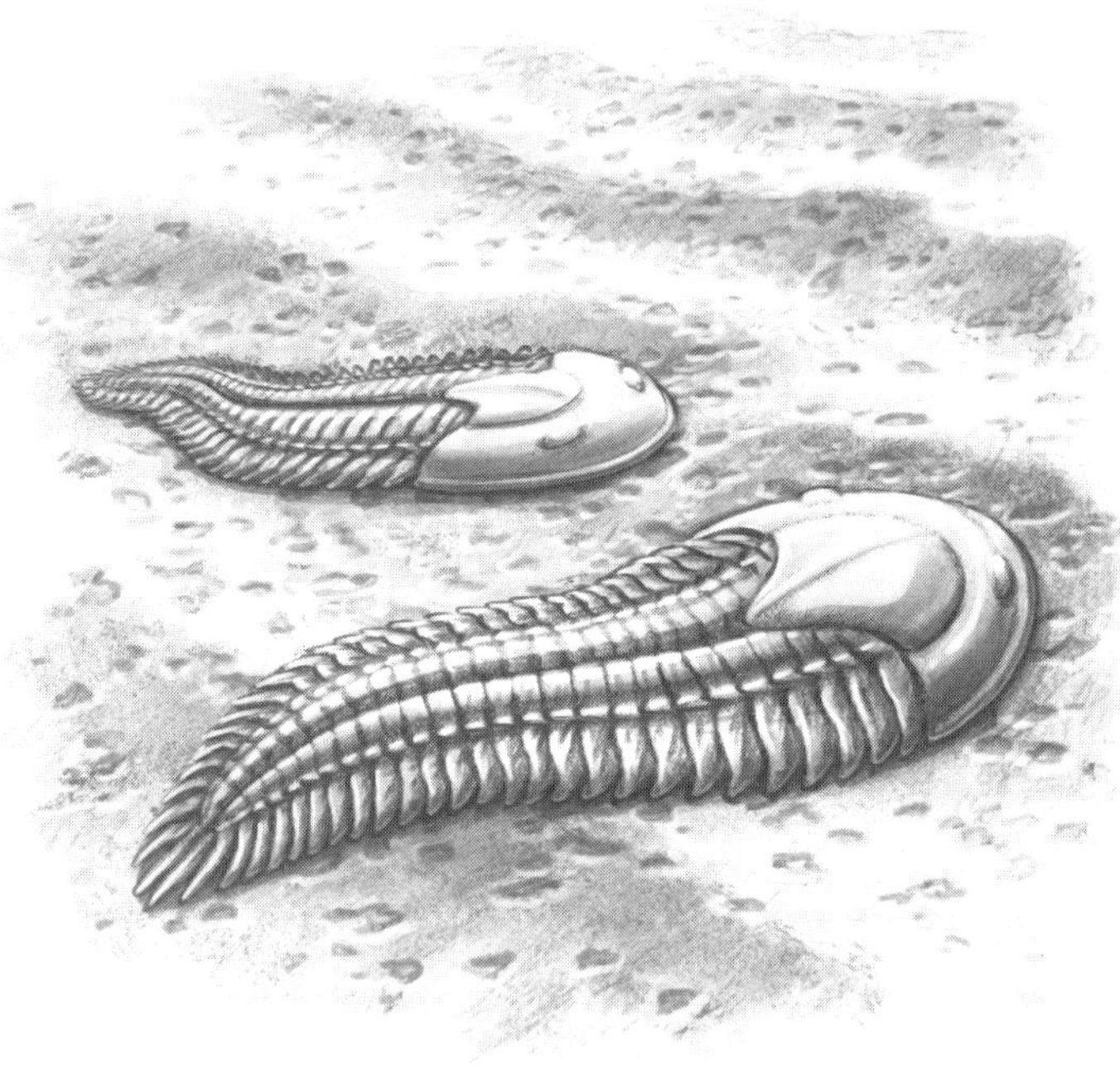

スプリッギナ・フロウンデルシ

が流れるように、堆積したばかりの真っ白な砂が見えない力で吸い込まれ、規則正しいパルスで円形に落ち込んでいる。うろこ状の鎧をまとった堅い頭巾のような物体が現れ、筋肉質の足を波打たせて這っていく。円形の砂のパルスがほかにいくつも現れ、鎧を付けた生き物が次々に姿を見せる。

キムベレッラの小さな群れだ。全体的な印象は、シリコン製のホバークラフトの模型にうろこを生やしたようで、ゴム状の柔軟な頭巾を堅いうろこで補強し、その装甲の下から膨らませた筋肉質の土台で海底に横たわっている。一方の端からは、油圧掘削機のように伸縮可能で柔軟な腕が伸び、その先端に付いた丸い頭で砂の上を当たっては餌を探している。

埋められる前のキムベレッラは、ディッキンソニアや、葉のような形のカルニオディスクスのそばで、まるでカジノのディーラー補佐がチップを回収するように、頭で沈積物を円形にかき集めて餌を食べていた。水中の地滑りが起こると、原始的な装甲の中に身体を引っ込めて身を守り、ナメクジのようなその筋肉組織で、扇形に崩れた砂の中から真上に穴を掘って逃げ出す。しかし間に合わない者もいる。地滑りに捕まった幼くて小さいキムベレッラは、力を振り絞ることも、耐え忍んで何とか表面まで出てくることもできない。その無駄なあがきの跡も保存される。ほかの個体が新たな表面に達する一方で、途中で終わっている垂直の穴もあり、生存を懸けて最後の最後まで脱出を試みた記録が石に刻まれているのだ。

このような事故を除けば、海底に穴を掘って暮らす生物はいっさいおらず、エディアカラ紀の世界は二次元の生息地からできている。微生物は堆積物の中に少しだけ潜るが、酸素を好む多細胞生物は表面に留まっている。薄い堆積層が生物によってかき混ぜられて、海水中の化学物質の一部が岩石の中に混じる、いわゆる「生物擾乱《じょうらん》」という現象は、基本的に顕生代に生まれたものであって、それが動物の多様化を促したのかもしれない。

エディアカラ紀の葉状体や固着器は、自滅の種を蒔いているようなものだ。表面から上下に突き出すことで、食糧の分布を変化させ、のちに生態的に彼らに取って代わることとなる左右相称動物の進化を可能にしているのだから。澄江《ちようこう》などいくつかの場所ではエディアカラ紀の生物がカンブリア紀まで持ちこたえるが、蠕虫との競争の世界が訪れると多くは死に絶えることとなる。[24]

もしもエオアンドロメダがクシクラゲの一種で、スプリッギナが蠕虫に近く、コロナコッリナがカイメンの一種で、自由に泳ぐアッテンボライトがクラゲに近縁の刺胞動物であることが明らかになったとしたら、エディアカラ紀には多くの動物のグループの祖先が生きていることになる。

別の場所では、暗く濁った海の中で、動物に近しい別の生物が現れようとしている。チャーンウッドに棲むその生物、アウロラルミナ（「夜明けの光」）は、体高が三〇センチメートル近く、一つの個体が二個の堅い杯状体でできており、そこから触手が伸びている。エディアカラ丘陵よりもさらに昔の刺胞動物であるらしい。刺胞動物はクシクラゲと同じくすべて捕食者なので、チャルニア発見当初のイメージよりも複雑な生態系が存在しているのだと思われる。[25]

先駆者たちよ！

世界中で動物が一つの生物界を築きつつあるとともに、ほかにもいくつかの生物界があちこちで生まれようとしている。中国の陸山沱《とうさんだ》やブラジルのタメンゴでは、枝分かれのある小さな海藻が流れに揺られて、最古の海藻の庭を作っている。新たな生物界がゼロから丸ごと誕生するなんて想像しがたいが、それはもっぱら時間の問題だ。

真正後生動物、すなわち我々のイメージする動物を一つにまとめて「界」と定義するのは、地球史の中で太古の時代にそれぞれが分岐しはじめたからにすぎない。生物界の中には、互いに近しいものもあれば関係の薄いものもある。たとえば動物と真菌類は、それらと植物よりも互いに近縁だ。エディアカラ紀に、現代にはもはや存在しない生物界に属する生物がいたとしても、その生物は現代の視点から見て異常であるというだけだ。エディアカラ紀の中で見れば、彼ら異常者がほかの多細胞生物群から分岐したのはわずか数千万年前のことで、たとえばクモザルとワオキツネザルと同じくらいの時間的隔たりかもしれない[26]。

ここまで時代をさかのぼってしまえば、後ろを振り返って現代へと続く道を眺めるだけで、遠い過去に存在していた生き物たちを分類できてしまう。エディアカラ紀のどの生物も、五億年以上の時間的余裕があれば、理屈の上では一つの生物界にも相当する多様性を見出せるはずだ。エディアカラ紀に起こった初めての動物の多様化は、未来の生態系を構成する生き物たちのボディープランを決定づけることとなる。ディッキンソニア、チャルニア、スプリッギナの暮らす世界からは、それぞれ何本もの道が伸びている。

エディアカラ紀の生物相はその多様性の大部分を秘めていて、分岐する道の中にはほかより長く伸びるものもあるが、多くは対等でとりわけ目立つことはないだろう。ほとんどの道はどこにもつながっておらず、それ以外の道の多くも、何千万年か続いてめくるめく世界を築いた末に、やはり藪の中に消えていく。エディアカラ紀の生物相が曖昧模糊《もこ》とした世界から完全には脱却できないのは、我々が彼らを定義できるしかたが一つしかないからだ。二銀河年、太陽系の年齢の八分の一近い歳月を経て、現代まで続く道を見つけ出した、数少ない生存者たちに基づいてしか定義できないからである。

多様化しつつある初期の有胎盤哺乳類を観察した暁新世と同じく、エディアカラ丘陵の岩石に刻まれた雌型を作ったのは、動物や藻類といった多細胞生物の放散に参加した者たち、現代まで生き延びていないというだけで一般的な呼び名を失った者たちだ。多細胞生物の誕生からしばらくのあいだ、発生プロセスは流動的だった。自然選択によって種分化が起こって生物が特殊化するとともに、そのプロセスが固定され、いわば樽に石が入れられていく。

生物が新たなプロセス、新たな機能、新たな生き方を編み出すとともに、新たな制約条件が加わっていく。新たな道が伸びるたびに、すでに存在する生物にその場しのぎで手が加えられる。左右相称動物はすべて左右相称で、身体には必ず左右がある。この対称性を生み出す初期胚の分化の基本的メカニズムが混乱したら、ほぼ間違いなく死に至るだろう。そのルールは絶対に曲げられないということではない。自然選択は抜け道を見つけるのが得意だが、すでに基本ルールが定まっている限り、一つのシステムをいじりすぎると身体全体が動かなくなってしまう。

一つ確実に言えることがある。エディアカラ紀の海には、我々が観察しているものが含まれるかどうかはさておいて、現代に至るまでの長い長い道を歩みはじめた生物が必ずいる。エディアカラ紀の生物相は、動物とは何であるかを模索して、それを定義しようとしているのだ。

彼らの子孫の大部分は、現代では祖先の住処を後にしている。カンブリア紀の穴掘り作用によって、酸素を必要としない者たちに有毒な酸素がもたらされたことで、微生物のマットからなる生態系はほぼ姿を消した。しかし深い場所、岩石が硬すぎて穴を掘れず、酸素濃度の低い場所では、古代の生き方が残っている。そのような場所では微生物のマットがしぶとく耐えている。ロシアの白海一帯では、五億年前に遠い祖先が生きていた場所で成長を続けているし、現代のオーストラリアの沿岸では、ストロマトライトが三五億年前からずっと緑色の飛び石を築きつづけている[27]。

海中から隆起したオーストラリアの奥地では、エディアカラ紀の動物の雛型が、古代の墓石の碑銘のように岩石の中から現れる。彼らが夜空のもとで最後に横たわって以来、この惑星は、容易には理解できないほどに変化してきた。彼らの雛型の上に、一〇〇〇万年にわたって陸地からシルトや砂が絶えず流れ込んできた。カンブリア紀にその岩層が褶曲《しゅうきょく》・隆起してフリンダーズ山脈となり、彼らを閉じ込めた山々は絶えず侵食を受けながら五億四〇〇〇万年をかけて北から南へ移動し、ほかの大陸と合体して、彼ら先駆的な多細胞生物の幸運な後継者や子孫が入れ替わり立ち替わり棲みついてきた。そして現代、西へと動いていく見慣れない若い星々のもと、傾斜した地層からなる丘の上、ユーカリの木蔭に、浅くて不明瞭な彼らの痕跡が横たわっている。

エピローグ――希望という名の町

「見たことのない大地に心砕かれる。
その中の森で生きてきた命が戻ることはないからだ」
――ヴァイオレット・ジェイコブ『影』

「希望を抱く術《すべ》は一つだけ、腕をまくることだ」
――ディエゴ・アルゲダス・オルティーズ、科学ジャーナリスト

一九七八年、世界の歴史上初めて、一人の人間、シルヴィア・モレラ・デ・パルマが、南極大陸で赤ん坊を産んだ。それ以降、南極では少なくとも一〇人の子供が生まれ、そのほとんどは一人目と同じく、地球の底に位置するわずか二か所の民間人定住地の一つである、エスペランサ（「希望」）という名の小さな村で生を受けた。その赤ん坊、エミリオ・マルコス・パルマが生まれた瞬間、人類が地球上のすべての主要な陸塊に徐々に移住していく営みは完了した。

エスペランサはおよそ一〇〇人のアルゼンチン人が暮らす集落で、西南極半島の雪をかぶった黒い山々の影の中に、壁が赤くて背の低い家々が立ち並んでいる。ほぼすべての住民が、地質学者や生態学者、気候科学者や海洋学者の家族によって占められた活発な研究拠点で、地球

上の生命の未来に関する予測をおこなうためのデータ収集の最前線の一つである[1]。

地球はいまではまぎれもなく人類の惑星だ。過去ずっとそうだったわけではないし、未来もずっとそうではないかもしれないが、いまのところ我々人類はほかのほぼどんな生物学的な力とも異なる影響をおよぼしている。今日ある世界は、これまでに起こってきた事柄の直接的な結果である。結論でも結末でもなく、単なる結果だ。

過去の生命のほとんどはゆっくりと変化する定常状態の中で生きていたが、ときにはすべてがひっくり返ることもあった。避けようのない宇宙からの衝突、大陸規模の噴火、全球的な氷河形成。すべてを呑み込むこれらの変化によって、生命は自らの構造を作り替えざるをえなくなった。もしもこれらの出来事のいずれかが違う形で起こったか、またはけっして起こらなかったら、当時まだ書かれていなかった未来はまったく違った姿で現れていたかもしれない。古生物学者や生態学者、気候科学者は、過去を見ることで、この惑星の不確かな近未来や遠い未来と向き合い、後ろを振り返っては起こりうる未来を予測する。

海洋の酸化や泥炭地の形成など、一つの生物種や種群が生物圏を根本から変化させた過去の事例と違って、我々人類は、その結果をコントロールできるという稀有な立場にある。変化が起こりつつあることも知っているし、責任が自分たちにあることも、変化が続いたら何が起こるかも、変化を止められることも、その止め方も知っている。問題は、我々が取り組むか否かだ。

地球の古生物学的な過去に目を向ければ、起こりうる幅広い結果、真に長期的な展望を知ることができる。一方で生命は、スノーボールアースや毒にまみれた空、隕石の衝突や大陸規模の噴火を生き延びてきて、現代の世界はかつてと同じく多様で壮観だ。生命は立ち直り、絶滅の後には多様化が訪れる。それはそれで慰めになるが、話はそれだけでは終わらない。回復によって劇的な変化が起こると、しばしば驚くほど違った世界が生まれるし、それには少なくとも数万年はかかる。いくら回復したところで、失われたものは戻ってこないのだ。

　集落エスペランサのモットーは、「永存はすなわち自己犠牲である」。前にも言ったように、地球の歴史の中に真の永存などというものはけっして存在しない。エスペランサの家々が建てられている岩盤は、生命がいかに儚いものであるかを物語っている。そこには三畳紀初期の浅い海の様子と、ペルム紀末のグレート・ダイイング前後の海の環境が記録されている。そこに無数に見られる生痕化石は、泥岩の中で長いあいだ見捨てられてきたU字形の巣穴、蠕虫《ぜんちゅう》や甲殻類が砂の中に掘ってその後に埋められてしまった家々である。

　シルトからなる海底扇状地が崩れてできた一連の岩層、ホープ湾累層《るいそう》となった海底は、当時、酸素濃度が著しく低かった。同様の傾向が世界中で見つかっており、何十年ものあいだその理由が探られてきたが、近年になってようやく明らかになった。二〇〇八年、ペルム紀から三畳紀にかけての海に酸素が乏しかったのは、それまでにない規模の破局的な地球温暖化が原因であると特定されたのだ。

　シベリアでの火山活動によって大量の温室効果ガスが発生して、世界中の気温が著しく上昇し、それが引き金となって海中から大量の酸素が放出され、魚などの活動的な海洋生物が世界規模で死に絶えた。それらが姿を消したことで細菌が繁栄し、その呼吸の副産物として発生した硫化水素の雲が大気を満たし、陸上と海洋の生態系が毒に見舞われた。数々の生物集団が滅んで、おおかた姿を消した。生命は、あるいは少なくとも多細胞生物は、ペルム紀末をほぼ乗り越えられなかった。この際立った実例が我々みなに突きつけてくるとおり、環境はここまでひどい影響をこうむることがあって、それを生き延びるだけでも、前から持っている有用な形質とちょっとした幸運が必要なのだ[3]。

＊

現代の世界とペルム紀末の世界を比べると、気がかりな類似点がいくつか見つかる。海洋から酸素が失われるのは過去だけの話ではない。現代でも起こっているのだ。北アメリカの西海岸沿いを南へ流れる大きな海流、カリフォルニア海流の酸素濃度は、一九九八年から二〇一三年までに四〇％低下した。地球全体で見ても、底層水の酸素濃度が低くなっている海域の面積は、一九五〇年代から二〇一八年までに八倍に増えて、ロシアの国土の二倍に相当する三二〇〇万平方キロメートルにまで拡大し、過去半世紀にわたって毎年一ギガトンを超す酸素が海洋から失われてきた。その一因は、農耕地からの窒素分の流出によって藻類の異常発生が以前よりも頻繁に起こっていることだが、それだけでなく、まさにペルム紀末のように海が温かくなっているせいでもある[4]。

海水温の上昇は、好気性生物にとって三重の問題を引き起こす。第一は純粋に化学的なものだ。温かい水ほど酸素が溶け込みにくく、もとから水中に酸素が少なくなる。二つめは物理的な問題。温かい水は冷たい水よりも密度が低いために表層に上昇するが、そもそも熱が太陽からもたらされるため、表層水のほうが速く温まって、温かい水の層と深海の冷たい層とが分離する。温かい水と冷たい水はほとんど混じり合わないため、溶けた酸素が深海に移動しない。最後の問題は生物学的なものである。水温が高いと変温動物の代謝が速くなって、より多くの酸素を必要とするため、溶けている酸素がさらに速く使い尽くされてしまう。活動的な動物にとって、この三重の脅威が災厄をもたらすのだ。

これはすべての生物にとって悪い知らせとは限らず、カニや蠕虫など海底に暮らす動物の多くは酸素濃度が低くても生き延びられるが、ただし別の気体が異なる問題を引き起こす。ペルム紀末には二酸化炭素が急激に増加し、さらに強力な温室効果ガスであるメタンがそれに輪をかけた。現代の CO_2 排出スピードはそれをやすやすと上回っていて、二酸化炭素によって海洋が酸性化している。[6]

現在、一日あたり二〇〇〇万トンを超す二酸化炭素が海水中に溶け込んでおり、海水に二酸化炭素が溶けると炭酸が生成する。炭酸はサンゴが炭酸塩の骨格を作る能力を弱め、これまでに新たなサンゴの形成スピードが三〇％低下している。二一世紀末までには、サンゴ礁の溶けるスピードがその成長スピードを上回るだろう。生き延びるのは、派手派手しい色の線条細工のような魅力的な枝サンゴではなく、丸っこくて表面積の小さい塊状のサンゴだろう。

極端なケースではあるがスームで見たように、サンゴや、軟体動物のように殻を持つ生物にとって、酸性の環境は重大な脅威だが、高温自体も害をおよぼす。サンゴと協力関係を築いていた藻類が、温かい水の中で光合成の効率を落とし、相互扶助のライフスタイルを捨てる。見捨てられた宿主は白化して死んでしまう。

　地球は複雑なシステムなので、全体で一気に崩れてしまうような存在はそう多くはないが、サンゴ礁はその一つである。地球温暖化が進んで、より大量の二酸化炭素が海に溶け込むと、浅い海のサンゴ礁の大部分があっさり消滅してしまうだろう。しかし前に説明したとおり、リーフを作る生物はサンゴだけではない。誰もが驚くだろうが、ジュラ紀の絶頂期を鏡に映したかのように、ガラスカイメンのリーフが復活しつつあるのだ[7]。

　過去二億年の大半を通して、ガラスカイメンは深海で孤独に美しい命を育んできた。その中の一種であるカイロウドウケツ（俗称「ビーナスの花籠」）は、エビのつがいを掃除屋として捕らえて、結晶性の籠で閉じ込め、わざわざ捕らえた粒子を中に運んでそのエビを飼う。そのエビのこどもは身体が小さくて、親を閉じ込めている格子のあいだをすり抜けることができ、外に出ていく。

　カイロウドウケツはもともと群れを作らないが、カナダ・ブリティッシュコロンビア州の沖合、カリフォルニア海流の起点である酸素の乏しい海域では、ガラスカイメンが群集を作っていて、リーフが再び成長しつつあり、すでに高さ数十メートル、長さ数キロメートルに達している。水を濾過《ろか》するスピードが遅いため、大量の酸素がなくても生きられるし、身体の大部分がケイ酸塩でできているため、酸性の水の影響を受けにくい。底引き網漁や石油探査の脅威に直面することはあるかもしれないが、驚くほどの生物多様性を育むガラスカイメンのリーフは、温暖化した世界のラザロ分類群、莫大な損失の中の小さな収穫として復活していくかもしれない[8]。

＊

陸上では、温暖化によって世界の気候は末路を迎える。森に巨大ペンギンが暮らしていた始新世など、地球史の中で温室状態の時代には、赤道から両極への緯度方向の温度勾配が現代よりもはるかに小さかった。シーモア島の時代の記録から分かっているとおり、両極地方が森で覆われていながら、赤道地方は現代と比べて大幅に高温だったわけではない。現代の地球はそのように温度差の小さい状態に近づいており、両極はそれ以外の地域よりも二倍のスピードで温暖化していることが知られている。そしてそれによってすでに大気循環が変化しはじめている[9]。

大気循環システムは、高緯度地方と低緯度地方の温度差によって安定的に保たれる。北半球では、北極の大気が南へ、温帯の大気が北へ移動して互いに収束し、地球の自転によって東に流れる一本の気流、ジェットストリームが形成される。密度の高い気塊と密度の低い気塊は互いに合体しにくいため、北極の冷たい大気と温帯の暖かい大気は一般的に合体せず、両者が接した場所に一本の強い気流が生じる。

地球温暖化とともに、高高度における極地の大気と温帯の大気の気温差が縮小し、二つの気塊が互いに渦巻いて小さな渦を作り、気流が乱れるようになって、北極渦のまとまり方が弱まりつつある。極地の気塊と温帯の気塊の境界線があいまいかつ不安定になり、とくに冬にはジエットストリームの経路が南北に激しく揺れ動くようになっている。
大陸上空では相対的に温度差が大きくなり、たとえば北アメリカ上空では冬にジェットストリームが大きく南に移動して、大陸の大部分が北極の冷たい大気に覆われる。その結果、近年の北アメリカは局地的な寒波にたびたび襲われるようになっており、その原因は地球規模での気温上昇と気温差の縮小である。二〇二〇年二月九日にはシーモア島の観測ステーションで、現代の南極での最高気温、二〇・七五度を記録しているし、平均気温もここ数十年にわたり毎年着実に上昇しつづけている。[10]
それで驚いてはいけない。世界の気候が今後どのようになりそうかを予測するには、現代の大気を過去の大気と比較すればいい。現代の大気の組成は漸新世に似ていて、温室状態と氷室《ひむろ》状態のあいだの遷移状態にある。気候変動に関する政府間パネル（ＩＰＣＣ）の予測によると、現状進められている対策のもとでは、すでに生まれている子供が生きているあいだに、大気中の二酸化炭素濃度は始新世以来見られなかったレベルに達するという。
そのような大気組成になったら、いずれは始新世と同じ気温に届いてしまうだろう。最終的な気温ははっきりしているが、地球環境のフィードバックシステムによって、大気の組成が安定してから最終的に気温が一定になるまでにタイムラグが生じるため、その状態に落ち着くまでにかかる時間は定かでない。そのような二酸化炭素濃度、そしてそのような気温に至らないためには、現状の対策よりも速いスピードで二酸化炭素の排出量を減らすしかない。[11]
排出される二酸化炭素の大部分は、海洋プランクトンの死骸からできた石油や、ヒカゲノカズラ類の沼地からできた石炭などの化石燃料に由来する。これまでに炭素二兆トンに相当する埋蔵化石燃料が見つかっていて、そのうちすでに燃やされているのは五〇〇〇億トンにすぎないが、それでもその影響はすでに感じられはじめている。化石記録から分かるとおり、海洋プランクトンが埋もれた環境条件や、石炭紀の広大な熱帯の沼地が、現代に復活することはない。

現代の世界は、気候変動の抑制に必要な量の二酸化炭素が自然と地中に蓄えられるような状態にはない。現代でも植物は最大の炭素吸収源で、CO_2レベルが上昇すると光合成が多少活性化するが、我々が燃やす量に匹敵する石炭を形成するだけの森林生態系も広大な沼地も存在しない[12]。

温暖化とともに分解も加速し、マンモス・ステップが沼沢地に変わって以来ずっと泥炭として蓄えられていた炭素が再び放出される。カナダやロシアの広い地域にかけて、永久凍土の中に大量の泥炭が埋もれている。北半球の凍った泥炭地には一兆一〇〇〇億トンの炭素が蓄えられており、この量は、世界中の土壌中に含まれる有機物のおよそ半分を占め、一八五〇年以来人類が化石燃料から放出してきた炭素の総量の二倍超に相当する。

しかしこの炭素は不安定な形で蓄えられている。現在、ビューフォート海を望むアラスカのノーススロープ北岸では、永久凍土が融けて陸地が侵食されつつある。海岸沿いでは、氷によって土壌中に支えられていた泥炭の塊がひっくり返って、気を揉ませるほどに氷の見られない北極海に転げ落ちようとしている[13]。

永久凍土が融けると泥炭土が緩くなり、氷が融けるとともにしぼんで沈んでいく。泥炭土が軟らかくなると粘土土壌が崩れ落ちて木が傾き、幹があらゆる方向に斜めにもたれかかる。「ドランクン・フォレスト（酔っ払った森）」と呼ばれる森林の一角全体が、チェーンソーもないのにいっせいに倒れる。ひとたび融けた土壌中の有機物は分解しはじめ、長い時間をかけて温室効果ガスを放出していく。永久凍土の中に蓄えられているすべての炭素が二酸化炭素やメタンとして放出されたら、これまで前例のなかったような温暖化効果をおよぼすだろう。

しかしそれがすべて一度に起こることはなさそうだ。気温と湿度が少しだけ高くて温まりやすい窪地や、南斜面などでは、局所的な要因のために永久凍土がより速く融ける。逆に永久凍土が再び凍ることもあるし、有機物の分解には何十年もかかる。極北のシベリアはペルム紀と同じように不気味な存在だが、今回はいつか突然爆発する時限爆弾というよりも、絶えずプレッシャーをかけてきているかのようだ。

そのゆっくりとした放出のスピードをさらに遅くしたり、ストップさせたりすることはできる。現状のままの政策や行動では永久凍土は融けるだけだが、我々は政策を変えることができるし、そうして問題を解決することもできる。もしそうしなかったらどのような結果が訪れるかは、化石記録や現代の気候モデリングから分かっている[14]。

＊

最終氷期極大期の名残は永久凍土だけではない。いまも氷が閉じ込められているのは、極地の氷床や、両極点からゆっくりと流れる氷河だけでなく、高山の氷河もそうだ。極地の氷床は最終氷期極大期から大幅に縮小してきたが、ヒマラヤ山脈の氷河は現代の氷期と間氷期を通して何万年も一貫して存在しつづけている。しかし温暖化が高山にもおよんできて、これらの氷河も融けつつあり、すべての生命を支える基本的な化学物質である水の分布が、南アジアや中央アジアで変化している。

インドの大河川、とりわけインダス川やガンジス川、ブラマプトラ川は、山岳氷河と毎年の雪解け水に、季節ごとの水量を頼っている。ブラマプトラ川の総流量の三分の一以上を、氷の融けた水が占めている。短期的には、雪解け水が増えることで鉄砲水がより頻繁に発生するようになり、流域が大規模に侵食される。雪解け水が増えるのはひとえに山の雪線が高くなるからだが、それが際限なく続くことはありえない。ブラマプトラ川の流量はすでに大きく変動するようになっており、中期的に見ると、二一世紀後半に氷河が融けて姿を消せば、乾期が間違いなく渇水状態に変化するだろう。

中新世に地中海全体が一〇〇〇年で蒸発したさまを前に見たが、ヒマラヤの氷河に含まれる水は地中海よりもはるかに少ない。ヒマラヤの氷河を水源とするこれらの河川沿いに暮らす七億の人々にとっては、もはや避けようのない大災厄であって、体積にしてヒンドゥークシュ山脈の氷河の九〇%が消滅すると推定されている。今後どこかの時点で、世界中の人口の一〇%を占める人々のもとに水が届かなくなる。

二本の大河が海に注ぎ込む広大なガンガ＝ブラマプトラ三角州に暮らすバングラデシュの人々は、これを含む三重の脅威にさらされている。赤道地方が高温になって海面からの蒸発量が増えることで、すでにモンスーンの発生が早まって、勢力も増している。温められた水は物理的に膨張し、さらに南極やグリーンランドの山地を覆う氷河や氷床の融解も相まって、海水位が上昇する。国土の大半が海抜一〇メートルに満たないバングラデシュは、おそらく水没してしまうだろう。一億数千万の人口を擁する国家にとって、陸地も川も、そして空も脅威にさらされているのだ。世界中で合計およそ一〇億の人々が、現在の満潮線から一〇メートルの高さよりも低い土地に暮らしている。[15]

世界の人口は信じられないようなペースで増えてきた。いまではこの惑星上に七〇億を超す人々が暮らしており、人類はごくわずかな例外を除いてあらゆる生態系に圧倒的な力を加えている。その一因が小児死亡率の低下で、それ自体は間違いなく良いことだが、人々のあいだには人口過剰の懸念が広がっている。

もしもすべての人間が平等だとしたら、人間が増えればもちろん消費される資源も増えるはずだが、実際には人間は平等ではない。この本を買った人はおそらく比較的高消費のライフスタイルを送っていることだろう。一人あたりの二酸化炭素排出量の世界平均は二〇一八年時点で四・八トンだが、富裕国はそれを上回っていて、アメリカ合衆国は一五・七トン、オーストラリアは一六・五トン、カタールは三七・一トンだ。それに対し、アフリカの中でこの人口あたりの平均排出量を上回っているのは南アフリカとリビアだけで、大部分の国は一人あたりの排出量が〇・五トンにも満たない。[16]

人口過剰の問題自体は解消されつつある。世界中で出生率がここ数十年下がりつづけており、都市化や女性教育拡大とともに今世紀中に世界人口はピークを迎えると予測されている。差し迫った本当の問題は、その人々が何を消費しているかだ。IPCCの二〇一八年の報告書によると、世界の気温上昇を一・五度に抑えるには、世界中の正味の二酸化炭素排出量を四五%削減する必要があるという。

アメリカ人の平均二酸化炭素排出量を、生活水準をほとんど下げることなしに、たとえばEUの平均にまで減らせば、それだけで世界の二酸化炭素排出量は七・六%削減される。比較として、すべての国際航空便を完全にストップしても一・五%しか減らない。しかし排出だけで済む話ではなく、富裕国のせいでそれ以外の資源の消費量も増えている[17]。

CO_2とともにプラスチックも環境問題の代表格となっている。海上を漂うプラスチックごみの巨大な渦の写真や、海洋動物の胃の中から見つかるプラスチックの破片が増えているという報告がたびたび伝えられる。その影響は生物だけに留まらない。海洋民族の文化的遺産が失われ、プラスチックが魚類集団におよぼす影響が蓄積して漁業が崩壊し、打ち上げられたごみによって海岸が荒廃して精神衛生に測定可能な影響をおよぼす。いずれも、中長期的に目に見える損失を与える。生物学的や社会的なかなりの損失を脇に置いたとしても、プラスチックによる海洋被害は、世界経済に年間最大二兆五〇〇〇億米ドルの損失をもたらすと推計されている[18]。

プラスチック汚染が至るところに広がっていることを何よりも劇的に物語るのが、微生物の進化の様子である。化石記録が何度も繰り返し物語っているとおり、新たなニッチが開いて、利用できる新たな資源が生まれると、それを利用する生物が必ず進化する。自然は創造的でなければ意味がないのだ。二〇世紀後半にプラスチック製品が急増したことで、使われていない新しい資源が大量にもたらされた。すると二〇一一年にエクアドルの熱帯雨林から、ポリウレタンを分解する能力を持った真菌類、ペスタロティオプシス・ミクロスポラが発見された。

また、日本の堺にあるプラスチック再生工場の近くの泥から二〇一六年に発見された細菌、イデオネッラ・サカイエンシスは、ポリエチレンテレフタレートを摂取して、環境に害を与えない二種類の生成物に分解するよう進化している。これを皮切りに完全プラスチック食性の生物が多数見つかっており、高温の堆肥の中で植物質が分解されるのとほぼ同じスピードでプラスチックボトルを安全に分解できるということで、リサイクルの世界で力を発揮するものと期待されている。一〇億年以上昔の酸素放出以降、生物の化学反応に利用できる資源の種類がこれほど根本から変化した例は一度もなく、もっとも小さくてもっとも速く増殖する生物がその変化に歩調を合わせているのだ[19]。

＊

マンモス・ステップの生き物たちもそうだが、絶え間ない変化に歩調を合わせるもう一つの方法が、単に移住することである。エスペランサの南にあるブラウンブラフ山に暮らすペンギンたちは、まさに気候に追い立てられて移住している。その大部分を占めるアデリーペンギンは南極半島に分布しているが、ロス海一帯の島々にも棲んでいる。巨大なコロニーを作り、糞が土壌に染み込んで毎年堆積するため、その糞の層には、同地点にペンギンが何年暮らしてきたかが記録される。

南極は温暖化していて、ペンギンにとっては最終氷期よりも暮らしやすくなっている。何百年分ものアデリーペンギンの排泄物を掘り進んでいくと、島々のコロニーは三〇〇〇年近くにわたって存在してきたことが分かる。しかし、長いあいだ氷床に覆われていたブラウンブラフ山のコロニーが築かれたのは、わずか四〇〇〇年前のことだ。生物種は棲息範囲を変えることができる。温暖化によってブラウンブラフ山が子育てに適した場所に変わり、それによって新たなコロニーが築かれたのだ[20]。

　ペンギンはある場所から別の場所へ移動することが比較的たやすく、海流が変化して海中の楽園が不毛の海域に変われば、適応して徐々に移動することができる。しかしほかの生物種の中には、気候変動から逃れようにも素早く移動できないものもいる。たとえば寿命の長い植物は、一株ごとの環境耐性に限界があるため、気候変動の後を追うのが容易ではない。

　スコットランド・パースシャー地方の奥地にある私の実家のそばの丘に、葉の小さなフユボダイジュの木が一本生えていた。毎年実を付けていたが、ナナカマドやカバノキ、マツと違って、見たことがあるのはその一本だけだった。イギリスのほぼ全土に自生していたが、以前よりも温暖な気候に適応したせいで、果実が不稔になっていたらしい。何らかの偶然で北のほうに運ばれてきた一個の種子がせっかく根づいて育ったのに、生殖可能範囲の限界を越えてしまっていたのだ。

　気候が変動してバランスが変化し、最適な条件の地域が移動すると、生物種の棲息範囲もその後を追う。北アメリカのグレートプレーンズの生態系は、一九七〇年から二〇一九年までに平均で五九〇キロメートル、つまり四五分ごとに一メートルずつ北へ移動した。広大で平坦な大陸なら移動できるスペースがあるが、小さな島や高緯度の海岸地帯、山の上だと、寒冷な気候に適応している生物はいずれ逃げ場を失ってしまう。自然界で長距離の分散は稀にしか起こらず、生息地の端に追いやられた生物種の多くは、いわば目隠しで崖際を歩いているようなものだ。[21]

我々人類は新たな生態系も生み出しつつある。高木や大型動物の姿が見られない、大量絶滅後の生産性の低い生態系、現代においてそれに相当するのが、都市の生態系である。その新たな世界で生き延びられる生物種は多くなく、生き延びられた者も、もっとも基本的な行動に至るまで適応させなければならない。ジャングルの喧噪《けんそう》ですら都市に比べたら静寂に等しく、交尾相手やライバルに音で自分の存在を知らせる生物種にとって、その雑音はかなりの邪魔物だ。

都市で暮らす鳴鳥のさえずりは、田舎に暮らす同じ種の鳥に比べて音程が高く、リズムが速く、一節が短い。機械の低いうなり声の中では、そうした高い周波数で鳴く個体でないとさえずりを聴いてもらえないのだ。匂いを使ったシグナルも気候変動から影響を受ける。雄のトカゲは交尾相手をおびき寄せるために匂いを残すが、気温が高いとその匂いが揮発しやすく、早く消えてしまうため、交尾の機会が奪われてしまう。海氷がバラバラに壊れると、ホッキョクグマの足跡に残る匂いの跡も消えてしまい、繁殖行動から縄張り的習性までさまざまな事柄が影響を受ける。

一つの生物種が生き延びるかどうかは、一個体の生理機能の環境耐性だけでは決まらず、その振る舞いにどれだけの柔軟性があるかにも左右される。我々がそこに暮らす生物の生き方にいっさい影響を与えていない一角なんて、地球上にはいっさい存在しないのだ。

数だけでいうと我々人類は信じられないほどありふれた存在で、二〇〇〇年一一月二日からは地球の大気圏の外にも常駐している。ヒトは重量でいうと全哺乳類の三六%を占める。さらに全哺乳類の重量のうち六〇%は、ウシやブタ、ヒツジやウマ、ネコやイヌなどの飼養動物である。この惑星上で野生の哺乳類の重量はわずか四%だ。鳥ではさらに顕著で、地球上の鳥類の六〇%がたった一つの種、ニワトリである。

人類が生み出した物質の重量をすべて足し合わせると、二〇二〇年時点で、地球上の生物の重量とおおよそ等しくなる。我々が化石記録のサンプルを取るのと同じように、現代の地球のサンプルを取って骨の分布状態を調べたとしよう。すると、これほど大量の脊椎動物がこれほど少数の種に占められているという、非常に奇妙なことが起こっていると結論づけられただろう。そして、壊滅的な環境破壊、すなわち大量絶滅に当てはめて論じられることだろう。

実際に野生生物の生物量は恐ろしいスピードで減少している。エミリオ・マルコス・パルマが生まれ出た一九七八年の世界には、二〇一八年の世界と比べて二・五倍の野生脊椎動物が暮らしていた。地質学的にいうと一瞬のうちに、この惑星上の脊椎動物の半数以上が失われてしまったのだ。

最終氷期以降、最大級の動物種はすべての大陸から姿を消したか、または着実に絶滅へと向かっている。地球は大量絶滅後の世界に似た姿を取りはじめており、人類の作る生態系が災害生物群の避難先となっている。繁栄しているのは、クマネズミやヨーロッパアカギツネ、アノイグマやセグロカモメ、オーストラリアクロトキなど、人間の世界に適応して、ごみに頼って生活できる融通の利く動物および、ニワトリやウシ、イヌなど、人間と協力関係にあるか、または人間のために繁殖している動物だ。

多くの植物や移動能力の低い動物も、偶然にせよ意図的にせよ、人間を介して長距離を運ばれることで恩恵を受けている。天然の筏《いかだ》で生物が運ばれるというごく稀な出来事に代わって、海上交通路が出現し、物理的に切り離された大陸どうしが、生物放散の観点からはより近くなっている。本来の生息地から運び出された生物種は、競争相手から解放されて繁栄し、生態学的に重要な固有生物を駆逐してしまうことが多い[23]。

*

これほど数多くの生物種が大量絶滅と同じスピードで姿を消しつつあるだけに、我々のこれまでのおこないを振り返って落ち込んでしまいがちだ。しかし望みを失ってはならない。人類の引き起こす変化自体は新しいものではなく、おおむね自然の変化とみなすことができる。我々も生物の世界の一員で、生命樹の中に暮らしている。

ヒトも我々以前の多くの生物種と同じく、昔からずっと自然の生態系に手を加えてきたという確かな証拠がある。人類は八〇〇〇年近くにわたって牧草地を作ってきた。我々が森や草原を焼いてウシを導入したのと同じ頃、ユーラシア各地で太陽光の反射量が変化して、熱の吸収量が影響を受け、インドや東南アジアのモンスーンのパターンが変化した。

また更新世以降、人類はさまざまな生物種を意図的にあちこちへ移動させている。ソロモン諸島には、狩猟動物として重要な樹上性の有袋類の一種、クスクスが、いまから二万年以上前に、おそらく黒曜石の交易とともにニューギニア島から持ち込まれた証拠がある。[24]

我々は生態系にこれほど実効的に手を加えてきただけに、ヒトの生態や文化に影響されていない無垢の地球などというものは想像しようがない。そのような楽園はいまも存在しないし、人類が誕生して以来一度も存在したことがない。ヒトという種が出現してから地球生態系がかつてないほどのダメージを受けてきたのは確かだが、自然保護計画を立てる上では、人間が生態系にどの程度の影響を与えるのが好ましいのか、どの程度なら受け入れられるのかを見極める必要がある。産業化以前の時代と同じ程度か？　植民地化以前の時代か？　人類誕生以前の時代か？　難しい問題だ。現在の生態系を完全な野生状態に戻してしまうと、その生態系に依存していた貧しい先住民に過度な悪影響をおよぼす場合が多く、環境をめぐる意思決定には複雑な社会的要素もからんでくる。

バングラデシュ人哲学者のナビール・アハメドは、『もつれた地球』というタイトルの論文の中で、自国について次のように述べている。「陸地と河川、人間集団、堆積物、天然ガス、穀物と森林、政治と市場を切り離すのは不可能だ」。すべて単一の存在に融合していて、政治と自然という二つの演者のあいだのやり取りから影響を受けている。アハメドいわく、この国は一九七〇年のサイクロン、ボーラから直接誕生し、天災かつ人災であるこの災害に対する政治的反動によって独立を勝ち取ったのだ。[25]

ペルム紀の高温多湿のパンゲアに地球規模の大洋から巨大な嵐が次々に襲いかかったのと同

じように、現代でも世界中で熱帯性の嵐が増加している。一シーズンあたりの大西洋のハリケーンの個数は、二〇世紀初めに記録が取られはじめて以降着実に増えていて、二〇二〇年には名前の付けられた嵐が三〇個と、長期的な平均の三倍に達した。二〇一八年には地中海に、先例のないハリケーン級の強さの嵐が発生した。海水温が上昇して熱帯地方の上昇気流が激しくなっていることが原因であり、このためにハリケーンがより急速に発達して、陸地に達するまでに猛烈な強さになる確率が高まっており、ハリケーンの通り道にあたる国々は激しい被害を受けている。[26]

気候変動が社会におよぼす影響も無視することはできない。北極圏の富裕国が、融けた氷の下の海底に眠る資源の開発をめぐって競い合っている。東アフリカでは、減少する水資源の独占を見据えてダム建設が次々と進められており、それをめぐって国際的な論争が続いている。このように何十年も前から、すでに環境変化は政治判断に影響を与えている。一方は富をめぐる競争、もう一方は基本的資源をめぐる競争であることから分かるとおり、気候変動の代償をもっとも多く背負わされるのは、その気候変動に加担した程度がもっとも低く、もっとも恩恵を受けてこなかった人々である。

今日の我々は、起こりつつある変化をじっと見つめることができる。この惑星の地質学的歴史は、おおざっぱだが見間違えようのない筆遣いで、起こりうる未来の絵を描き出している。我々は人災かつ天災である地球規模の災害を経験しつつあるが、それは我々が何とか対処できるたぐいのものなのだ。[27]

＊

美しくも不思議な過去の世界は、生命が適応力に富んでいることを教えてくれる。しかし化石が教えてくれることはもう一つある。我々の住むこの世界が永遠ではないということだ。本書の冒頭でシェリーの有名な詩『オジマンディアス』を引用した。あまり知られていないが、この詩は、彼の友人ホーラス・スミスと、同じ遺物から発想を膨らませて詩の詠みあいをしたときに書かれたものだ。

シェリーは過去に目を向けて権力者の傲慢ぶりをからかったが、スミスはもっとはっきりとした表現で未来に陰鬱なまなざしを向けている。土台だけを残してはるか昔に消えてしまったこの町に思いをめぐらせた最初の八行に続き、自分がもっともよく知る都市の儚さを思い描いて次のように詠んでいる。

こう思ってしまう。狩人ならこう言うかもしれない。
かつてロンドンが建っていた荒野でオオカミを追いかけているとき
巨大な遺構に出くわしたら、いったん立ち止まって
この滅び去った場所にかつて
強大だが記録に残っていないどんな人種が住んでいたのだろうかと
あれこれ考えることだろう。

我々が当たり前だと思っている風景の数々は、この世界に欠かせないものではない。その風景が失われても、我々が姿を消しても、生命は存続しつづけるだろう。我々が排出した二酸化炭素もいずれは再び深海に吸収されて、生命とミネラルの循環は続くだろう。我々はこの惑星に棲むすべての生き物と同じく、現在の生物種集団とともに、複雑な形で作用をおよぼし合いながら進化してきた。我々はいまもこれまでもずっと地球生態系の一部である。我々がこの世界におよぼしている変化によって、我々自身は影響を受けないなどと考えるのは愚かなことだ。

我々は一つの生物種として、自分たちが現在引き起こしつつある大量絶滅を生き延びるのに適した立場にいる。本来なら生きられないはずの場所で生き延びるために、衣服や水路、エアコンや海水淡水化装置などさまざまなテクノロジーを使って、周囲の環境に絶えず手を加えてきた。しかし、六六〇〇万年前の最後の大量絶滅以降築かれてきた生態系は、いまや深刻な重圧をこうむっている。

さまざまな生物群集を破壊して、この世界の化学組成を変化させている我々は、いわばクモの巣の糸を再び引っ張って、すでに何本もの糸を切っている。十分な糸が切れてしまったら、我々と世界との関わりあいゆえ、かつて何者も直面したことのないような生物学的・社会的な大災厄が訪れかねない。

一見したところそれは、抗いようがなくて手も足も出ないように思えるかもしれない。しかし、そもそも我々はこの環境の現状を真剣に振り返ることができるし、過去に目を向けて現在と似たところを見つけ出す分析能力も持っているのだから、前向きになれるはずだ。

我々が生きている現代のように、環境が激しく掻き乱される時代に何が起こりうるか、それを我々は知っている。過去の様子を描き出すことで、未来を予測し、災厄を避ける道を見つけることができる。破滅的な結果の中には避けようのないものもあるが、それらに対しては計画を立てて被害を最小限に抑え、影響を和らげることができる。

少なくとも一九七〇年代以降のインフラは、気候変動の影響を念頭に置いて建設されている。ロンドンのもっとも重要な洪水対策である可動堰《せき》、テムズ・バリアは、二一〇〇年頃までに海水位が九〇センチメートル上昇するという予想を踏まえて、最大二・七メートルの水位差を維持できるよう設計されている。

国際協力が功を奏することも分かっている。一九七か国の政府が署名した一九八七年のモントリオール議定書では、オゾン層の破壊の原因であるクロロフルオロカーボンの製造と使用が禁止された。このような対策のおかげで、オゾンホールは着実に塞がりつつある。そしてこの問題に人口あたりでもっとも大きく加担した国々が、対策のための基金を通じて、発展途上国の必要とする支援をおこなっている。[28]

＊

本書執筆中、過去と未来にもっと焦点を当てることの重要性を物語る出来事が一つ起こった。二〇一九年初め、アイスランドのオク氷河の流れていた場所に、ささやかな式典とともに一枚の銘板が掲げられた。融解が進んでももはや自重では流れなくなり、氷河としての地位を失った、この国で初の氷河である。その銘板にアイスランド語と英語で刻まれた「未来への手紙」には、オク氷河が氷湖に降格したことの説明に続いて、次のように記されている。「この記念碑が示しているとおり、現在何が起こっていて、何をする必要があるかを我々は知っている。我々がその必要なことをおこなったかどうかは、あなたしか知らない[29]」。我々のおこないを見てくれということだ。

二つめの出来事である新型コロナウイルスのパンデミックによって、人類はさらに迅速な形で劇的な変化に立ち向かわざるをえなくなった。一か月足らずのうちに世界人口の三分の一が強制的または自主的にロックダウンに入り、人類の存亡に関わる脅威に立ち向かうために生活のさまざまな面を根本から変えた。

その変化の影響はただちに現れた。交通渋滞の代名詞であるロサンゼルスは、何世代ものあいだ見られなかったような澄んだ空になったという。長いあいだ観光客のボートで混み合っていたヴェネツィアは、かつてなく水がきれいになった。炭素排出量はわずか八％ほどだが急減し、石油が大きく価値を失い、商店には売れ残りの商品が山となり、宅配物が急増した。数々のマスコミが、これは「地球が自らの傷を癒している」証拠だと論じ、人類こそが本当のウイルスだといわんばかりだった。しかしそんな厭世的な論調はどうでもいい。

人類が搾取的に生きているのは確かだが、この一件からはもっと良い教訓が得られる。我々は行動を変えて危機に対処することができ、我々が起こした変化はすぐに良い影響をもたらす。他国の人々の苦しみも我々みなに跳ね返ってくるのだから、そのような国際的な危機による被害を最小限に抑えるには、ともに行動してリソースを出し合い、必要なところに支援をするほかない。専門家の話に耳を傾け、脅威を深刻に受け止め、人々の幸福を第一に考えた国々は、ほかの国よりもはるかに効果的にパンデミックに対処できた。

国際的な協調行動によって記録的な短期間で有効なワクチンを開発できたのは、命に関わる脅威に我々が迅速かつ有効に対処できることの証しだ。しかしそのワクチンの分配に際して国際協力を欠き、その結果として感染と死の波が繰り返されたのは、世界的危機に対して幼稚にも狭量で自衛的な反応をしたためである。

環境変化に直面した際に命取りになるのは、ひとりよがりな態度である。急激に進行する生態系の破壊や温室効果ガスの排出に対して、何の変化も起こさない「通常営業」の態度を取っていたら、これまでヒト族が直面したことのないような気候が到来してしまう。しかし、破滅は避けようがないと説く人々も同じく役立たずだ。

環境保護は成功か失敗かの二択ではない。今後五年や一〇年以内に気候変動を止めなければならないなどと新聞が報じていても、それは〇か一〇〇かの最終期限ではない。期限内に変化を起こしたからといってすべてが元通りになるわけではないし、失敗したからといって全滅するわけでもない。二〇世紀前半やそれ以前に存在していた生態系はすでに永久に様変わりしてしまったが、いまもダメージは増えつづけている。

より早く、より強力な行動を起こせば、そのダメージはより広がらずに済むだろう。気候変動の原因と結果に対して、団結して対処する道を選ぶかどうか、それは我々次第だ。尖塔はもう焼け落ちてしまったかもしれないが、大聖堂はまだ残っており、その火事を消すかどうかは我々が決めなければならない。

　我々が習慣を改めて、もっと搾取的でない暮らし方に努めない限り、環境変化によって空前の大災厄、次なるグレート・ダイイングが起こるのを防ぐことはできない。この惑星が提供できるだけの資源では、現在の先進国のような放蕩生活を支えられないのはもちろんのこと、ほかの生物種が餌を取って繁殖し、それぞれの生き方で生きるだけの余裕すらない。

　今日の野生の世界が、次なる忘れられた生態系、未来の時代の博物館に陳列される展示品になってしまうのを防ぐための唯一確実な方法は、消費を抑えて、気候変動の原因となるエネルギー源に依存するのをやめることだ。そうした解決策はどうしても反発を受ける。短期的に生活の質が下がって、個人や社会の苦しみを伴うのではないかという心配が広がるのも当然だろう。

　しかし共同体、国家、全世界のレベルで数十年以内に行動を起こさなければ、さらに大きな苦しみを味わうのは間違いない。生物種や個人として長期的な幸福を手に入れるには、地球環境とのあいだにもっと相互扶助的な関係を築かなければならない。そうすることで初めて、地球環境の果てしない多様性だけでなく、その中における我々の居場所も守ることができる。

　結局のところ変化は避けられないが、それでもこの惑星のペースに任せて、地質学的時間の砂時計に身を委ね、徐々に明日の世界へ進んでいくことはできる。自己犠牲はすなわち永存である。そうすれば我々も希望を持って生きていけるだろう。

謝辞

本書の刊行に至るプロセスに関わってくれた人たちに対しても、本文と同じく、逆日付順に感謝を述べるべきかもしれない。担当編集者であるペンギン・プレスのローラ・スティックニーとローワン・コープ、ランダム・ハウスのヒラリー・レドモン、そしてペンギン・カナダのニック・ガリソンからアドバイスをもらわなかったら、本書は間違いなくもっと退屈で、もっと飛躍が多く、もっと専門的な読み物になっていたことだろう。本書に登場する生物種の美しい絵を描いてくれたベス・ザイケンと仕事ができたことはまるで夢のようで、最初の下図ですら、もしも未完成だと言われなければ、完成作品として喜んで受け入れていただろう。最終作品はまさに息を飲むほどに素晴らしい。

制作した作品や著作権を所有する作品の使用許可を与えていただいた、マリオン・ボーヤーズ、アリス・ターバック博士、聖書文学会、ミゲルアンヘル・メーザ、トレイシー・K・ルイス、ジョン・カール、キャノンゲート・ブックス、コロンビア大学出版会、ローレル・ラスブリカ・ロッド、シャンバラ、西オーストラリア大学出版会、レイチェル・ミード、ラスコー・パブリッシャーズ、ロバート・ジラー、ナタリア・モルチャノワの遺族、ヴィクター・ヒルケヴィッチ、UNESCO、ディエゴ・アルゲダス・オルティーズ、BBCフューチャーズ、テイラー・アンド・フランシスに感謝する。ヴァシリー・グロスマン『人生と運命』からの引用文は、Vintage 刊より。Copyright © Editions L,Age d,Homme, 1980. 英訳、Copyright © Collins Harvill, 1985. The Random House Group Ltd. の許諾のもと転載。『ギルガメシュ叙事詩』からの引用文は、Copyright © 1985 by the Board of Trustees of the Leland Stanford Jr. University. All rights reserved. Stanford University Press, sup.org の許諾のもと使用。ウェルギリウス『アエネーイス』からの引用文は、The Penguin Group 刊より。翻訳および緒言、Copyright © David West 1990, 2003. Penguin Books Ltd. © の許諾のもと転載。『ミス・ペレグリンと奇妙な子供たち』(2013, Quirk Books, Ransom Riggs)からの引用文は、Ransom Riggs と Quirk Books の厚意による。これらの許諾取得に当たってくれたエンマ・ブラウンに感謝する。ジョン・ハリデイ博士はありがたいことに、ニーチェ『ディオニュソス酔歌』の一部をドイツ語から翻訳してくれた。マシュー・A・ヘンソンの一九一二年の自伝『北極点をめざした黒人探検家』の適切な参照についてアドバイスをいただいたアフリカ系カリブ人研究共同体の方々と、彼らに引き合わせてくださったサム・ジャイルズ博士に感謝する。すべての著作権保持者を突き止めて、著作権資料の使用許可取得のためにあらゆる手を尽くした。

代理人のキャサリン・クラークとフェリシティ・ブライアン・アソシエイツのチームは、見事な手さばきで本書を企画書の段階から適切な出版社のもとへと導き、決断して良かったと思わせてくれた。また、本書がイギリス国外でも形になるために力を貸してくれた多くの副代理人、ZPエージェンシーのゾーイ・パグナメンタ、バーバラ・バルビエリ、ジュリアナ・ガルヴィス、サビーヌ・ファネンシュティール、マレイ・ピトナー、レイチェル・シャープルズ、ラドミラ・シュシュコワ、スーザン・シーア、そしてアンドリュー・ニュルンベルク・アソシエイツのジャッキー・ヤンにも感謝する。

　現実的な観点から、空間と時間を提供してくれて本書の執筆を可能にしてくれた方々にも感謝しなければならない。本書の大部分は、平日に家族のもとから離れてクリス・ブライアンまたはジェニー・エーンズワースの家に泊めさせてもらっている最中に書いた。大英図書館とエンフィールド図書館は、執筆だけでなく有用な資料の入手に際しても素晴らしい空間だった。本書の大部分はロックダウン中に書いたため、生物多様性遺産図書館にも感謝せねばならない。館員のみなさんが古い科学資料のオープンアクセスに力を注いでいなかったら、本書のための十分な調査はおこなえなかっただろう。

　また、各章の草稿を読んで非常に有用な意見を寄せてくれた以下の多くの友人や家族にも感謝する。キャサリン・エーンズワース博士、ユージェニー・アイチソン、ジェンマ・ベネヴィント博士、アンドリュー・バットン博士、アイヴァン・ブレット、ヒュー・ボーデン教授、アンドリュー・ディクソン、マーティン・ダウリング、シャーロット・ハリデイ、マリアンヌ・ジョンソン、ジョニー・ミンドリン、トラヴィス・パーク博士、タメラ・ブラット、ロクリンヌ・スコット、スティーヴ・ライト。

　一人の人間が生命の歴史を一から十まで知ることはできないので、文章や再現図に関するさらなる専門的知識を提供してくださり、場所や時代、生物種、そして私の手に負えない専門的な話題に関する目に余る誤りを防いでくださった、以下の同僚古生物学者に心から感謝する。

クリス・バスー博士、ジェンマ・ベネヴェント博士、ニール・ブロックルハースト博士、トーマス・クレメンツ博士、マリオ・コイロ博士、ダリン・クロフト博士、エンマ・ダン博士、ダニエル・フィールド博士、サラ・ガボット教授、マギー・ジョージーヴァ博士、サンディー・ヘザリントン博士、ラース・ファン・デン・フック・オーステンデ博士、ダン・クセプカ博士、リズ・マーティン＝シルヴァーストン博士、エミリー・ミッチェル博士、エルザ・パンキロリ博士、ステファニー・スミス博士、ツァン・ハンウェン（スティーヴン・ツァン）博士。文章中に残る誤りはもちろんすべて私自身によるものである。天文学に関する内容でアドバイスをいただいたダグラス・ブーバート博士と、この執筆スタイルの由来を理解する上で非常に役立った、ヴィクトリア朝時代に初めて地質学を普及させた人々の文章を紹介してくださった、ウィル・タッタースディル博士に感謝する。

さらに、ヒュー・ミラー執筆コンクールへの参加を勧めてくださったエルザ・パンキロリ博士と、同コンクールの審査員のみなさん、とりわけラリッサ・リードにも感謝したい。このコンクールの経験が、本書のたどたどしい最初の一節を書く直接のきっかけとなった。企画書の正しい書き方を指導してくれて、私を適切に導いてくれたイヴァン・ブレットにも感謝しなければならない。

私を励まし、指導し、手ほどきをしていただいた、博士論文の主指導教官、アンジャリ・ゴスワミ教授には、博士課程の学生のあいだだけでなく、ポスドク研究員および、インドとアルゼンチンでの彼女の野外調査チームの一員のあいだにも、この上なくお世話になった。科学者を目指していたその頃に関しては、博士課程と最初のポスドク研究の間に指導していただいたポール・アップチャーチ教授とジヘン・ヤン教授、および、その他の研究プロジェクトの間に指揮監督していただいた、リチャード・バトラー教授、マイク・ベントン教授、アンドリュー・バルムフォード教授にも感謝しなければならない。多すぎて全員の名前は挙げられないが、友人や同僚たちも一貫して、古生物学の世界に関わることをもっとやりがいのあるものにしてくれた。

　自然界への興味は優れた教育者によって保たれるはずのものなので、教室と野外を問わず、ロブ・アッシャー博士、ニック・デイヴィーズ教授、偉大な故ジェニー・クラック教授の講義、および、ジェフ・モーガンとフィオナ・グレアムの生物学の講義から受けた影響を軽んじることはできない。この分野についていうと、最初にダイビングを教わって波の下の世界にいざなってくれたネオ・キム・センと、化石探しの最中に親しく接して助言をしてくださった、フェデリコ・アグノリン博士、アンドリュー・カフ博士、ライアン・フェリス博士、アンジャリ・ゴスワミ教授、ジャヴィエ・オコア、グントゥパッリ・プラサド教授、アグスティン・スカンファーラ博士、MS・タングルンモア、アキ・ワタナベ博士の名も挙げなければならない。

　私自身の原生代に戻ると、間違え方を教えてくれて、リンネの分類法を発表する九歳の私を許してくれた小学校時代の先生方に感謝する。誰よりも深く感謝しているのは、子供なりの質問に答える際に、いまから振り返ってみるとたとえ答えを知っていたはずのときでも、必ず本で調べるよう諭してくれた両親である。両親や祖父母は、バードウォッチングや木の同定、トノコ狩りや毎朝の降水量の測定に付き合ってくれた。大地にのしかかる山でサッカーボールサイズの乳白色の珪岩《けいがん》の塊を採集したり、一方の祖父母と屋根裏部屋の望遠鏡でミサゴの雛を観察したり、もう一方の祖父母の庭でハトに餌をやって鳴き声を真似したりと、家族は間違いなく、苦労せずに自然界を見たり聞いたりできるよう手を尽くしてくれた。

最後に、化石が発掘された土地を所有する人々と、科学者全般に感謝しなければならない。男女を問わず何千人もの人々が化石記録の解読に数えきれない時間を費やして、仮にもそれを読み取れるようにしてくれなかったら、本書は存在すらしなかっただろう。本書で直接取り上げた研究だけでも、携わった科学者は四〇〇〇人を超す。そのうち以下の方々は何度も引用した。ジョーセプ・アルコヴァー、マイク・ベントン、ルネ・ボーベ、ダリン・クロフト、マイケル・エンゲル、ジョン・フリン、アンドレイ・ガズジッキー、ジャヴィエ・ゲルフォ、フィル・ギンガリッチ、アンジャリ・ゴスワミ、デール・ガスリー、カーク・ジョンソン、コンラッド・ラバンデイラ、ミーヴ・リーキー、サリー・レイズ、リュー・ジュンチャン、フレデリック・マンスィ、セルジオ・マレンシ、ジャン＝ミシェル・メイジン、マルセロ・レゲロ、レン・ドン、セルジオ・サンティラーナ、グスタフ・シュワイガート、クローディア・タンブッシ、キャロル・ウォード、ラース・ワーデリン、グレッグ・ウィルソン、アンディー・ウィース、ジェイムズ・ザッコス、ツァン・ハイチュン。本書で取り上げたものもそうでないものも含め、驚異の品々を掘り出し、溶解し、スキャンし、ふるい分けたすべての人に感謝する。

現代に戻ってきて再び未来に目を向けると、本書の執筆中に励ましてくれて、的を射た質問

で次々にアイデアを掻き立ててくれた妻のシャーロットに感謝しなければならない。最後にな
ったが、本書を息子たちに捧げる。この本を読めるくらいに大きくなった頃には、この世界は
様変わりしていることだろう。より良い世界であることを願おうではないか。

訳者あとがき――過去を知ると未来が見えてくる

過去を訪れることはけっしてできない。現代とはまったく違う光景の広がる太古の地球、それはロマンあふれる「素晴らしき別世界」だが、そこに実際に行くことは絶対にできない。図鑑や映画で見たあの巨大恐竜やアンモナイト、三葉虫の生きた姿をこの目でじかに観察したくても、タイムマシンでも発明されない限りその願いはけっして叶えられない。時間とは何とも非情なものだ。

そこで古生物学者は、世界中を巡って古代の地層が露出している場所を探し出し、鑿《のみ》やハンマーを手に太古の生物の遺物、化石を掘り出す。もちろん化石は生き返らないし、どんなふうに生きていたかを自ら語ってくれることもない。完璧な形で保存されている化石はごく稀で、たいていはかけらや押しつぶされた凹凸ばかりだ。博物館で目にする見事な骨格標本は、欠けた部分を大量に補ってきれいにクリーニングしたものにすぎない。それでも古生物学者は、断片的な化石の形状や埋められた状況から、その生物が生きていたときの姿や棲んでいた環境をできる限り推理する。

＊

何十年か前、子供の頃に夢中でめくっていた図鑑に載っていた恐竜の姿は、トカゲのようなうろこが全身を覆っていて、緑色や茶色などの地味な色をした、まさにゴジラのような姿だった。石に変わってしまった死骸から体色や皮膚の質感を読み取ることが不可能だったため、あくまでも想像に基づいてそのように描かれていたにすぎない。

ところが最近の図鑑には、けばけばしい色や模様をしていて、飾り羽根をこれ見よがしに生やした、どちらかというと熱帯のカラフルな鳥に似た恐竜の姿が描かれている。それはひとえに古生物学の研究が進んだ成果である。化石に残された微細な組織構造を顕微鏡やX線で観察したり、わずかに残った化学成分のミクロ分析をおこなったりして、その生物の色や模様、体表の状態をリアルに再現できるようになっている。発音器官の構造から鳴き声を推測できるケースまであるという。

そして今日の古生物学研究は、一体一体の生き物だけでなく、同時代に生きていた生物どうしの関係性、および環境との関わり合いにまで対象が広がっている。食う食われるの関係、共生や寄生、気候や地形から受ける影響や、逆にそれらにおよぼす影響といった事柄だ。そうして、いままでは失われてしまっている古代の世界の光景がどんどん鮮明に、どんどんダイナミックに描き出されるようになっている。

＊

本書は、そのようにして浮かび上がってきた過去のリアルな世界、それを時間をさかのぼりながら順番に巡っては見学していく、いわば「古代世界のネイチャーツアー」である。私たち読者は、そのツアーに参加して、ガイドである著者に案内してもらう観光客だ。

章ごとに各時代を代表する「観光地」を訪れ、その土地の環境や気候を肌で感じる。ときに上空から、ときに地上から、ときに水中から、一帯に広がる地形や風景、そして何よりもそこに棲む生き物たちの暮らしぶりを、まるで自然番組のようにつぶさに観察する。どの時代も現代とは似ても似つかない世界だし、時代時代で風景や生き物の姿はまったく違う。捕食動物が狩りをする瞬間や、恐竜が卵を温めている現場、ふいに洪水が襲ってきてあたり一面が水没する光景を目の当たりにすることとなる。ほぼ文章のみに頼りながら、まさに自分の目で決定的場面を見ているようなその情景描写は、数ある類書の中でも異彩を放っているといえる。

訪れる私たちの目の前に姿を現す生き物は、ティラノサウルスやマンモスといった超有名どころばかりではない。私たち一般人にはあまり馴染みがないが、非常に興味深い恰好や生き様の多種多彩な生物が、次から次へと登場する。古生物学の研究にとって、そして地球史にとって大事な役割を果たしている生き物たちだ。その生き方の多様さ、それらの生物を生み出した自然の独創性には圧倒されてしまう。

著者はツアーの途中でしばしば足を止めて、科学的な解説にも踏み込んでくれる。各時代の気候を生み出した要因や、大陸の離合集散の様子といった事柄に始まり、それぞれの生物群がどのような原因で繁栄して絶滅したか、同時代の生物どうしがどのような関係にあるか、現代につながる生物がどのように進化したかに至るまで、一般の私たちにもすっと腑《ふ》に落ちるようにひもといてくれている。珍しい生き物を堪能しながら学ぶこともできるとは一挙両得だ。

そうして学んだ事柄は、現代にも活かすことができる。時代が大きく移り変わっても、食物連鎖やニッチなど、生物学の根本原理は変わらない。過去の生物の盛衰は私たちに大事な教訓を与えてくれる。急速に環境破壊が進む現代だからこそ、このツアーで得られる糧には大きな価値があると思う。

＊

地球の歴史は、おもに生きていた生物の種類に基づいて、大きいほうから代・紀・世と階層的に区分されている。本書の旅のルートは、新生代から中生代、古生代を経て、原生代の最後の紀であるエディアカラ紀に至る。新生代に含まれる六つの世と、中生代および古生代に含まれる九つの紀を取り上げ、エディアカラ期を含め計十六の時代を時間をさかのぼりながら巡っていく（現代を含む完新世は除く）。ちなみに言うと、少し前に話題になったチバニアンという地質時代は、更新世をさらに分けた、期という区分の中の一つである。

最初に訪れる、現代にもっとも近い更新世では、地球半周にも広がった大草原に暮らすノウマやライオン、クマを観察する。それほど広大な野生の大地も、現代ではすっかり失われてしまっている。いったいなぜだろうか？

2章では、アフリカの大地に大きな湖の広がる鮮新世を訪れる。その湖の周辺には、巨大なカワウソやずんぐりしたキリン、そして何よりも私たちヒトの祖先が暮らしている。人類の起源に思いを馳せると、どこまでがサルでどこからがヒトなのかという疑問が頭の中を駆けめぐる。

次に訪れる中新世は、まるでSFのような世界。地中海がすっかり干上がって、生き物をいっさい寄せ付けない不毛の大地が広がっていたかと思うと、突然、地球史上最大の滝が現れてあっという間に海水で満たされていく。そんな地中海に浮かぶ島には、巨大な鳥やちっぽけなシカなど、サイズのおかしい独特の動物が暮らしているという。

続く漸新世、南アメリカの大地に、私たちのイメージするいわゆる草原が地球史上初めて出現した。そこには巨大なナマケモノや奇妙なサルなど、ほかの地域には見られない独特の生物が暮らしている。中にはアフリカからはるばる大西洋を越えてやって来た者もいるという。いったいどうやって大海原を渡ったのだろうか？

始新世の南極は現代と違って温暖で、鬱蒼とした森林が広がっている。そこにはヒトの背丈ほどもある巨大なペンギンや、南アメリカと共通の変わった動物が棲んでいる。しかし現代では南極は氷に閉ざされた極寒の大地だ。そのように寒冷化した原因は何だろうか？

巨大小惑星が衝突して大量絶滅が起こった直後の暁新世、生き残った哺乳類がさまざまなタイプに多様化しつつある。胎盤を持った哺乳類が繁栄しはじめて、それが現代の私たちにつながっていく。大量絶滅は多くの生き物を死に追いやるが、そこから自然界は復活して新たな世界を開くのだという。

ここから旅は中生代に入っていく。最初に訪れる白亜紀では、美しい姿の翼竜や巨大な恐竜、チョウのような姿のカゲロウ、そして私たち哺乳類の祖先を観察する。またこの時代には、花を付ける植物、いわゆる被子植物が初めて出現した。

次のジュラ紀はもっぱら海洋生物の世界。海にダイブして魚を捕らえる翼竜や、クジラのような姿のワニが海を支配している。ヨーロッパは海の交差点に位置する群島になっている。深海では、サンゴの代わりにある意外な生き物が広大なリーフを作っているという。

中生代で最後に訪れる三畳紀には、奇妙奇天烈な獣の数々が繁栄している。飛膜を広げて滑空する者や、長い首を釣り竿のように伸ばす者、背中から細長いスティックを何本も生やした者。このように多彩な動物の数々が生まれた原因、それは何だろうか？

古生代で最初に訪れるペルム紀には、世界中の大陸が一つに集まっていて、そのせいで猛烈な嵐が砂漠を襲う。そんな世界を支配しはじめたのが、両生類と違って殻のある卵を産む獣たち。砂漠の干上がった湖に突然水があふれ、動物たちは喉の渇きを癒したり、溺れ死んだりする。

石炭紀はその名のとおり、石炭のもととなった植物が大繁栄している時代。その不思議な植物が大気の性質まで変えているという。海中に目をやると、この世のものとは思えない奇怪な動物が泳いでいて、その正体はいまだに不明だそうだ。

次のデボン紀には、山中の温泉地帯を訪れる。あたり一帯は不毛だが、その温泉のまわりだけには生き物が繁栄している。そこでは、細菌が池をカラフルに彩ったり、菌類と植物がさまざまな形で協力しあったりしている。この小世界を見下ろす柱のような巨大生物とはいったい何だろうか？

シルル紀に訪れるのは深海の熱水噴出孔。太陽の光がいっさい届かない深い海で、管状の生き物が体内に細菌を飼って生きている。その周囲には、現代の貝に似ているが系統の違う動物が暮らしている。このような環境は生命そのものの誕生の鍵も握っているのだという。

オルドビス紀の世界は氷に覆われている。すべての大陸が南半球に集まっていて、その沿岸の海底には古生代を代表するある生き物が暮らしている。不思議なことにその生き物の死骸は、骨などの硬い部分がすっかり朽ち果てて、筋肉などの軟らかい部分だけが細部に至るまできれいに化石化するという。どうしてそんなことが起こるのだろうか？

古生代で最後に訪れるカンブリア紀は、現代のすべての動物門が一気に出現した時代である。活発に動く動物が初めて繁栄し、節足動物や脊椎動物の祖先が海中で暮らしている。目や、子育ての習性が誕生したのもこの時代だという。しかしそれらの生き物の姿を眺めていると、生物どうしの近縁関係や進化に対する私たちの見方が根底からゆらいでくる。

旅の最後の訪問地である、古生代直前のエディアカラ紀は、多細胞生物が初めて繁栄した時代。細長いロープのような生き物、ＵＦＯのような形の生き物、巨大な指紋のような平べったい生き物といった、まさに別世界の生物が海底で暮らしている。そんな奇妙な生き物が長い進化の道をたどって、その中の一つが私たちにつながっていくのだという。

＊

こうして古代の世界を巡ってきて一番に感じるのは、どの時代にもそれぞれまったく異なる光景が広がっているということだ。地質時代はただ便宜的に紀や世に切り分けられているのではなく、気候や地勢、そして何より暮らしている生き物に応じて意味のある形で区切られている。そしてそれぞれの時代に特有の生き物たちが世界を支配している。まさに「素晴らしき別世界」の数々だ。

私たちはどうしても、自分の暮らす現代の世界を当然のものと決め質なものと片付けてしまう。しかしこうして過去を旅すると、身に染みある。かつてのどの時代においても、当時はその世界が永遠に続くものが、いずれは必ず滅んでまったく異なる世界に道を譲るのだ。人類の支配世界もけっして必然ではなく、地球史のタイムスケールで見れば儚いものだということがまざまざと感じ取れる。

エピローグで著者は、今日の急激な環境変化に警鐘を鳴らしている。現代の地球は太古の大量絶滅の時代にそっくりなのだという。しかし過去の大量絶滅と違い、私たち人類は行動を起こすことで、環境におよぼす影響を変えることができる。その際にヒントを与えてくれるのが、化石となった古代の生物たちである。古生物学は単に知的好奇心を満たしてくれるだけではない。かつて災難に見舞われて絶滅した生き物たち、その正体や生き様を深く探ることで、私たち人類がこれからも生きつづけるための手掛かりが得られる。古代の「素晴らしき別世界」に目を向けること、それが人類存続のための鍵となるのだろう。

＊

最後に著者の紹介を。著者のトーマス・ハリデイは、イギリス・バーミンガム大学地球科学科の特別研究員。哺乳類の進化と系統学を専門とする新進気鋭の古生物学者・進化生物学者である。ブリストル大学とユニバーシティー・カレッジ・ロンドンで博士研究をおこない、生物学に関する国内最優秀の博士論文に与えられるリンネ協会メダルを受賞した。その後、同カレッ

著者

トーマス・ハリデイ Thomas Halliday

地学、古生物学、進化生物学、環境科学が専門。ケンブリッジ大学で自然科学の学位、ブリストル大学で古生物学の修士、ユニバーシティカレッジ・ロンドンで博士号を取得。理論と実際のデータを組み合わせ、化石の記録、特に哺乳動物の化石から今まで地球上に何が起こったかを研究している。現在はバーミンガム大学地球科学科とロンドン自然史博物館で特別研究員を務める。スコットランド、ハイランド地方のランノホ湖のほとりで育ち、家族と一緒にロンドンに暮らしている。

訳者

水谷淳 みずたに・じゅん

翻訳者。主に科学や数学の一般向け解説書を扱う。主な訳書に、ジョージ・チャム、ダニエル・ホワイトソン『僕たちは、宇宙のことぜんぜんわからない』、グレゴリー・J・グバー『「ネコひねり問題」を超一流の科学者たちが全力で考えてみた』(いずれもダイヤモンド社)、ジム・アル＝カリーリ、ジョンジョー・マクファデン『量子力学で生命の謎を解く』、(SBクリエイティブ)、レナード・ムロディナウ『この世界を知るための人類と科学の400万年史』(河出書房新社)などがある。

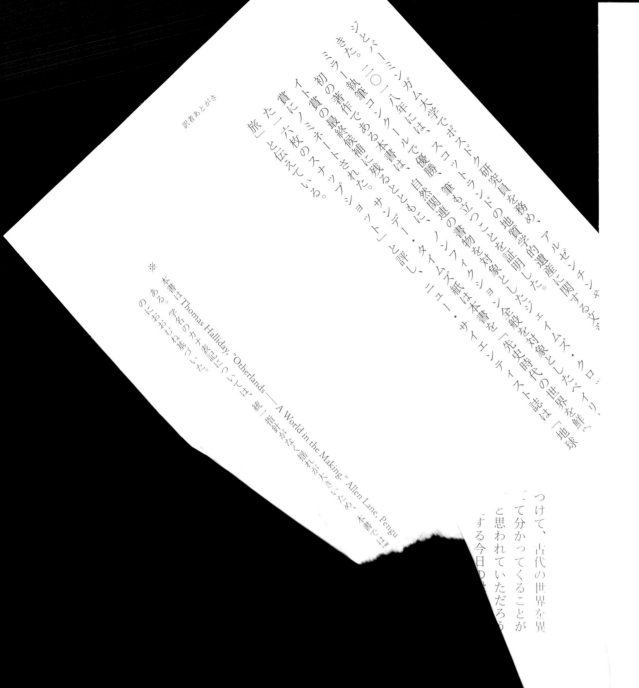

索引

■さ

■し

■ふ

■へ

■ほ

引用詩語

P3　Oodgeroo Noonuccal, 'The Past', The Dawn is at Hand (Marion Boyars Publishers, 1990).
　Carson McCullers, 'Look Homeward, Americans' (Vogue, December 1940).
P32　Vasily Grossman, Life and Fate, trans. Robert Chandler (Vintage, 2017).
　H. A. Hoffner, Hittite Myths (Society of Biblical Literature, 1990).
P62　J. K. Kassagam, What is this Bird Saying? (Binary Computer Services, 1997).
　Miguelángel Meza, 'Ko'ẽ', trans. Tracy K. Lewis (Words Without Borders, July 2020).
P116　Epic of Gilgamesh, tr. Maureen Kovacs (Stanford University Press, 1985).
P144　Virgil, Aeneid, trans. David West (Penguin Random House, 2003).
P170　Ransom Riggs, Miss Peregrine's Home for Peculiar Children (Quirk Books, 2013).
P200　Nezahualcoyotl, Ancient American Poets, trans. John Curl (Bilingual Press, 2005).
P228　Rachel Carson, The Sea Around Us (Oxford University Press, 1951).
　Ichiyo Higuchi, 'Koigokoro', trans. E. Rasplica Rodd, The Modern Murasaki, eds. Rebecca L. Copeland and Melek Ortabasi (Colombia University Press, 2006).
P256　Han Shan, Cold Mountain Poems, trans. J. P. Seaton (Shambhala, 2009).
P282　Rachael Mead, 'Kati Thanda/Lake Eyre', The Flaw in the Pattern (University of Western Australia Press, 2018).
P304　Jean-Joseph Rabearivelo, Traduit de la Nuit, trans. Robert Ziller (Lascaux Editions, 2007).
P356　Natalia Molchanova, '[illegible]', trans. Victor Hilkevich (http://molchanova.ru/ru).
P380　Abu al-Rayhan al-Biruni, Chronology of Ancient Nations, trans. Bobojon Ghafurov (UNESCO Courier, June 1974).
P455　Diego Arguedas Ortiz, 'Is it wrong to be hopeful about climate change?' (BBC Future, 10th January 2020).